普通高等教育"十三五"规划教材

电子设计系列规划教材

模拟电子设计导论

杨 艳 傅 强 著

U0282751

电子工业出版社

Publishing House of Electronics Industry

北京·BEIJING

内 容 简 介

本书适合作为模电翻转课堂和电子设计竞赛培训的教材，立足于电子系统设计，基于 TI 模拟技术及 MCU 平台，共 8 章 4 个附录，主要内容包括：TINA-TI 仿真软件应用基础、模拟电路基础知识、晶体管电路设计、运放应用基础、电源管理、单片机编程基础知识、综合实验平台设计、项目实验例程等。本书将基础理论、综合实验、设计理念有机结合，是一本对读者来说真正"好用"的指导书，本书配套电子课件、实验参考例程等。

本书可作为高等学校电子类专业模电、电子设计等相关课程本科和研究生的教材，适合作为翻转课堂等创新教学方式下课程的教材，也可供在校大学生电子设计竞赛及创新活动培训用，也可用于资历尚浅的电子设计从业人员亡羊补牢之用。

图书在版编目（CIP）数据

模拟电子设计导论 / 杨艳，傅强著. — 北京：电子工业出版社，2016.3

电子设计系列规划教材

ISBN 978-7-121-27726-9

I. ①模… II. ①杨… ②傅… III. ①电子电路－电路设计－高等学校－教材 IV. ①TN702

中国版本图书馆 CIP 数据核字（2015）第 287205 号

策划编辑：王羽佳

责任编辑：王晓庆

印　　刷：北京捷迅佳彩印刷有限公司

装　　订：北京捷迅佳彩印刷有限公司

出版发行：电子工业出版社

　　　　　北京市海淀区万寿路 173 信箱　　邮编：100036

开　　本：787×1092　1/16　印张：18　字数：520 千字

版　　次：2016 年 3 月第 1 版

印　　次：2024 年 12 月第 10 次印刷

定　　价：45.00 元

前　言

中小学教师教育培养学生的优劣，完全取决于学生的考试成绩。大学教师的情况则完全不同，考试变得毫无压力，困难的是如何让学生成为对社会有益的人。一天，一名研究生问，5V/2A 的适配器插在 5V/1A 的用电器上，会不会把用电器烧了；又有一天，一群学生聚在一起看网上一个视频，所有人都对视频中所谓 30s 充满手机电池的伪科学深信不疑。这些真实发生的事情促使我们反思在模拟电路教学中遇到的问题，应该去做点什么，不求学生能够为人类做出多大贡献，起码能够向周围人科普一定的专业知识、与伪科学做适当的斗争。

模拟电路是公认的难教难学，但在以往培训学生参加电子设计竞赛的过程中，大部分学生对于能讲明白道理的模拟电路知识点还是比较感兴趣的，并不抗拒学习，这也许是因为模拟技术更贴近自然规律的缘故。本书对不超出作者能力水平，学生通过自学能够掌握的部分模拟知识进行讲解，全书分为 8 章和 4 个附录，内容和结构具备以下特点：

1．重视仿真软件的作用。基于免费的 TINA-TI 仿真软件，对于书中大多数模拟电路知识点均匹配仿真电路加以验证，并提供仿真源文件与仿真波形源图。

2．独立的模拟电路基础知识章节。在模拟电路中，有一些重要且内容独立的知识点，单独将这些知识点讲解，将有助于纠正学习中可能产生的偏差。

3．晶体管电路设计侧重见多识广。虽然现在单纯的晶体管电路已经较少采用，但是通晓晶体管电路的基本原理，并见识一定量的电路拓扑是非常必要的。

4．运放电路讲究实用性。运放电路是模拟电路应用的重点，不仅讲解了由理想运放、通用运放构成的基本运算放大电路，还大量引入 TI 公司实际的运放和特殊运放，通过大量仿真分析运放各参数对电路性能的影响。

5．电源知识学习注重深度。以往经验表明，浅显宽泛的电源知识学习对于学生掌握电源设计方法帮助不大。电源的学习应有一定深度，详细讲解了 MOSFET 的参数和驱动原理，详细讨论元器件参数、控制参数对斩波电路性能的影响。

6．综合实验平台设计力争简易、经典、全面。选取有代表性的晶体管放大电路、运放电路和电源电路，覆盖面广但不复杂，以验证知识点为目的。

7．与 TI LaunchPad 单片机平台相结合，实验例程功能完整有趣。在一般模拟电子书籍中，为避免"跑题"，所举设计实例都是纯模拟电路，这直接导致电路在功能上枯燥无味且脱离生产生活实际。尺有所短，寸有所长，虽然模拟技术有其无可替代的场合，但数字技术在很多方面都有特殊的优势，实用的电子产品大都是模拟与数字相结合的产物。本书的设计实例部分将模拟电路与单片机编程相结合，真实还原两者在实际应用中的分工，最终构成具备完整功能的十几种电路。例程代码结构清晰，可移植性和添加性强。对于理解例程代码所需的 C 语言编程知识也单独进行了讲解。

8．复杂但有用的知识单独放在附录部分。振荡和噪声两个模拟知识点有用、复杂且内容独立，所以放在附录中供后期学习。例程代码中的难点图形库和文件系统也作为附录单独讲解。

需要单独说明的是书中电路图的标注。除综合实验平台的电路设计外，全书大部分是使用 TINA-TI 软件进行电路原理图绘制和仿真的。TINA-TI 中有许多默认标注是不太符合日常习惯的，例如，所有元器件符号不带角标（如只能是 R1，而不能是 R_1），所有元器件数值不带单位（如电阻标 1m 代表 1mΩ，电池标 5 代表 5V）。为了使大家在对照使用 TINA-TI 仿真软件中不产生误解，全书未对 TINA-TI 的电路标注做修改，但书中正文部分均使用角标化的元器件符号。对于仿真软件默认的命名，如 VG 表示电压发生器，在正文首次出现时均加以说明。

本书配套电子课件、实验参考例程等，请登录华信教育资源网（www.hxedu.com.cn）注册下载。

全书的结构和内容几经删改，写作的时间也从预计的 4 个月延长到差不多 1 年，在 2014 年 11 月基本定稿后，广泛征求同行意见又给部分学生试用一学期反馈修改后，才最终交付出版。TI 的老前辈 Bruce Trump 写过的一段话最能描述本书写完后的感慨："I found myself learning more about topics I thought I knew pretty well. It reminds me of what an old mentor told me—if you want to really learn something, **teach it!**"（"我发现我学到了很多，而这些我以前以为我已经掌握得很好了。这让我想起了我的导师跟我说过的一句话：如果你真的想学什么，就去讲述或传授它。"）

在本书写作过程中，TI 中国大学计划部始终给了大力的支持，在此表示衷心的感谢。研究生王景兵和周道亮承担了实验例程代码的编写，李兴旺校对了全文并绘制了插图。

由于作者水平所限，书中误漏之处难免，敬请广大读者批评指正。

作　者
2016 年 1 月于青岛大学

目　录

第 1 章　TINA-TI 仿真软件应用基础

无论多么精心地设计模拟电路的实验板，能够做实验的知识点都是有限的。对于 EE 专业的学生来说，有大量成熟的专业电路仿真软件可以使用是十分幸运的，它可以大大提高学习的效率和兴趣。如果不利用电路仿真软件来学习和设计模拟电路，将是非常悲哀的一件事。

在浩如烟海的电路仿真软件中，适用于初学者的免费软件不多。其中，TINA-TI 是由世界上最大的模拟器件生产商美国德州仪器公司与 DesignSoft 公司共同开发的免费模拟电路仿真软件，可以认为是全功能收费仿真软件 TINA 的精简版。虽然不能说 TINA-TI 的功能是最全的，但是它对 TI 公司器件电路仿真的支持是最好的。并且 TINA-TI 是基于 SPICE 技术的仿真软件，这与其他仿真软件在本质上是一致的，学会使用 TINA-TI 也将更容易地上手其他仿真软件。

常规 TINA-TI 知识，例如如何下载、如何安装、版本有何改进，可以参阅德州仪器网站，本章主要是通过 7 个例子来说明如何使用 TINA-TI：

1）运放缓冲器电路分析；
2）傅里叶分析；
3）直流参数扫描；
4）数学分析工具；
5）可编程电源；
6）时间开关与开关电源电路；
7）添加元器件模型。

1.1　运放缓冲器电路分析

本节将仿真一个带电容负载的运放缓冲器电路。通过仿真该电路，学习电路元器件搭建、电气规则检查、直流特性分析、交流特性分析、暂态分析，以及该缓冲器电路的优化设计。

1.1.1　电路搭建

首先按图 1.1.1 所示搭建一个由运放构成的缓冲器电路，负载设定为 1μF 的电容。

电路的搭建包括运算放大器 μA741、信号源 VG$_1$（仿真软件对电压发生器 Voltage Generator 默认命名为 VG）、电源 V$_1$ 和 V$_2$、负载电容 C$_L$ 及电压探头 V$_{OUT}$，所有元器件的名称和属性均可通过双击该元器件来进行修改。

1）μA741 是模拟电路中非常经典的一个运放，在条件允许的情况下，总是选择实际运放模型而不是理想运放来仿真电路。在中文版的 TINA-TI 中，单击"制造商模型"就可以选择德州仪器（TI）和国家半导体（NS，已被德州仪器收购）的 11 类器件模型，如图 1.1.2 所示。从左至右依次为运算放大器、差分（输入）放大器、全差分（输出）放大器、仪表

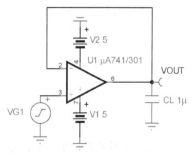

图 1.1.1　缓冲器电路

放大器、比较器、基准源、缓冲器、电流检测放大器、开关电源、数据转换器和其他元器件。μA741
属于"运算放大器"子项中的元器件。

图 1.1.2　器件模型分类

2）如图 1.1.3 所示，对于信号源 VG$_1$，需要设定信号源的波形种类为"方波"，幅值为 100mV，
频率为 1kHz，上升/下降时间默认为 1ns 即可。

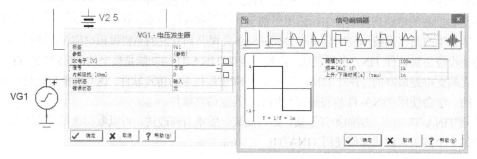

图 1.1.3　信号源参数设定

3）电源 V$_1$ 和 V$_2$ 使用默认的 5V 即可，如需改动参数，也可双击电池符号加以调整。

4）负载电容 C$_L$ 在"基本"元器件库中，采用电容理想模型就可以了，即使以后需要考虑电容 ESR
时，也不妨外部直接串联电阻，这样更直观。

5）电压探头 V$_{OUT}$ 是从"仪表"栏中选取的，将来在电路仿真分析时，这就是一个可观测的
节点。

1.1.2　直流特性分析

作为仿真软件来说，任何节点和支路的参数都是已经计算出来了的，至于是否需要显示出来就看
用户的需求了。

在中文版 TINA-TI 菜单栏中单击"分析"→"直流分分析"，可以得到 4 个选项，分别为"计算
节点电压"、"直流结果表"、"直流传输特性"、"温度分析"。

1）计算节点电压时，可以显示电压探头位置的直流电压值。图 1.1.4 所示的 V$_{OUT}$ 应该是交流信号，
所以它的直流电压值仅为 11.18μV。

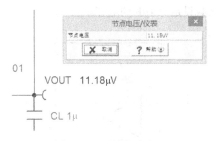

图 1.1.4　计算节点电压

2）直流结果表将电路中的全部直流参数，包括直流电压和直流电流全部显示出来。如图 1.1.5 所示，软件会自动标注所有回路和节点名称。如图 1.1.5 所示，电路中不等电压的节点仅有 0/1/2/3/V$_{OUT}$ 这 5 个，仿真软件根据元器件名称和因连线产生的节点编号，将全部的直流参数以列表的形式显示出来。列表内容很长，例如，还包含有芯片内部的一些电流电压参数，这些可以不看，一般只需看那些关心的参数即可。

3）直流传输特性分析是非常有用的功能，用于研究输入直流参数变化时，输出的直流参数如何
变化。本例用不上这个功能，在后续的例子中会详细介绍。

4）温度分析是研究温度对半导体器件的影响的，本书中将不涉及该功能的讨论。

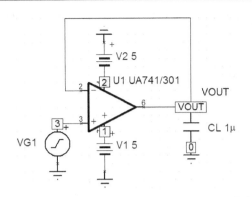
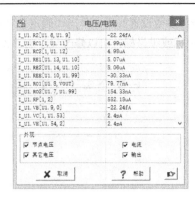

图 1.1.5　直流结果表

1.1.3　交流特性分析

在中文版 TINA-TI 菜单栏中单击"分析"→"交流分析"，可以得到 4 个选项，分别为"计算节点电压"、"交流结果表"、"交流传输特性"。"计算节点电压"、"交流结果表"都与直流特性分析类似，这里详细介绍"交流传输特性"。

1）所谓"交流传输特性"，就是改变信号源的频率，考查电路的输出变化情况，相当于提供了一个扫频信号源，属于频谱分析的范畴。

2）选择"交流传输特性"选项后，得到图 1.1.6 所示的设置窗口。我们需要配置信号源的起止频率、采样数、扫描类型（线性扫描/对数扫描）及需要观测的数据。

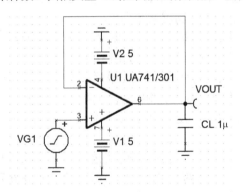
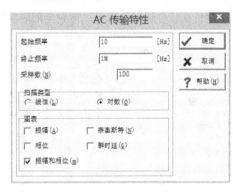

图 1.1.6　交流传输特性设置窗口

3）对于起止频率的选择，应基于电路的实际带宽来设定。如果频率起止范围设定过小，会看不出交流传输特性的变化，换句话说，就是在该频段内，特性无明显变化。如果频率起止范围过大，重要的频率点信息就显示不明显。在本例中，默认使用 10Hz～1MHz 的频率范围，超过 μA741 运放实际带宽若干倍即可。

4）采样数的设定适量即可。采样数越多，仿真计算所需的时间就越长，默认 100 个采样点，所得到的波形就不影响观察效果了。

5）扫描类型方面，一般放大器的应用中都选择对数扫描，这样才能"变化明显"。

6）在图表选项中，可以选择观测振幅、相位、群时延等参数随信号频率的变化图表，即频率作为横坐标，上述参数作为纵坐标的图表。在本例中，我们选择同时显示振幅和相位，实际就是幅频特性和相频特性曲线。

7）全部参数设置好后，单击"确定"就可以得到图 1.1.7 所示的幅频特性和相频特性曲线。双击曲线的横坐标或纵坐标，可以修改显示的"刻度尺"。

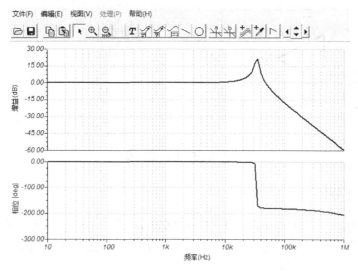

图 1.1.7　幅频特性和相频特性曲线

1.1.4　瞬时现象分析

所谓的瞬时现象就是时域波形，也就是电路参数随时间的变化情况。示波器就是观测时域波形的工具，电路仿真软件通过计算可以得到全部时域数据，直接显示成图表即可。

图 1.1.8　瞬时分析设置

1）单击"分析"→"交流分析"→"瞬时分析"，可得到瞬时分析的设定窗口，如图 1.1.8 所示。

2）对于瞬时分析，主要是设置起止时间。设定的原则就是对于周期信号能观测出完整周期，对于非稳定信号，则酌情考查信号的建立过程，比如待信号稳定后再"观测"（起始显示不从 0 开始）。

3）本例中，信号源的频率设定为 1kHz，所以时间设定 2ms 可以考查两个完整周期，起始时间可以从 0 开始，图 1.1.9 所示即为瞬时分析图表。

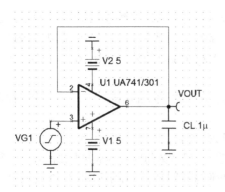

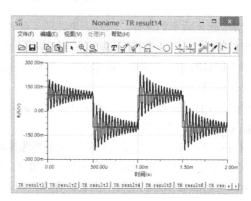

图 1.1.9　缓冲器电路的瞬时分析

4）图 1.1.9 所示的信号波形和输出波形是公用坐标轴的，有些情况下不便于观察。我们可以单击"视图"→"分离曲线"可将输入/输出曲线分离，并通过双击坐标轴，将两个波形的纵坐标轴均改为 −300～300mV，得到图 1.1.10 所示的波形。

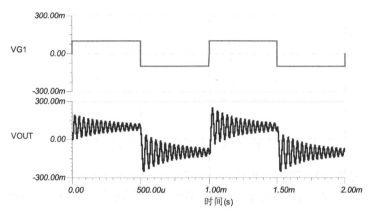

图 1.1.10　输入/输出波形分离

5）通过图 1.1.10 可以发现，本来作为缓冲器的输出应该是与输入波形一致的，但是实际输出波形产生了强烈的振荡（俗称振铃），这是由于 1μF 的纯电容负载所导致的。具体振荡的原因在附录 A 中进行介绍，本章节仅说明 TINA-TI 的常用仿真功能。

1.1.5　稳定输出的缓冲器电路

通过以上 1.1.4 节的分析，纯电容负载不可避免地会带来振铃现象，那么消除振铃的方法就是为负载串联电阻，以改变"纯电容"负载。本节内容不具体解释消除振铃的原理（可见附录 A），本节的主要目的是说明电路仿真软件确实能在很大程度上帮助我们设计电路。

1）如图 1.1.11 所示，给负载电容 C_L 串联上负载电阻 R_L，为了避免大幅度地改变负载特性，先将 RL 的值设定为 1Ω。

2）"分析"→"交流分析"→"瞬时现象"，参数设置与前面小节相同，确定后得到图 1.1.12 所示的波形。串联 1Ω 电阻后，振铃现象得到缓解。

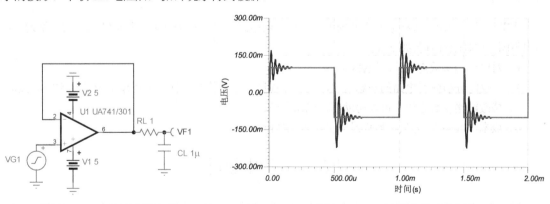

图 1.1.11　1Ω 串联电阻负载　　　　　　　图 1.1.12　1Ω 电阻负载时的振铃

3）修改 R_L 的值为 3Ω，重新绘制"瞬时现象"波形。如图 1.1.13 所示，振铃现象进一步改善，但仍然存在振铃。

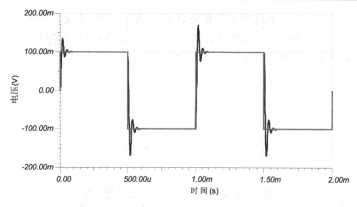

图 1.1.13   3Ω 电阻负载时的振铃

4）修改 R_L 的值为 8Ω，重新绘制"瞬时现象"波形。单击"视图"→"分离曲线"，修改坐标轴刻度范围（–200～200mV）后可得图 1.1.14 所示的波形，振铃现象基本消失，得到一个稳定的缓冲器电路。

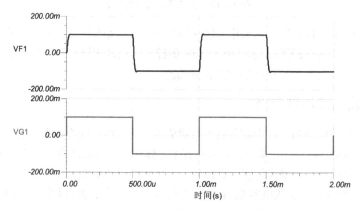

图 1.1.14   稳定的缓冲器时域波形

1.1.6   小结

本节通过一个由运放构成的缓冲器电路，来说明电路仿真软件的功能，与单纯依靠书本学习电路知识不同，仿真软件具备如下优点：

1）对电路的参数定量计算快捷准确；

2）不仅能分析学习电路的理想情况，还可以通过元器件模型，在很大程度上反映真实电路性质；

3）修改电路参数方便，可以协助修正电路参数；

4）成本"低廉"，无损坏器件及人身伤害的风险。

1.2   傅里叶分析

通过 1.1 节的学习，我们掌握了基本的 TINA-TI 软件的使用方法。本节开始将介绍 TINA-TI 的一些其他有用功能。

傅里叶分析主要用于频域分析，如果读者只用过示波器而没用过频谱仪的话，可以通过下面简短的介绍来了解什么是时域分析和频域分析。

1）如图 1.2.1 所示，如果把空间坐标系分成时间、频率和幅值（功率）三个轴，取时间和幅度作图，得到的就是时域波形（示波器）；取频率和幅度作图，就得到频域波形（频谱仪）。

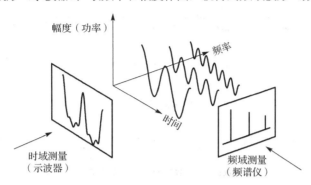

图 1.2.1　时域与频域的区别

2）时域波形和频域波形都可以用来描述同一信号，但是侧重点不一样。例如，我们最熟悉的示波器可以观察信号的很多有用特征，但是当需要用滤波器滤除信号中的无用成分时，知道信号的频谱组成显然更有意义，这样才能选择合适截止频率的滤波器。

对于仿真软件来说，不用进一步讨论示波器的原理和频谱仪的原理差别，只需学习如何使用 TINA-TI 的傅里叶分析功能即可。下面将用 TINA-TI 软件构造一个混频信号，然后再用傅里叶分析分解出该信号的频谱组成。

1）式（1.2.1）为锯齿波的傅里叶分解式。

$$x(t) = \frac{2V_{peak}}{\pi}\left(\sin\omega_0 t - \frac{1}{2}\sin 2\omega_0 t + \frac{1}{3}\sin 3\omega_0 t - \frac{1}{4}\sin 4\omega_0 t + \cdots\right) \qquad (1.2.1)$$

2）根据式（1.2.1）可以构造出锯齿波，如图 1.2.2 所示。利用运放的同求和电路把 4 路信号叠加，信号源 $VG_1\sim VG_4$ 的频率、幅值和相位参数设定按图上标定设置。根据运算放大电路的特性及运用"叠加原理"进行计算，图 1.2.2 中 $VG_1\sim VG_4$ 的信号相当于幅值衰减到原来的五分之一再进行叠加。有关电路计算中的叠加原理非常有用，请自行阅读。

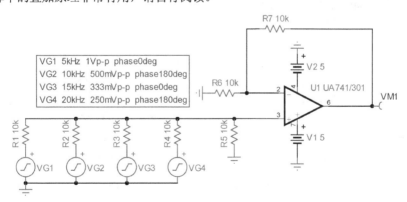

图 1.2.2　合成锯齿波波形

3）生成"瞬态现象"波形后，将曲线分离开，并修改纵坐标为统一的 ±1V 后，得到图 1.2.3 所示的波形。$VG_1\sim VG_4$ 的幅值依次从 $1V_{PP}$ 降低到 $0.25V_{PP}$，VG_1 和 VG_3 的相位为 $0°$，VG_2 和 VG_4 的相位为 $180°$。这样的 4 个波形叠加后将生成近似锯齿波 VM_1（Voltage Mixed）。

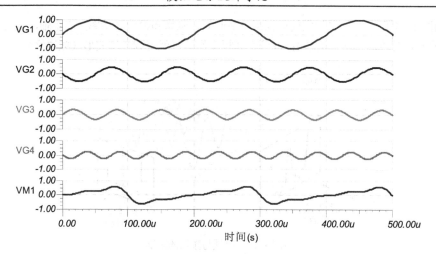

图 1.2.3　合成锯齿波及其正弦波分量时域波形

单击菜单栏的"分析"→"傅里叶分析"→"傅里叶级数"打开傅里叶级数设定窗口，如图 1.2.4 所示，有"基本频率"、"采样数"、"谐波数"、"输出"等参数需要配置。

1）基本频率设定，对于构造的锯齿波来说，基频就是 5kHz。

2）采样数的大小采用默认值即可，和仿真计算速度有关。

3）谐波数设定，本例中的最大谐波为 20kHz，为基波 5kHz 的 4 倍，所以最大为 4 次谐波。为了将来图表显示效果好看，可定为显示 5 次谐波（5 次及以上谐波傅里叶分解的幅值应该近似为 0）。

4）输出设定方面，就是选择待傅里叶分解的信号，在本例中只有 VM1 这个信号可供选择。

5）单击"计算"后，可得傅里叶系数，如图 1.2.5 所示。0 次谐波和 5 次谐波的幅值近似为 0，基波与 3 次谐波的相位基本相同，2 次谐波与 4 次谐波的相位基本相同。奇数谐波与偶数谐波的相位差 180°。

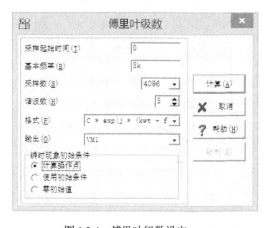

傅里叶系数

k	振幅 (C)	相位 (?)
0.	502.85u	0
1.	199.97m	-90.53
2.	99.94m	89.93
3.	66.51m	-91.6
4.	49.88m	87.85
5.	1.99u	134.51

谐波失真　　65.008%

图 1.2.4　傅里叶级数设定　　　　　　　　　图 1.2.5　傅里叶分解系数

6）继续单击"绘制"可得到频域曲线，如图 1.2.6 所示。图 1.2.6 的上部波形反映了合成锯齿波中不同频率成分的谐波幅值，与图 1.2.3 中原 VG$_1$～VG$_4$ 信号相比，幅值缩小到原来的五分之一，与运算放大电路的理论值相符。下半部分波形是各频率分量的相位，也与实际情况相符。

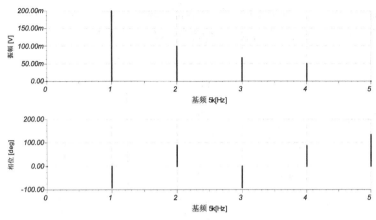

图 1.2.6　合成锯齿波的频域曲线

1.3　直流参数扫描

在 TINA-TI 中，"直流分析"功能的"直流传输特性分析"可用于直流参数的扫描，相当于交流传输特性分析中的"扫频"。例如，检测一个比较器电路时，需要改变输入直流电压，观测输出的变化。自动地改变直流电压就是直流参数扫描。图 1.3.1 所示为一个窗口比较器电路。

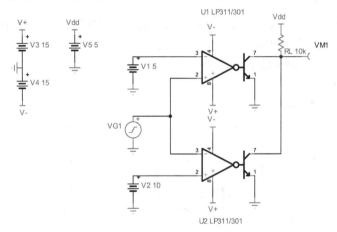

图 1.3.1　窗口比较器电路

1）在"制造商模型"中，选择"比较器"大类，再选取 LP331 比较器，这是一个集电极开路（Open Collector，简称 OC 门）输出的比较器。从图 1.3.1 中可以看出集电极开路晶体管（OC 门）的一个特点是可以外接上拉电阻（RL）构成线与逻辑。有关线与逻辑的相关知识请自行阅读。

2）按图 1.3.1 的比较器电路，应该是当 VG_1 大于 5V 且小于 10V 时，三极管才截止，VM_1 的输出才是高电平。VG_1 小于 5V，则上面的三极管导通，VM_1 输出低电平。VG_1 大于 10V，则下面的三极管导通，VM_1 输出低电平。这就构成了窗口比较器。

3）检测窗口比较器电路需要将 VG_1 的电压扫描一遍，观测 VM_1 的输出，因此可以用"直流传输特性"功能来实现。单击"分析"→"直流分析"→"直流传输特性"，得到图 1.3.2 所示的设置窗口。起始值和终止值代表输入信号的幅值"扫描"范围。本例中，选择 0～15V，和比较器的正电源供电电压一致。采样数越多，仿真计算越慢；采样数少，则绘制的波形"粗糙"，采样数默认即可。输入信号选择 VG_1，代表要改变的直流参数是输入比较器的电压。

4）单击"确定"以后，得到图 1.3.3 所示的直流传输特性曲线。当输入电压从 0～15V 变化时，只有 5～10V 输入电压时，输出才为高电平，符合窗口比较器的特性。

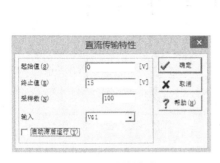

图 1.3.2　直流传输特性设置

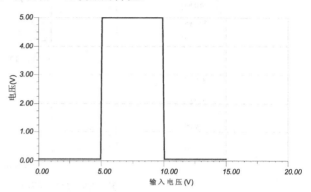

图 1.3.3　窗口比较器的直流传输特性曲线

1.4　数学分析工具

电路仿真软件是依靠数学计算来仿真电路，所以数学分析对于 TINA-TI 来说，属于与生俱来的功能。

对于有源滤波电路来说，改变运放电阻和电容的取值，不仅可以改变滤波器的截止频率，还带来其他特性的改变，于是就有了贝塞尔、巴特沃斯、切比雪夫等多种滤波器（响应）类型。

如图 1.4.1 所示构造两个滤波器，对同一信号进行滤波，两个滤波器的参数，一个配置为巴特沃斯，另一个配置为切比雪夫。

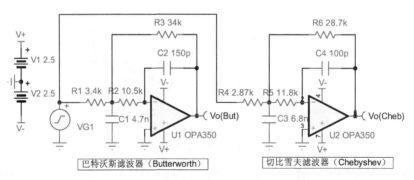

图 1.4.1　有源滤波器

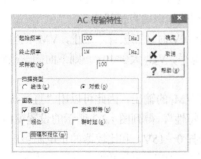

图 1.4.2　AC 传输特性配置表

1）观察两个滤波器的幅频特性曲线。单击"分析"→"交流分析"→"交流传输特性"，得到图 1.4.2 所示的 AC 传输特性配置界面。

2）将分析的频率范围设为 100Hz～1MHz，扫描类型选对数，图表选振幅就可以得到图 1.4.3 所示的增益特性曲线。在曲线工具栏中单击"🏠"，可以得到两种曲线颜色的标注。

3）对幅频特性曲线进行数学"后加工"。当我们想更加直观地了解图 1.4.3 中两条曲线的差别时，就可以使用数学"后续处理"工具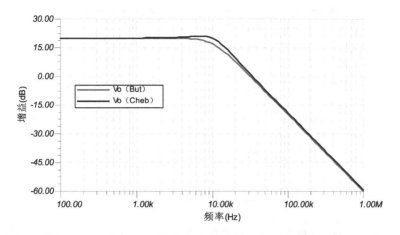。按图 1.4.4 所示，依次用鼠标操作 1～8 选项，目的是绘制一条新曲线 Difference= "巴特沃斯滤波器输出" / "切比雪夫滤波器输出"。

图 1.4.3　两种滤波器的幅频特性曲线

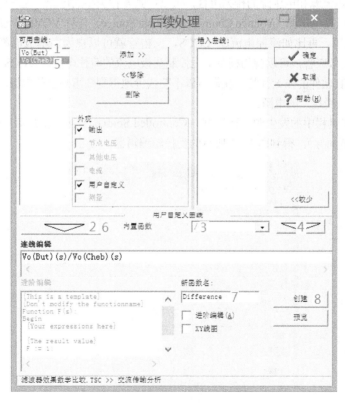

图 1.4.4　曲线后续处理设置窗口

4）单击"创建 8"之后，插入曲线栏中会多出 Difference 这个名称的曲线，再单击"确定"之后，即可得到图 1.4.5 所示的误差曲线。从图中，可以直观地看出巴特沃斯与切比雪夫增益特性的区别在哪个频段。

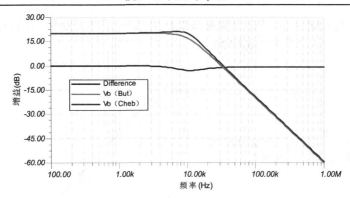

图 1.4.5　巴特沃斯与切比雪夫滤波器的误差曲线

1.5　可编程电源

电源是电子实验室的三大件之一（另外两件是信号源与示波器），电源的性能和功能是否完备，直接关系到电路调试成败。

在电路中，按电流源和电压源的排列组合，可以得到 4 种类型的电源，这些电源都可以找到实际的电路原型。比如压控电压源（Voltage Controlled Voltage Source，简称 VCVS），交流电中的变压器就可以视为压控电压源。再比如流控电流源 CCCS，三极管就可以视为由基极电流控制集电极电流的 CCCS，类似还有场效应管，可以视为栅源电压控制漏极电流的流控电流源 VCCS。

得益于电路仿真软件的先天优势，我们可以不花代价地得到任意想要的电源。本节将介绍如何利用 TINA 得到"任意受控"的电源。

1）单击窗口工具栏中的发生源，选择 （Controlled Source），再单击最后一个 Controlled source wizard（受控源设置向导），得到图 1.5.1 所示的受控源编辑器。

图 1.5.1　受控源编辑器

2）图 1.5.1 中，输入栏选择的是电压值两个，这表明受控电源是压控源，即决定输出的是两个电压的输入。

3）图 1.5.1 中，输出栏选择的是电压，表明这个受控源是压控电压源（VCVS）。

4）图 1.5.1 中，表达式栏中规定了压控电压源的压控关系式。值得一提的是，并非只有线性关系才是压控电压源，只要输出电压是由输入电压决定的，不管两者的关系式是什么，都属于 VCVS。图中的表达式含义是，当控制电压 $V(N_1)$ 大于控制电压 $V(N_2)$ 时，受控电压源的输出电压为 5V，其余情况输出电压均为 0V。

5）单击"确定"后，可得到图 1.5.2 所示的受控电源图标。

6）图 1.5.2 所示的受控电源标注的含义非常完整，CS_1 代表 controlled source 1；N_1 和 N_2 是图 1.5.1 中表达式提及的输入控制电压 $V(N_1)$ 和 $V(N_2)$；Out(V) 及电压源的符号表明这是一个电压源。

7）给受控源添加控制电压，如图 1.5.3 所示，VG_1 为 $1V_{PP}/1kHz$ 的三角波，VG_2 为 $1V_{PP}/50Hz$ 的正弦波。

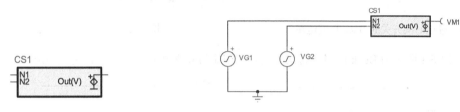

图 1.5.2　受控电源图标　　　　　　　　　图 1.5.3　给受控源添加激励电压

8）单击菜单栏的"分析"→"瞬时现象"，仿真的起止时间设为 0～20ms，可得图 1.5.4 所示的受控源的输入/输出波形。VM_1 所代表的受控电压源输出，其实就是非常重要的 SPWM（正弦波脉冲宽度调制）波形。可见，通过仿真软件的可编程电源功能，可以得到很多实际电路中非常有用，但又很难获得的各种"信号源"。

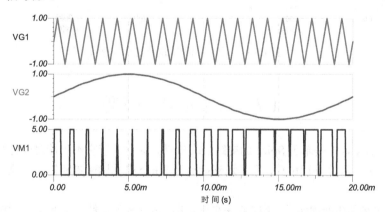

图 1.5.4　测试受控源的输入/输出波形

1.6　时间开关与开关电源电路

在分析开关电源电路时，使用时间开关是一种非常方便地模仿 PWM "开关"效果的方法。如图 1.6.1 所示，Buck 斩波电路的开关 SW_1 处于"浮地"状态，如果使用真实开关，驱动电路将会很复杂，而我们重点是考查 Buck 电路本身的特性，这时使用时间开关来代替真实半导体开关，可以非常方便地分析主电路本身的特性。

1）时间开关可以当成 PWM 开关来使用。参考图 1.6.2，"周期的"设定为"是"；周期设定为 10μ；"t On"设为 0，"t Off"设为 6μ；这意味着 PWM 的频率为 100kHz，占空比为 60%。

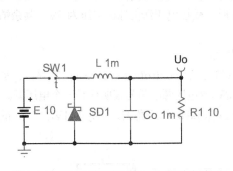

图 1.6.1   使用时间开关的 Buck 斩波电路

图 1.6.2   时间开关的参数设定

2）图 1.6.3 所示为 Buck 电路（时间开关）占空比为 60%和 40%时的输出电压波形。

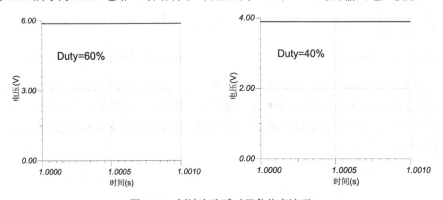

图 1.6.3   斩波电路瞬时现象仿真波形

1.7   添加元器件模型

前面讲过，TINA-TI 是基于 Spice 的电路仿真软件，这意味着它不仅能对软件自带的 TI 和 NS（现为 TI 子公司）元器件进行仿真，而且还支持通过 Spice 格式的子电路网络表文件新增其他元器件模型。

1）一般各大公司生产的元器件均会在主页中提供 Spice 模型文件以供下载。如图 1.7.1 所示，选择 ADI 公司的一款运算放大器 AD811 为例，在 ADI 中文主页上对应元器件的页面中可以下载到 AD811.cir 文件。

2）单击菜单栏"工具"→"新建宏向导"，打开图 1.7.2 所示的设置窗口。宏名称可以填写为 AD811，宏来源选择"从文件"，选择 ad811.cir 文件的放置路径。然后单击"下一步"。

3）继续设置宏，如图 1.7.3 所示，需要给元器件选择一个合适的外形。引脚数选项设为 1-5 引脚（AD811 为 5 有效引脚的运放）即可以得到最符合要求的封装。

4）接下来需要绑定引脚。在图 1.7.3 的设定窗口中单击"下一步"，可以得到图 1.7.4 所示的引脚绑定窗口。经过与宏文件中的描述对比，引脚设定无误。

图 1.7.1　Spice 元器件子电路网络表文件

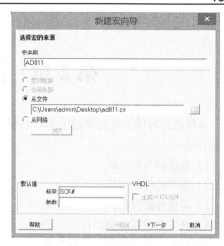

图 1.7.2　元器件宏模型设置向导

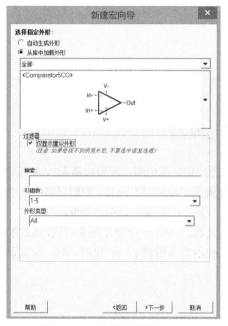

图 1.7.3　元器件外形设定

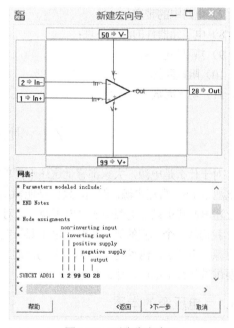

图 1.7.4　引脚绑定窗口

5）继续单击"下一步"后，就可以把 Spice 宏文件存储为可在 TINA 中直接使用的.TSM 元器件（如存储为 AD811.TSM）。按操作提示，可以在 TINA 仿真窗口中放置 AD811 这个元器件了，通过与元器件说明书中的封装对比，完全符合，如图 1.7.5 所示。以后直接调用存储的 AD811.TSM，就可以在仿真中添加该元器件了。

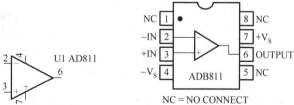

图 1.7.5　元器件封装对比图

第2章 模拟电路基础知识

本章将针对模拟电路学习中的一些极其重要又经常被无视甚至误解的内容进行讲解，包括以下11项内容：

1）电压源与电流源；

2）电子器件的本质；

3）阻抗与滤波器；

4）波特图与零、极点；

5）电阻、电容的实际等效模型；

6）输入阻抗与输出阻抗；

7）电路中的带宽；

8）电子元器件的温度特性；

9）热阻与散热；

10）阻抗匹配；

11）功率因数。

2.1 电压源与电流源

对于什么是电源，大家都感觉这还不简单吗，市电是220V交流电源，锂电池是4.2V直流电源，干电池是1.5V直流电源。但是，只要是能输出电压的电路就能叫电源吗？此外，我们日常生活中遇到的上述电源其实只是电源中的"电压源"，对于电源的另一种"电流源"却知之甚少。

我们从一个真实的笑话来开启电压源与电流源的学习之旅。一天，一个学生跑来问我，他的5V/1A的电源找不到了，他找到一个5V/2A的，插上去会不会把他的设备给烧了。石化的同时，我意识到有必要讲讲什么是电压、什么是电流了。

2.1.1 电压源的本质

我们来看图2.1.1所示的电位器电路，输入电压 V_1 是5V，电位器 P1 的电阻是 5kΩ，电位器调整端处于正中间位置。那么 U_O 的输出用电压表就可以测得是2.5V，我们可以认为 U_O 是一个2.5V的电压源吗？

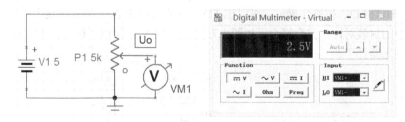

图 2.1.1　电位器分压电路

U_O 显然不能当做2.5V的电压源来使用。如图2.1.2所示，在 U_O 输出端加上 2.5kΩ 的 R_1 负载，U_O 的电压就会降为1.67V。这个结果计算起来也非常简单，利用电阻分压关系就可得到。

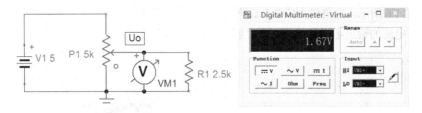

图 2.1.2　带负载的电位器分压电路

那么什么样的电路可称为电压源呢？就是无论带什么样的负载，输出电压保持不变的电路才是电压源。那么怎么才能做到带什么负载输出电压都保持不变呢？喊口号，电压就是不许变有用吗？在这里，我们将从一个全新的视角去理解电压和电流的关系。

1）一个电路想要输出电压不变，那它必须有强有力的输出电流能力，而不仅仅是喊口号就能使输出电压不变。

2）如图 2.1.3 所示，在 2.5kΩ 的轻负载下，5V 的电压源 V_1 仅需提供 2mA 电流就可以号称自己是 5V 的直流电压源。

3）在图 2.1.4 所示的重负载电路中，5V 电压源被接了 1mΩ 的重负载，那么电压源 V_1 必须提供 5000A 的电流，才能是 5V 直流电压源，这无疑必须是极难获取的电压源了。

图 2.1.3　轻负载下的电压源

图 2.1.4　重负载下的电压源

2.1.2　电压源的内阻

在一般的教材中，总是把电压源等效为理想电动势与内阻的串联，拥有极小内阻的电源才是电压源。在这种理解下，好像我们舍得花钱买足够粗的铜线去做电源或发电机，就能得到理想电压源似的。电源的内阻不能想象成是真实的导线电阻，而是等效电阻的概念。

1）图 2.1.5 所示电压源 V_1 的"导线内阻" r 为 2.5kΩ，这么大的"内阻"按通常理解就不是电压源了，但是只要负载足够轻，比如 1MΩ，从右往左看进去，左边的"黑匣子"的输出电压就是 5V。

2）如图 2.1.6 所示，当负载变成 2.5kΩ 时，我们"偷偷"地把 V_1 电压升高到了 10V，但是在外部电路看起来，电源的输出电压仍然是 5V，这是一个没有内阻的电源！

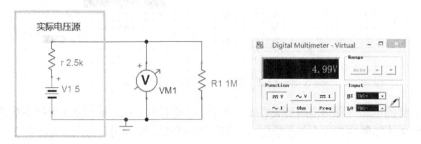

图 2.1.5　高内阻电压源的轻负载工作

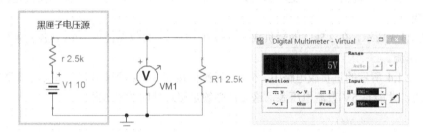

图 2.1.6　没有内阻的电压源

3）我们可以毫无压力地制造出"0Ω 内阻"的电源，但 2.5kΩ 负载上产生 5V 电压所需的 2mA 电流是骗不了人的。所以，电压源的本质是"电流提供者"。

我们回到图 2.1.4 所示的 1mΩ 重负载，如果电源对负载无法提供 5000A 的电流，那么结果必将是电源输出电压的降低，假设此时的输出电流变成了 2500A。那么我们可以有以下多种理解。

1）参考图 2.1.7(a)可以看成 V_1 电压保持 5V 不变，内阻 r_1 为 1mΩ，则输出电压降到了 2.5V，电源需要提供的电流为 2500A。

2）参考图 2.1.7(b)可以看成由于负载电流太大，电源无法提供，V_2 电压降到了 2.5V，内阻 r_2 为 0Ω，则效果同样是输出电压降到了 2.5V，电源提供的电流为 2500A。

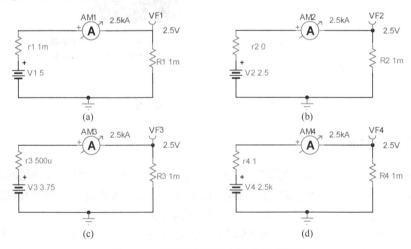

图 2.1.7　无法提供足够电流的若干情况

3）参考图 2.1.7（c）也可以看成 V_3 电压和内阻 r_3 都变化了，V_3 电压降到 3.75V，内阻 r_3 变为 $500\mu\Omega$，对 $1m\Omega$ 负载来说，电源效果是相同的。

4）参考图 2.1.7（d）还可以看成内阻 r_4 为 1Ω，则输出 V_4 的电压要"偷偷"提高到 2500V 才能实现同样的效果。

基于以上分析，我们可以得出结论，当负载改变时，同样的输出结果，对于电源的电动势 V 和内阻 r 如何改变是有很多可能性的。只不过通常情况下，我们假定电动势不变，来计算黑匣子中的等效内阻是多少：

1）内阻的定义：在空载输出电压 5V，带载输出电压 2.5V 时的负载电阻就等于等效内阻，也就是图 2.1.7（a）的情况，电压源的内阻记为 $1m\Omega$。

2）电压源的等效内阻并不反映真实电源电动势和导线电阻，而是人们约定的一种电路参数描述方式。

3）实际应用中，我们往往是"偷偷"地改变电动势来实现电压源效果，而不是花钱买粗铜线降低电阻。

2.1.3　电流源的本质

虽然电压源比电流源常见，但是电流源在理论上的地位却是与电压源平等的。电流源就是无论接什么负载，输出电流都是恒定的。

既然电压和电流在理论上是平等的，为什么我们的电网不设计成 10A 恒流供电呢？正常情况下，我们也买不到任何恒流源电池。这是由自然界导体与绝缘体获取的难易程度决定的，如果绝缘体比导体贵得多，我们恐怕用的就该是恒流源了。

1）自然界的绝缘体到处都是，空气就是性能非常好的绝缘体，同样性能优异的导体则要逼近超导体的性能才行。我们因为经济原因被迫使用的导体铜，其导电性能其实和"渣"一样。

2）电压源在不使用时，只要不接负载就行，此时的功耗为 U^2/R，由于绝缘体的电阻极大，所以功耗几乎为零。

3）电流源在不使用时，不接负载的功耗为 I^2R，绝缘体的电阻极大，功耗也就极大了。所以电流源在不使用时，必须用导体短接，最好是超导体短接，才不消耗功率。

电流源的本质是能够提供足够电压的电路。如果电流源被开路，也就是以空气作为负载，那么理想电流源的唯一选择就是产生极高的电压击穿空气导电，维持恒流。

1）如图 2.1.8(a)所示，IS_1（仿真软件默认电流源符号为 IS）为 1A 的电流源，在接 1Ω 负载 R_1 的情况下，电流源的输出电压是 1V。

2）如图 2.1.8(b)所示，IS_2 也为 1A 的电流源，在接 $1M\Omega$ 负载 R_2 的情况下，电流源的输出电压是 1mV。

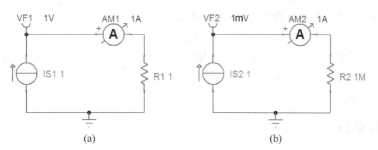

图 2.1.8　电流源的输出电压

2.1.4 电流源的内阻

一般教材中，总是将电流源的内阻描述为无穷大，这是比电压源内阻无穷小还要难以理解的事情。电流恒定，内阻无穷大，按照焦耳定律得发多少热，这该是多奇葩的一种电源？与电压源情况类似，电流源的内阻其实也是"捏造"出来的。

现实中的电流源总是由"电压源"经过处理得来的。电压源不可能通过串联无穷大内阻来实现恒流源的功能，只能是如图 2.1.9 所示那样，通过"偷偷"改变电源电压来实现恒流源。

1）参考图 2.1.9(a)，5mA 等效电流源的实际内阻是 100Ω，远远达不到电流源无穷大内阻的要求。当负载电阻 R_1 为 900Ω 时，V_1 输出电压 5V，即可实现输出 5mA 电流源的效果。

2）参考图 2.1.9(b)，当负载 R_3 变为 9.9kΩ 时，等效电流源的内阻还是 100Ω，但是 V_2 电压"偷偷"地变成了 50V。这样在负载看来，电流仍然是 5mA，等效电流源的等效内阻为无穷大。

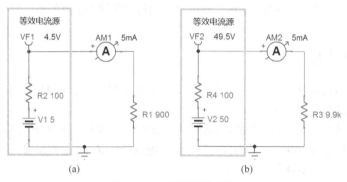

图 2.1.9 电流源等效电路

2.1.5 电源适配器 5V/2A

我们回到 5V/2A 的电源适配器到底代表什么含义上来，图 2.1.10 所示就是常用的直流电源适配器。由于导体特别是超导体远比绝缘体难以获得，所以现有的电源未加说明都默认是电压源。5V/2A 电源的含义就是输出电压为 5V 的恒压电源，额定输出电流为 2A。

1）在轻负载时，实际电源适配器的输出电压会高于 5V，达到 5.5V 都是有可能的，至于输出电流是多大，则取决于负载电阻大小。

2）在重负载时，比如额定负载 2.5Ω 时，输出电压应该在 5V 附近，实际 4.8V 也算正常。

图 2.1.10 电源适配器

3）负载电阻比 2.5Ω 还要小的时候，电源适配器的表现则可能是处于过流保护状态，也可能输出电压远比 5V 要低。

4）既满足一定输出 5V 电压，又满足一定输出 2A 电流的电源是不存在的，这就像"自相矛盾"那个成语一样。只有当负载为 2.5Ω 时，才可能恰好出现这样的情况。所以，完全不用担心 5V/2A 电源适配器会烧坏设备。

2.1.6 超级充电器

本节再举一个例子来帮助大家理解电压、电流的数量级概念。某天，一群学生围着看一个网上的视频，大体内容是"以色列发明超级充电器，30s 为手机充满电"，视频截图如图 2.1.11 所示。我奇怪的并不是号称有这样的超级充电器，而是当我说这纯粹是"无稽之谈"以后，学生们"据理力争"的反应。

到底有没有超级充电器其实很容易证明。

1）一块手机电池以 2000mAh 为例，无论其电压是多少，按能量守恒，可以理解为对其充电至少需 2A 电流充 1h，或者 7200A 电流充 1s。

2）如视频中所称 2000mAh 的电池只要 30s 充满电，就算充电效率 100%，平均充电电流将需要 240A。

正常传输 240A 电流大概需要的电缆直径是 10mm，如此大的电流加载在图 2.1.12 所示手机的电池触点上是什么现象呢？有位前辈在我复述这个故事的时候，脱口而出了一个词——"电焊机"。

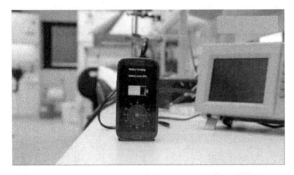

图 2.1.11　超级充电器 30s 充满手机电池的视频截图　　　　图 2.1.12　某手机电池的触点照片

事实上，不考虑成本，制造出几百安培甚至更大电流的充电器根本没有技术困难，真正困难的是没有电池能"扛得住"这么大的充电电流，早就烧成渣了。

1）电池容量决定了其适宜的充电电流大小，2000mAh 的电池用 2A 电流充电，称为 1C 充电。

2）基本上所有类型的充电电池，1C 就属于快速充电的范畴了，苹果 iPad4（11560mAh 电池）的充电器不过是 2A 的，iPad mini（4490mAh）的充电器才 1A 而已。

3）2～5C 充电也许有电池能勉强抗住，但这也是以寿命急剧降低为代价的，更大的充电电流下电池必爆无疑，千万不可尝试。

2.2　电子器件的本质

既然电压和电流本质不是之前想象的那样简单，电子器件的本质我们是否真的知道呢？包括我们自认为熟悉无比的电阻、一般熟悉的电容、基本不熟的电感，其实都可以换一种角度去重新理解。

2.2.1　电阻

什么是电阻？顾名思义，就是对电起阻碍作用的元器件，那到底是对电流还是对电压起阻碍作用呢？还是对电流、电压都阻碍？

1）如图 2.2.1(a)和(b)所示，有没有电阻 R_1，节点电压都相等，电阻并没有阻碍电压，即使加的是交流电也是如此。

2）如图 2.2.2(a)和(b)所示，插入电阻 R_3 与不插入电阻 R_3，电流的变化是巨大的。

电阻的本质是对电流起阻碍作用的元器件。就像我们之前说的那样，电阻不能只是喊句口号要阻碍电流，靠什么来阻碍呢？电阻如果想对流过自身的电流产生影响，实际是通过改变电阻两端的电压来实现的。

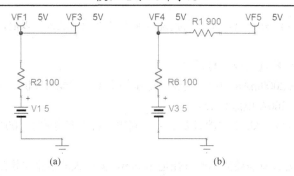

图 2.2.1　电阻对电压的阻碍作用

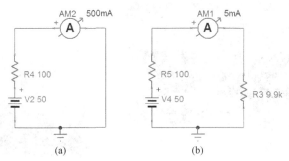

图 2.2.2　电阻对电流的阻碍作用

电阻的特性方程可以写成 $u = i \cdot R$，其含义在于：

1）电流流过电阻会产生与电源"激励"电压相反的电压；

2）随着电流的增大，电阻产生的反向电压与电源电压相等时，电流就不会再增大了，电阻于是就起到了对电流的阻碍作用。

2.2.2　电容

电容对我们来说还算熟悉，一般是如何理解电容的呢？

1）从构造上说，金属板极之间填充电介质（绝缘体），就构成了电容。

2）从工作过程上说，电容两极可以被充、放电荷，从而形成电场。

从更深层次上看，我们认为电容是对电压的变化起阻碍作用的元器件，电容不能凭空就说自己能阻碍电压的变化，电容是依靠能够吞吐极大电流来阻碍电压变化的。

1）如图 2.2.3(a)所示，开关 SW 没有闭合，稳态时，负载上的电压 VF_1（仿真软件默认电压指针命名为 VF）为 4.5V，负载电流 AM_3 全部由电源 V_1 提供，电源电流 AM_2 为 5mA，电容上电流 AM_1 为 0A。

2）如图 2.2.3(b)所示，在开关刚刚闭合的瞬间，由于滤波电容的作用，负载上的电压 VF_2 依然为 4.5V，按欧姆定理负载电流 AM_6 达到了 4.5A。同时可以计算出电源电流 AM_5 依然为 5mA，AM_6 与 AM_5 的差值必须由电容电流 AM_4 提供，电容瞬时输出电流达到了 4.495A。

3）如图 2.2.4(a)所示，开关闭合，且稳态时，负载上的电压 VF_1 为 49.45mV，负载电流 AM_3 全部由电源 AM_2 提供为 49.51mA，电容上电流 AM_1 为 0A。

4）如图 2.2.4(b)所示，在开关刚刚断开的瞬间，由于滤波电容的作用，负载上的电压 VF_2 依然为 49.45mV，按欧姆定理负载电流 AM_6 仅为 0.055mA。同时可以计算出电源电流 AM_5 依然为 49.51mA，AM_5 与 AM_6 的瞬时差值电流必须流入电容，约为 49.5mA。

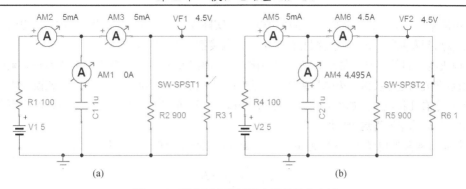

图 2.2.3　瞬态时电容滤波电路的放电电流

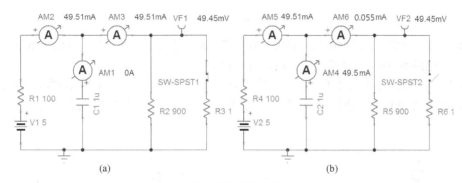

图 2.2.4　瞬态时电容滤波电路的充电电流

电容的特性方程为 $i_C = C \dfrac{du_C}{dt}$，其意义在于：

1）电容是靠吞吐足够的电流来维持电压稳定的；

2）电压变化率越大，电容的吞吐电流就越大；

3）电容可以在短时间内视为理想电压源。

2.2.3　电感

在电阻、电容和电感三种基本电子元器件中，电感是我们最不熟悉的，这是有深刻原因的。当我们把电压源简称为电源时，就决定了电感注定不如电容那样用途广泛。电感对于电流源的作用就如同电容对于电压源的作用一样，两者是对偶的。

电感是对电流的变化起阻碍作用的元器件，电感不能凭空就说自己能阻碍电流的变化，电感是依靠产生足够高的电压来阻碍电流变化的。

1）在图 2.2.5 所示电路中，开关 SW 断开时会出现什么现象呢？开关断开当然就没有电流了，但是电感 L_1 上的电流不能突变，于是 L_1 上就会产生高压帮助电源维持电流。会产生多高的电压呢？要多高有多高，直到把开关处的空气击穿导电，将会看到弧光。

2）描述这一高压的数学式便是电感的本质：$u_L = L \dfrac{di_L}{dt}$，电流变化率有多高，电感电压就有多高，即电感依靠产生高压来维持电流不变。

由于寄生电感实际无处不在，所以电感产生高压的现象随处可见。最典型的就是各种开关插座通断时产生的电火花。

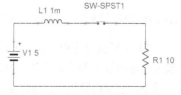

图 2.2.5　含电感的电路

1）电流本身不会发光，我们见到的各种电火花实际都是热致发光（白炽灯原理），也就是空气导电发热温度高到发光的程度，我们眼见的电火花的温度都在 4000℃ 以上。

2）电火花炫目的同时，带来的是局部熔化开关和插头的触点。小功率用电器的开关无须特殊处理，大功率开关都是需要做"灭弧"处理的，否则电火花会长久不熄，开关触点也就被烧坏了。

我们再来看几种电路，加深对电感特性的理解。图 2.2.6 所示的电路会短路吗？难道不会吗？我们不妨用数学计算来解答这个问题。

1）标定好实际的电源电压和电感电压的正方向，根据电感的特性方程可得：

$$U_L = L\frac{di}{dt} = E \tag{2.2.1}$$

$$\frac{di}{dt} = \frac{E}{L} \tag{2.2.2}$$

2）由于 E/L 为常数，所以电感电流呈线性增长，斜率正比于电源电压，反比于电感量。所以，图 2.2.6 所示电路不会短路，不要把线性增长当成短路！

再来看一个电路，如图 2.2.7 所示，将开关拨到右边导通以后，会发生什么现象？电流会短路？会线性衰减？还是别猜了，对于电感这么一种我们不熟悉的器件，还是数学来得可靠。

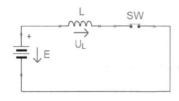

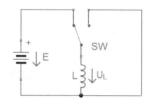

图 2.2.6　电源电感电路　　　　　图 2.2.7　电感短路放电电路

1）标定好实际的电源电压和电感电压的正方向，根据电感的特性方程可得：

$$U_L = L\frac{di}{dt} = 0 \tag{2.2.3}$$

$$\frac{di}{dt} = 0 \tag{2.2.4}$$

2）这意味着电流的变化率为 0，这不就是恒流源了吗？如果导线是超导体没有电阻，电感上的电流会永远流下去。神奇吗？其实并不神奇。

3）如果说一个充了电的电容，完全绝缘没有漏电的话，电容上的电压会一直保持下去，你肯定不以为然吧？当对比电感和电流的关系、电容和电压的关系时，两者是何其相似。

思维定式让我们泰然接受电容不漏电的假设，但绝不接受电感用的是超导体的假设。那么当导线有电阻时，图 2.2.8 所示电路中开关拨到右边是什么情况？还是依靠数学推导吧。

1）标定好实际的电感电压和电阻电压的正方向，注意电阻电压的方向是由实际电流方向决定的。根据电感的特性方程可得 $u_L = L\frac{di}{dt}$，由于 $u_L = -ir = L\frac{di}{dt}$，最后得出电流变化率为 $\frac{di}{dt} = -\frac{ir}{L}$。

2）不解微分方程，仅做定性分析。观察等式右侧的三个量，电阻 R 越大，电流衰减的斜率 di/dt 越大；电感量 L 越大，电流衰减的斜率 di/dt 越小；一开始电感 i 比较大，所以衰减得快，后来随着 i 的减小，衰减得就慢了。所以定性画出电感电阻回路的电流波形应该如图 2.2.9 所示。

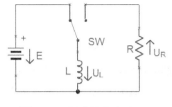

图 2.2.8　阻感放电电路

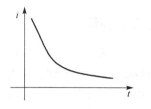

图 2.2.9　LR 电路电流波形

电感本质是依靠产生电压实现对电流变化起阻碍作用的元器件。我们总结本节的 4 种电感电路的现象：

1）强行切断电感电流会产生高压；

2）电感接电压源后，电流线性增大；

3）电感接超导体后，电流保持不变；

4）电感接电阻以后，电流非线性减小。

2.3　阻抗与滤波器

在 2.2 节我们通过电阻、电容、电感的特性方程分析了电路的动态特性，即任何瞬间电路的电压、电流情况。本节我们将用阻抗的观点来看待电阻、电容和电感三种电子元器件，这将有助于我们分析电路中滤波器是如何产生的。

2.3.1　元器件的阻抗

电路中如果只有电阻元器件，我们可以很容易地通过欧姆定律的分压关系，得到各个电阻上的电压是多少。电容、电感在电路中的作用可以看成是容抗和感抗在起作用，它们统称为阻抗，与电阻一样具有相同的量纲"欧姆"。表 2.3.1 所示为元器件的阻抗列表。

1）电阻的阻抗就是 R 本身，与电信号的频率无关，并且电阻上的电流、电压是同相位的。

2）电容的阻抗与电信号的频率成反比，频率越高，阻抗越小，我们可以理解电容的静态特性为"隔直通交"。与电阻不同的是，使用容抗时要考虑电容上电压、电流的相位差，电流超前电压 90°。关于到底是电流超前还是电压超前，不要死记硬背，理解即可。电容是阻碍电压变化的元器件，所以当然是电压落后电流，也就是电流超前电压 90°。

3）电感的阻抗与电信号的频率成正比，频率越高，阻抗越大。由于电感是阻碍电流变化的元器件，所以电感上电流是滞后电压 90°的。

有一个经典的考查对阻抗认识程度的题，如图 2.3.1 所示，问中点处的电压值。电容阻抗与电阻阻抗相等，都为 1Ω，这意味着不需要指明信号的频率。多数人都会不假思索地回答是 0.5V，但正确答案是 0.707V。

表 2.3.1　元件的阻抗

元件	阻抗	电压电流相位
电阻	R	同相位
电容	$1/j\omega C$	电流超前电压 90°
电感	$j\omega L$	电流滞后电压 90°

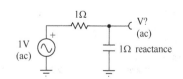

图 2.3.1　考查阻抗知识点的经典问题

2.3.2　滤波器原理

正是由于电容和电感的阻抗与频率有关，才使得电路中有了滤波器。搭配电阻、电容和电感三种元器件，可以实现低通、高通、带通等滤波功能。根据数学表达式，电容和电感的特性是对称的，但是真实世界中电感元器件的成本远高于电阻和电容，所以多数情况下只用电阻和电容来制作滤波器，本书也只讨论 RC 滤波器的情况。

如图 2.3.2 所示，一个电阻和一个电容对输入信号进行分压，取电容上的电压作为输出，即构成了低通滤波器（由于电阻上的电压相位与电流相位相同，所以图 2.3.2 中使用 R 两端电压仿真代替电流）。

1）根据阻抗分压原理，输出电压 u_O 的表达式为：

$$u_O = \frac{Z_C}{Z_R + Z_C} \times u_I = \frac{\dfrac{1}{j\omega C}}{R + \dfrac{1}{j\omega C}} \times u_I = \frac{1}{j\omega CR + 1} u_I \tag{2.3.1}$$

2）式（2.3.1）说明，输出电压的幅值随频率增大而减小，所以图 2.3.2 所示电路为低通滤波器。

3）由向量图 2.3.3 可以得输出电压落后输入电压

$$\tan \varphi = \left| \frac{Z_R}{Z_C} \right| = \frac{R}{\dfrac{1}{\omega C}} = \omega CR \tag{2.3.2}$$

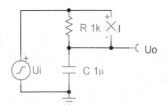

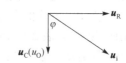

图 2.3.2　低通滤波电路　　　　　　　　　图 2.3.3　低通滤波器的向量图

4）图 2.3.4 所示为低通滤波器的瞬时现象仿真图，可观察到输出电压 u_O 落后于输入电压 u_I。输出电压（电容电压）上的电压相位落后电流相位 90°。

如图 2.3.5 所示，一个电阻和一个电容对输入信号进行分压，取电阻上的电压作为输出，即构成了高通滤波器。

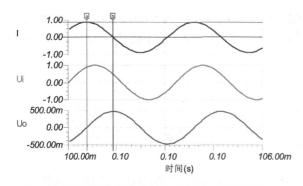

图 2.3.4　低通滤波器的输入/输出电流、电压波形

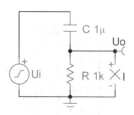

图 2.3.5　高通滤波器

1）根据阻抗分压原理，输出电压 u_O 的表达式为：

$$\tan\varphi = \left|\frac{Z_C}{Z_R}\right| = \frac{\frac{1}{\omega C}}{R} = \frac{1}{\omega CR} \qquad (2.3.3)$$

2）式（2.3.3）说明，输出电压的幅值随频率增大而增大，所以图 2.3.5 所示电路为高通滤波器。

3）由向量图 2.3.6 可以得到输出电压超前输入电压：

$$\tan\varphi = \frac{Z_R}{Z_C} = \frac{R}{\frac{1}{j\omega C}} = j\omega CR \qquad (2.3.4)$$

4）图 2.3.7 所示为高通滤波器的瞬时现象仿真图，可观察到输出电压 u_O 超前于输入电压 u_I。输出电压（电阻电压）上的电压相位与电流相位相同。

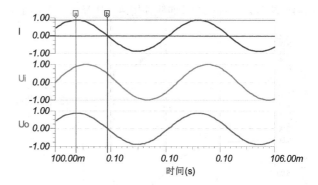

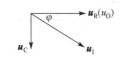

图 2.3.6　高通滤波器的向量图　　　　　图 2.3.7　高通滤波器的输入输出电流电压波形

2.4　波特图与零、极点

当电路的"特性"与信号频率有关时，基于时间的"时域波形"（示波器波形）显然不能全面反映电路特性，这时就需要引入频域分析。频域分析的理论和方法非常复杂（属于信号与系统课程范畴），它包含海量的数学运算和变换，极容易陷入"知其所以然，而不知其然"的尴尬境地。

对于模拟电路来说，频域分析首先需要理解波特图和零、极点的真实物理意义，否则一切数学变换和推导都是折磨人的考题，而不是真正实用的工具。

2.4.1　幅频与相频特性曲线

描绘不同输入频率信号下，电路输出信号幅值和相位的曲线就称为幅频和相频特性曲线，用对数坐标描绘出的幅频和相频特性曲线就是波特图（亨德里克·韦德·波特于 1930 年发明）。

在 TINA-TI 仿真软件中，描绘波特图属于交流传输特性仿真，图 2.4.1 所示为无源 RC 一阶低通滤波器，其截止频率：$f_H = \dfrac{1}{2\pi RC} \approx 159\text{Hz}$。

1）在 TINA 主窗口中单击"分析"→"交流分析"→"交流传输特性"，得到图 2.4.2 所示的交流传输特性设置窗口，将起止频率设为 1Hz 和 100kHz，按截止频率 f_H 两端各延伸约百倍，以便观察。

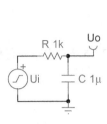

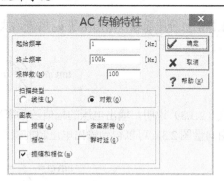

图 2.4.1　无源 RC 一阶低通滤波器　　　　　　图 2.4.2　交流传输特性设置窗口

2）图 2.4.3 所示即为仿真得到的幅频相频特性曲线。双击幅频曲线的纵坐标，将上、下限设为 0 和–36，13 格刻度，目的是显示–3dB 刻度；双击相频曲线的纵坐标，将上、下限设为 0 和–90，目的是显示–45°刻度。对幅频特性曲线使用 A、B 光标，A 标定为–3dB 位置，B 标定为–20dB 位置。

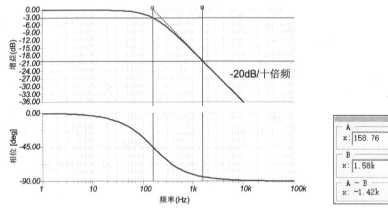

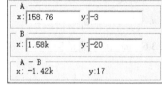

图 2.4.3　一阶无源低通滤波器的幅频相频特性曲线

对图 2.4.3 进行分析可得到以下结论，这些结论对于所有一阶低通滤波器都成立。

1）观察幅频特性曲线，光标 A 标定的–3dB 衰减正好在截止频率 f_H 处（158.76Hz）。这并不是巧合，截止频率的定义就是信号幅值衰减–3dB（0.707 倍）时的频率。

2）观察相频特性曲线，–3dB 衰减对应到了–45°相移位置，这也不是巧合。当 Z_R 与 Z_C 相等时，相移为–45°，此时信号衰减为 $Z_C / \sqrt{Z_C{}^2 + Z_R{}^2}$，也就是 $1/\sqrt{2} = 0.707 = -3\text{dB}$。

3）观察幅频特性曲线的延伸部分，根据光标 A 和光标 B 的定标，可以找出该斜线的两个坐标点，即（158.76Hz,0dB）和（1.58kHz,–20dB），由此可得该斜线斜率为–20dB/十倍频。也就是说，在远离截止频率位置，幅频特性曲线的规律是频率增大 10 倍，幅值衰减 20dB（10 倍）。

4）观察相频特性曲线，当频率远小于截止频率 f_H 时（0.1 倍即可认为远小于），相移为零度。此时 $Z_R \ll Z_C$，移相角 $|\varphi| = \arctan(Z_R / Z_C) \approx \arctan 0 \approx 0°$。

5）继续观察相频特性曲线，当频率远大于截止频率 f_H 时（10 倍即可认为远大于），相移为–90°。此时 $Z_R \gg Z_C$，移相角 $|\varphi| = \arctan(Z_R / Z_C) \approx \arctan \infty \approx 90°$。

2.4.2　多阶滤波器的交流传输特性

图 2.4.4 所示为将两个一阶滤波器前后级联构成的二阶低通滤波器。

1）由于 R_1 和 C_1 构成的第二阶滤波器是第一阶滤波器的负载，将会改变 R 和 C 的分压比，所以图 2.4.4 中用放大器进行隔离，以便于每一级的截止频率不发生变化，仍然为 158Hz。

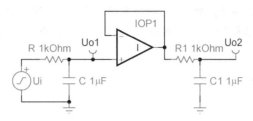

图 2.4.4　二阶低通滤波器

2）按与一阶低通滤波器相同的分析方法可以得到二阶低通滤波器的幅频和相频特性曲线，如图 2.4.5 所示。根据光标 A 读数，在 -3dB 处一阶滤波器输出 U_{O1} 产生了 -45° 相移，而二阶滤波器输出 U_{O2} 产生了 -90° 相移。

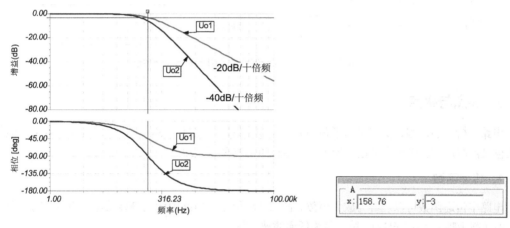

图 2.4.5　二阶低通滤波器的幅频和相频特性曲线

3）在频率远大于截止频率（158Hz）时，一阶滤波器的极限相移是 -90°，二阶滤波器的极限相移是 -180°，这完全符合经阻抗计算推导的式（2.3.2）的规律。

4）二阶滤波器在远离截止频率处的衰减规律为 -40dB/十倍频，符合信号级联增益相乘的规律。

理论计算表明，每增加一阶低通滤波器：

1）在截止频率处，衰减增加 -3dB，相移增加 -45°；

2）高频端衰减斜率增加 -20dB/十倍频；

3）极限相移增加 -90°。

基于对称性，只需把 RC 互相对换，即可得到截止频率相同的二阶高通滤波器，如图 2.4.6 所示。

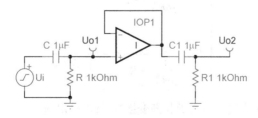

图 2.4.6　二阶高通滤波器

对图 2.4.7 所示的高通滤波器幅频和相频特性曲线分析可得：

1）截止频率处，一阶高通滤波器相移为 45°，二阶高通滤波器相移为 90°；

2）一阶高通滤波器极限相移为 90°，二阶高通滤波器极限相移为 180°；

3）一阶高通滤波器的过渡带斜率为 20dB/十倍频，二阶高通滤波器的过渡带斜率为 40dB/十倍频。

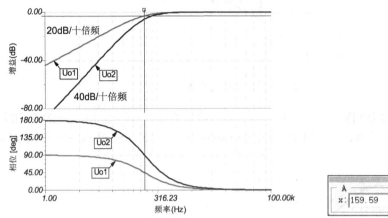

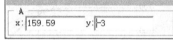

图 2.4.7　二阶高通滤波器的幅频和相频特性曲线

2.4.3　零点与极点

电路分析中引入零、极点是为了帮助分析反馈系统的稳定性，零、极点的定义并不复杂，但是多数人也只停留在零、极点定义这一步了，对零极点的物理意义缺乏理解。

1．传递函数

电路中传递函数可以理解为放大倍数。图 2.4.8 所示的电路由运放隔离成前后两级，第一级为高通滤波（截止频率 $f_L \approx 1.6\text{Hz}$），第二级为低通滤波（截止频率 $f_H \approx 15.8\text{kHz}$）。

1）按照前后级截止频率，可以粗略理解为大于 1.6Hz 和小于 15.8kHz 的信号可以通过滤波器。所以图 2.4.8 所示电路为带通滤波器。

2）假定前一级放大倍数为 A_1，第二级放大倍数为 A_2，总的放大倍数为 $A=A_1 \times A_2$。按阻抗分压原理，可以很容易得到式（2.4.1）：

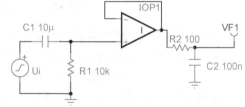

图 2.4.8　带通滤波器

$$\begin{cases} A_1 = \dfrac{R_1}{\dfrac{1}{\text{j}\omega C_1} + R_1} = \dfrac{\text{j}\omega R_1 C_1}{1 + \text{j}\omega R_1 C_1} \\[4mm] A_2 = \dfrac{\dfrac{1}{\text{j}\omega C_2}}{\dfrac{1}{\text{j}\omega C_2} + R_2} = \dfrac{1}{1 + \text{j}\omega R_2 C_2} \end{cases} \tag{2.4.1}$$

3）用 s 替代式（2.4.1）中的 $\text{j}\omega$（拉普拉斯变换），就可以得到式（2.4.2），使分子为零的 s 称为零点，使分母为零的 s 称为极点。分母中 s 的最高指数称为滤波器的阶数。

$$\begin{cases} A_1 = \dfrac{sR_1C_1}{1+sR_1C_1} \\[3mm] A_2 = \dfrac{1}{1+sR_2C_2} \end{cases} \qquad (2.4.2)$$

4）通过式（2.4.2）可以看出，A_1 代表的高通滤波器有一个零点（0Hz）和一个极点（1.6Hz），A_2 代表的低通滤波器只有一个极点（15.8kHz）。A_1 和 A_2 合成的带通滤波器的阶数为 2 阶。

2．波特图中的零极点

通过式（2.4.2）可得，在图 2.4.8 所示的带通滤波器中，存在 0Hz 零点、1.6Hz 和 15.8kHz 两个极点。关于零、极点在波特图的物理意义总结如下：

1）零点处幅频特性曲线的斜率变化 20dB/十倍频，相移 45°；

2）极点处幅频特性曲线的斜率变化–20dB/十倍频，相移–45°。

图 2.4.9 所示为带通滤波器的幅频和相频特性曲线。

1）0Hz 零点处（TINA 仿真无法从 0Hz 开始），幅频特性曲线开始有 20dB/十倍频的斜率。

2）零点处的相移是 45°，但在远小于零点处，相移为 90°，所以相频特性曲线是从 90° 开始的。

3）在第一个极点 1.6Hz 处，幅频特性曲线变化–20dB/十倍频，所以 1.6Hz 以后幅频特性曲线变为水平。

4）1.6Hz 极点处会发生–45° 相移，所以 1.6Hz 处总相移为 90°–45°=45°。在远离 1.6Hz 极点处，比如 16Hz 以后，总相移变为 90°–90°=0°。

5）在第二个极点 15.8kHz 处，幅频特性曲线变化–20dB/十倍频，所以 15.8kHz 以后幅频特性曲线变为–20dB/十倍频。

6）15.8kHz 极点处会发生–45° 相移，所以 15.8kHz 处总相移为 90°–90°–45°=–45°。在远离 15.8kHz 极点处，比如 158kHz 以后，总相移变为 90°–90°–90°=–90°。

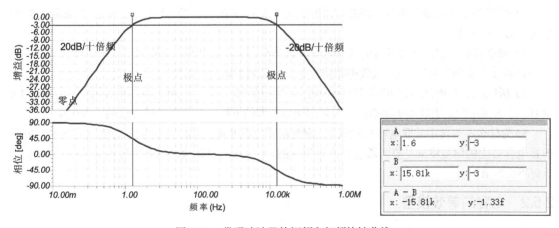

图 2.4.9　带通滤波器的幅频和相频特性曲线

2.5　电阻、电容的实际等效模型

在低频条件下，实际电阻、电容特性比较接近理想元器件，但频率稍高时，就必须考虑它们的高频等效模型了。这里不讨论电感等效模型，因为电感的特性和磁性材料关系密切，讨论起来有些复杂，本书不再涉及。

2.5.1　电阻的高频等效模型

实际电阻可以等效为理想电阻 R 和寄生电感 L_S 的串联。寄生电感 L_S 的值很小，通常情况下感抗 Z_L 要远小于阻抗 Z_R，我们忽略寄生电感的影响。那什么时候要考虑寄生电感呢？我们先举一个寄生电感起正面作用的例子。

1）在图 2.5.1 所示的电路中，模拟电源 AV_{DD} 和数字电源 DV_{DD} 实际上来源是同一个电源，但是用一个小阻值电阻 R 将其隔开。

2）当电阻 R 上的电流在 10mA 时（通常这么大的电流已经能使多数芯片工作），AV_{DD} 和 DV_{DD} 直流电压只相差 10mV（L_S 上压降忽略不计），小于大多数直流电源的纹波电压。

3）但是对于数字电路经 DV_{DD} 产生的电源线耦合高频干扰来说，寄生电感 L_S 的阻抗则远大于 1Ω，可以起到隔离数字干扰的作用。

电阻寄生电感反面作用的例子如下。

1）图 2.5.2 所示的电路是电力电子中的开关电路，MOSFET 开关导通时会流过电流，当开关断开时，主电路的寄生电感 L_S 为了阻止电流变化，会产生高压加载在开关上，将开关击穿。

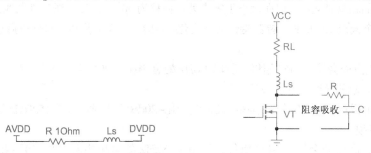

图 2.5.1　由小电阻隔离的电源　　　　图 2.5.2　MOSFET 开关电路

2）给开关上并联 RC 吸收电路是常用的保护开关的做法，开关断开时，电感 L_S 电流会流向 RC 电路，形不成高压。

3）前面我们讲过，电容阻碍电压变化的根源是吞吐极大的电流，电阻 R 上的寄生电感将会阻碍电容 C 吞吐"毛刺"电流，RC 吸收电路防开关高压的效果将大打折扣。

4）所以，用于 RC 吸收的电阻是特殊构造的"无感电阻"，"无感电阻"也有电感，但是寄生电感要小于普通电阻。大功率无感电阻一般采用电阻丝双线并绕，互感抵消的方法减小寄生电感。

5）为什么不直接用并联电容 C 做吸收，而要串联电阻 R 呢？不加 R 抑制毛刺电压的效果要更好，但是电容 C 上的储能将来是要再通过开关 T 泄放的，不串联电阻 R 会造成开关过流损坏（C 足够小时，也可不串联 R）。

2.5.2　电容的等效模型

如图 2.5.3 所示，实际电容可以视为电容、电阻、电感三者的串联。其中等效串联电阻 ESR（Equivalent Series Resistance）和等效串联电感 ESL（Equivalent Series Inductance）分别从两个方面对电容的特性产生影响。

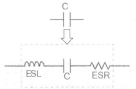

图 2.5.3　实际电容等效模型

先来看 ESR 的影响。电容除了储能应用之外，大部分应用是滤波。大容量的滤波电容有钽电容和铝电解电容两种，其中钽电容性能更好更贵。其实钽电容也是有极性的电解电容，两种电容的性能主要差别就是 ESR 不同。

1）理想电容 C 的两端电压绝不会产生"突变"，再大的充放电电流也只能产生"渐变"的电压，所以理论上并联有电容的电路的端电压是不会产生"毛刺"电压的。

2）实际滤波电容两端的电压会产生图 2.5.4 所示的毛刺（中间波形，直流负压）。

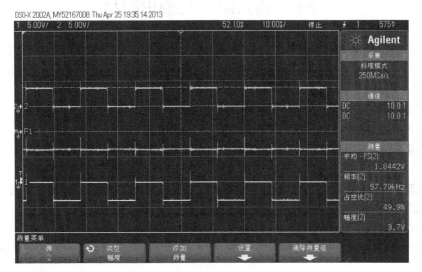

图 2.5.4　负压芯片 TPS60400 的输出

3）电容端毛刺电压产生的原因就是电容的 ESR。电容吞吐电流来保持自身端电压的稳定，但是吞吐电流会在 ESR 上产生压降，于是形成总的电压纹波乃至电压"毛刺"。

4）相同容量的钽电解电容的 ESR 要远小于铝电解电容，所以同容量钽电容滤波的纹波电压要远小于铝电解电容。这就是为什么很多时候，我们把 $1\mu F$ 的钽电容的滤波效果等效为 $10\mu F$ 的铝电解电容。

5）钽电容作为极性电容，特别需要提醒的是其外观标注，针插封装钽电容为正常的长引脚为阳极，但贴片钽电容的阳极却是画横线的那一端！

由于 ESL 的存在，电容中容抗和感抗分量会随电信号频率变化，如图 2.5.5 所示。

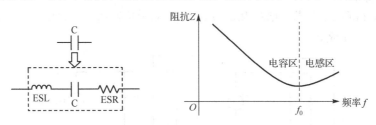

图 2.5.5　实际电容的阻抗

1）在低频段，所有电容毫无例外地均表现为电容特性（频率越高，阻抗越低）。但是，当频率高于 LC 谐振频率 f_0 时，电容转变成电感特性，即频率越高，阻抗反而越高。而电感的特性不仅不会稳定电压，还会产生感应电压。

2）不同材料和构造的电容的转折频率 f_0 差别很大，一般说来，大容量的电容频率特性差（转折频率 f_0 低），小容量的电容频率特性好（转折频率 f_0 高）。

3）值得庆幸的是，高频电容的容量虽小，但高频时真正起滤波作用的容抗却很小，"高频小容量"电容与"低频大容量"电容可以互为补充。

4）实际电路中，并联不同种类的电容，可以实现全频率范围内的滤波。多个电容并联滤波，原则上相差至少 10 倍，以一般 100 倍为宜。

2.6　输入阻抗与输出阻抗

什么是输入阻抗和输出阻抗呢？先由最简单的电阻电路来引入这两个概念。如图 2.6.1 所示，电源 E 的内阻为 r，负载电阻为 R，从中间画一条线将电路分割为电源和负载两部分。内阻 r 就是电源部分的输出阻抗，电阻 R 就是负载部分的输入阻抗。

定性理解输入/输出阻抗。由于电路中绝大多数电源都是电压源，信号都是电压信号，如果把电路视为图 2.6.2 所示的两端输入两端输出的二端网络，有以下结论：

1）输出阻抗 R_O 体现了电路驱动负载的能力，输出阻抗越小（相当于电源内阻越小），带负载能力越强。

2）输入阻抗 R_I 体现了电路自身作为负载的"轻重"。输入阻抗越大，电路对上级电源索取的电流就越小，属于"轻"负载。反之，就是"重"负载。

3）我们总是希望一个电路的输出阻抗 R_O 越小越好，这样它驱动负载的能力就越强（输出电压基本随负载的加重而降低）。同时我们希望该电路的输入阻抗 R_I 越大越好，这样上级电路就越容易驱动它。

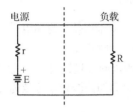

图 2.6.1　电源与负载电路

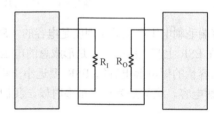

图 2.6.2　二端网络的输入/输出阻抗

定量计算输入/输出阻抗。不要真的把输入/输出阻抗理解为真实存在的线路电阻，而应该用"黑匣子"等效的观点来看待它。

1）如图 2.6.3(a)所示，空载时电路输出电压为 U_O，带上负载 R_L 时，输出电压为 $0.5U_O$，则可认为电路的输出阻抗 r 等于 R_L。

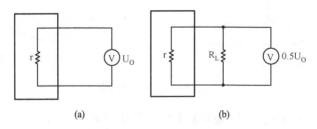

(a)　　　　　　　　　　　　(b)

图 2.6.3　输出阻抗求解示意图

2）输出阻抗并非一定是个真实存在的电阻。如图 2.6.4 所示，真实的电源内阻是 1kΩ，空载时测得输出电压是 10V。带上 1kΩ 负载以后，电源电压升高为 20V，电压表测得的输出电压仍然为 10V，这表明左侧电路的输出阻抗为 0Ω。图 2.6.4 所示的例子并非是脑筋急转弯的特例，而是我们设计的大多数实际电路都存在"偷偷"改变电源电动势的情况，只不过未必是使输出阻抗为 0 这么极端。

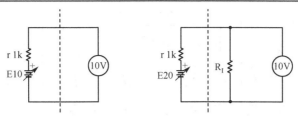

图 2.6.4　等效输出阻抗

3）测量电路的输入阻抗方法类似。如图 2.6.5 所示，给输入信号 U_I 串联电阻 R，当 $U_i = 2U_i'$ 时，输入阻抗 R_i 等于串联电阻 R。

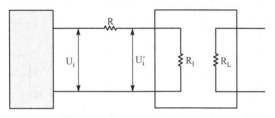

图 2.6.5　输入阻抗求解示意图

2.7　电路中的带宽

示波器是电子实验室中最常用的仪器，我们经常能够听到这样的描述——"100MHz 的示波器"。这里的 100MHz 是什么意思呢？是示波器最大能够观测 100MHz 的信号吗？在解释这个问题之前，我们先将电路中频率的概念梳理清楚。

1）图 2.7.1 所示的两个信号的频率一样吗？答案是不一样。电路中的频率唯一指代正弦信号的频率，其他波形的频率必须傅里叶分解为一系列正弦波再加以讨论。

2）图 2.7.1 所示的幅值为 1，重复周期为 2π 的标准方波的傅里叶分解式为：

$$f(t) = \frac{4}{\pi}\left(\sin t + \frac{1}{3}\sin 3t + \frac{1}{5}\sin 5t + \cdots\right) \qquad (2.7.1)$$

3）式（2.7.1）代表方波是由奇数倍频率的一系列正弦波所组成的，与重复周期 2π 相同的称为基波，其余称为 3 次谐波、5 次谐波……选取基波和一系列谐波进行叠加，可以得到图 2.7.2 所示的效果。

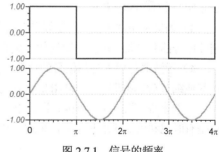

图 2.7.1　信号的频率

4）为什么一定要进行傅里叶分解呢？这是因为在感抗和容抗的表达式中，角频率 ω 针对的是正弦波，在方波信号中，不同谐波频率分量遇到电容、电感时，阻抗是完全不同的，电路特性也将完全不同。

接下来我们解释什么是带宽。电路中任何导线都有电阻，不接地导线对地就有电容，于是就有了图 2.7.3 所示的"无处不在"的低通电路。不仅是导线，电路元器件的内部也同样寄生了低通滤波电路。

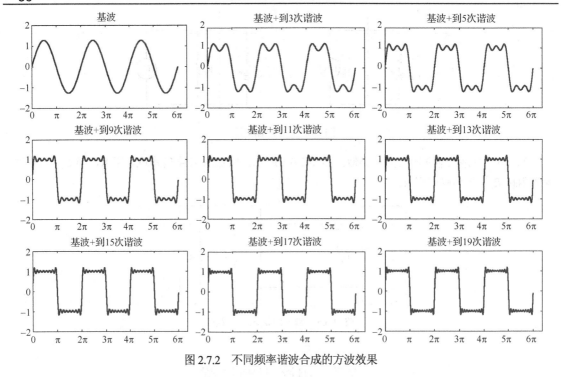

图 2.7.2 不同频率谐波合成的方波效果

1）由于寄生低通滤波电路的存在，使得任何电路在处理高频信号时都会遇到挑战。

2）示波器作为由电子线路组成的仪器，也不例外，100MHz带宽的示波器意味着如果输入 $1V_{PP}/100MHz$ 的正弦波到示波器中，信号在到达示波器"核心处理单元"时，已经衰减为 $0.707V_{PP}/100MHz$ 的信号（带宽的定义即信号幅值衰减到 $1/\sqrt{2}$ 也就是原来的 0.707 时对应的频率）。

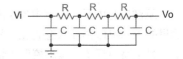

图 2.7.3 寄生低通滤波电路

3）如果是 100MHz"重复频率"的方波信号进入示波器，方波的基波成分衰减为原来的 0.707，谐波成分的衰减将更厉害（因为频率更高）。示波器屏幕上看起来基本上就是正弦波的样子了。

4）示波器是用来观测信号的仪器，信号当然不会刚好是完美的正弦基波，为了尽量不漏掉信号的其他细节（高频部分），100MHz 带宽的示波器，一般只能用来观测 10～20MHz 重复频率的信号。

一般来说，我们都希望精心设计电路，期望电路的带宽尽量大以便能够处理尽量"丰富"的信号。但是有时也利用低通限制带宽，来避免放大不希望的高频干扰信号。

2.8 电子元器件的温度特性

很多环境因素都可以影响电子元器件的特性，其中影响最大的莫过于温度。本节将分别介绍电阻、电容、半导体器件受温度的典型影响。

2.8.1 电阻的温度特性

电阻按精度分类，可分为 E6、E12、E24、E48、E96、E192 这 6 大系列，其精度分别为±20%、±10%、±5%、±2%、±1%和±0.5%。以最常用的 E24 系列为例，系列电阻值是这样确定的。

1）基本数值：$\sqrt[24]{10^n}$（$n=1,2,3,\cdots,24$）。计算出来就是 1.1、1.2、1.3、1.5、1.6、1.8、2、2.2、2.4、2.7、3、3.3、3.6、3.9、4.3、4.7、5.1、5.6、6.2、6.8、7.5、8.2、9.1、10 这 24 个基本数值。

2）基本数值再乘 10 的倍率就得到了不同数量级的电阻，例如，有 5.1Ω、51Ω、510Ω、$5.1k\Omega$、$51k\Omega$、$510k\Omega$、$5.1M\Omega$，但是不会有 5Ω 的 E24 电阻。

有一种获得狙击步枪的方案是不专门设计制造它，而是从普通步枪中筛选出精度最高的来获取。那么各系列电阻是不是筛选电阻值然后分类为 E24 或 E96 呢？

1）从多个 5% 精度 $10k\Omega$ 电阻中当然可以筛选阻值精确到 $9.9k\Omega$ 以上的电阻。

2）各系列电阻实际是材质工艺不同，而不是仅靠筛选电阻值的方法分类的。

3）所有电阻的阻值都会随温度增高而增大，低精度电阻温度稳定特性不如精密电阻，即使阻值精确，也不一定能代替精密电阻来使用。

2.8.2　电容的温度特性

不知道大家对于 $-20\%\sim+80\%$ 精度的 $1\mu F$ 电容有何感想？这代表该电容的实际电容值介于 $800nF\sim1.8\mu F$ 之间，这还能用吗？虽然情非得已，但是电容的精度和电阻的精度是不具可比性的。大多数时候，我们使用电容都是可以容忍其误差的，所以由温度带来的电容值差异是可以忽略不计的。温度对于电容的影响主要在寿命方面。

1）相比于机械产品，电子产品的寿命好像是无穷的。但是电路板也会老化故障，其中影响最大的就是电解电容。

2）当我们从仓库里翻出一块也许"全新"的电路板，但是很可能需要更换上面的电解电容才能使用。

3）使用温度每提高 10℃，电解电容的寿命就减半。理想电容没有有功功率，不会发热，但是电容上的等效串联电阻 ESR 流过交流电流就会产生焦耳热。即使是直流滤波用途的电容，也存在交流纹波电流，这点需要注意。

2.8.3　半导体元器件的温度特性

本节所指的半导体元器件特指多子和少子同时参与导电的双极性半导体元器件。半导体元器件的基本原理是牺牲导电性能来换取可控性，与电阻不同，温度会使半导体导电性能显著增强。温度对半导体的不利影响体现在"温漂"和"负温度系数"两个方面。

1）温度变化使半导体元器件产生"温漂"，也就是电路参数改变，这对电路运行是十分不利的，关于温漂及其消除将在 3.5 节差分电路详细讲解。

2）所谓负温度系数，就是半导体的等效导通电阻随温度的增大而减小。正常导体的电阻是正温度系数。当导线的通流能力不够时，我们想当然地会将两根导线并联使用。如图 2.8.1 所示，当我们发现二极管的通流能力不足时，可以简单地将两只二极管并联吗？

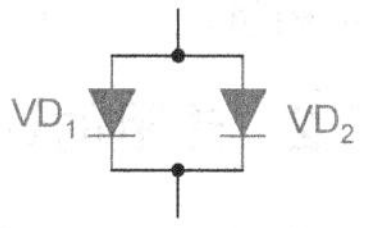

图 2.8.1　二极管的并联

3）两只负温度系数的器件并联时，会有"均流"问题。假设电流刚到达 VD₁ 和 VD₂ 时，VD₁ 上的电流大于 VD₂，那么 VD₁ 的发热就要比 VD₂ 严重。由于是负温度系数，VD₁ 变得更容易导电，VD₁ 上的压降更低，导致电流更多地流向 VD₁。恶性循环又导致 VD₁ 发热更厉害⋯⋯

4）通常不采用额外均流控制手段时，型号相同的 VD₁ 和 VD₂ 分配电流的比率能达到 1:9 这样悬殊的比例。试想一下，正温度系数的电阻和导体会存在均流问题吗？

2.9　热阻与散热

有一个很普遍的现象，当学生们发现一个元器件烫手的时候，就开始手足无措觉得有东西要烧掉了；当给它加上一个"迷你"散热片以后，又会想当然地觉得高枕无忧了。

1）事实上，元器件烫手未必不正常，55℃以上人就感觉发烫了，而很多高速元器件的功耗较大，工作在七八十摄氏度非常正常，非得让它不烫手属于"无理取闹"。

2）另一方面，加上散热片也未必万事大吉，很多时候学生们加的散热片的散热能力微弱到聊胜于无。

本节内容就是关于定量计算散热能力的。虽然偷工减料不值得提倡，但是用料过度的设计也属于无能的表现。某型飞机设计的纪录片中有一段应力破坏试验的内容："机翼在102%设计载荷时，在预计部位产生破坏；机身在 105%设计载荷时，在预计部位产生破坏"。清楚知道自己的设计裕量是多少，才是合格的设计！

2.9.1　管芯温度与环境温度

散热的概念基于一个基本前提，那就是发热器件所处环境温度要比发热器件的温度低，这样才能进行散热。

1）想象一下，如果环境温度就有200℃了，芯片如何散热？这种情况下，只能制造耐温达到200℃的芯片才行。有些应用于地下钻井的传感器芯片就属于这种无法散热的情况。

2）如果环境温度保持不变，比如 25℃，且"散热通道"极其通畅，芯片的温度应该和环境温度一致。但显然，"散热通道"达不到极其通畅，实际发热芯片的温度要超过 25℃，但是究竟两者温差是多少，就需要引入热阻的概念。

如式（2.9.1）所示，P 为芯片的发热功率，T_a 是环境（Ambient）温度，T_j 是芯片的管芯（Junction）温度。

$$T_j = P \cdot R_T + T_a \tag{2.9.1}$$

1）R_T 热阻是描述阻碍散热的物理量，热阻越大，散热越困难。热阻的单位是℃/W，如果某芯片的热阻是1℃/W，那么意味着1W 的功耗会使芯片温升1℃。

2）芯片的管芯温度 T_j（这个温度手摸不到，手只能摸到管壳温度）一定大于环境温度 T_a，至于高多少，取决于芯片的功耗和热阻。

3）以二氧化硅为材料的半导体器件可承受的最高管芯温度大概是150℃，加上基本的环境温度和安全裕量，一般允许的功耗发热温升不能超过100℃。

2.9.2　热阻的计算

散热器对热阻的大小有决定性影响。式（2.9.2）描述的是没有散热器时芯片的散热热阻，式（2.9.3）描述的是有散热器时的散热热阻。

$$R_T = R_{jc} + R_{ca} \tag{2.9.2}$$

$$R_T = (R_{jc} + R_{ca}) // (R_{jc} + R_{cs} + R_{sa}) \tag{2.9.3}$$

1）热阻的概念与电阻有类似的地方，由于只有环境温度被认为是热容量极大且温度保持不变（相当于电路中的地），所以散热的"回路"必须从管芯一直"串联"叠加到空气。

2）参考图 2.9.1，管芯（Junction）到管壳（Case）之间存在热阻 R_{jc}，管壳（Case）到环境（Ambient）存在热阻 R_{ca}，两者"串联"构成一个完整的散热"回路"。

3）如图 2.9.2 所示，散热器的引入相当于增加了一个散热通道，管壳（Case）到散热器（heat sink）存在热阻 R_{cs}，散热器（heat sink）到环境（Ambient）存在热阻 R_{sa}。

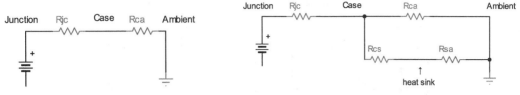

图 2.9.1　无散热器热阻示意图　　　　　　　　　　　　图 2.9.2　散热器热阻示意图

4）由于 $R_{ca} \gg (R_{cs}+R_{sa})$，所以在有散热器时，总热阻可近似表示为式（2.9.4）。一般在涂抹优质导热硅脂的情况下，管壳到散热器的热阻 $R_{cs} \ll R_{sa}$，R_{cs} 也可忽略。

$$R_{\mathrm{T}} \approx R_{\mathrm{jc}} + R_{\mathrm{cs}} + R_{\mathrm{sa}} \tag{2.9.4}$$

2.9.3　常见封装及散热器的热阻

表 2.9.1 所示为三种最常用的功率半导体的封装的热阻参数。

表 2.9.1　常见封装的热阻

封装名称	TO-92	TO-220	TO-03
封装外观图			
R_{jc}	83.3℃/W	1.92℃/W	1.4℃/W
R_{ca}	116.7℃/W	60.58℃/W	33.6℃/W

1）参考图 2.9.2，管芯到管壳的热阻 R_{jc} 是无法通过"并联"散热器减小的，所以，一旦 R_{jc} 非常大，即意味这种封装无法加装散热器。TO-92 封装的 R_{jc} 高达 83.3℃/W，这意味着即使维持管壳温度恒定不变（即使用液氮冷却），1W 的功耗也能使温度升高 83.3℃。

2）TO-220 和 TO-03 封装的元器件适合加装散热器，但是如果不加装散热器，它们本身金属外壳的散热能力是很差的。简单估算一下，即使是 TO-03 封装的元器件，也只能耗散不超过 4W 的功率。

图 2.9.3 所示为一款应用于半砖变流器（half-brick converters）的散热器，该散热器可以加装风扇进行强迫风冷（与之对应的是不加风扇的自然风冷方式）。此外，好的散热器都应该表面阳极钝化（不能是镜面抛光），最好是黑色。

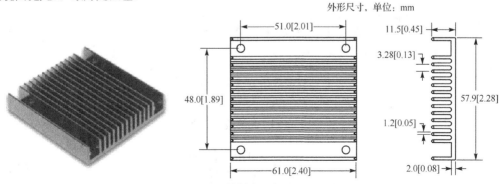

图 2.9.3　某款散热器的外观及尺寸

图 2.9.4 所示为半砖散热器的热阻，纵坐标为热阻，横坐标表示强迫风冷的风速。

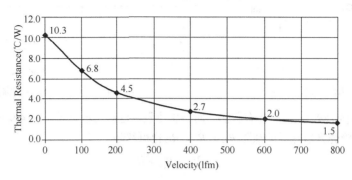

图 2.9.4　强迫风冷情况下的热阻

1）这样一块散热片在不加风扇的情况下，热阻是 10.3℃/W。

2）在足够风冷的情况下，热阻可以降至 1.5℃/W。如果需要更好的散热效果，就必须采用水冷了。

2.10　阻　抗　匹　配

如果大家观察有线电视使用的同轴电缆，会发现电缆外皮上印着 75Ω 的字样。按我们从小学习的物理知识，电线的电阻与长度成正比，为什么同轴电缆上会直接印着 75Ω，而与长度毫无关系呢？这是因为同轴电缆的阻抗不符合"集总参数电路"的条件了。

通常模拟电子线路书本中都不涉及"分布参数电路"的内容，但是了解电路中阻抗匹配的知识还是大有裨益的。

2.10.1　传输线的特性阻抗

高速电路中，导线不再像"集总参数电路"可视为各点电位完全相等。信号波长小于导线长度 1/7 时，导线应视为传输线。

1）如图 2.10.1 所示，任何导线的寄生电感、寄生电容都会产生感抗和容抗。

2）高频下，导线视为传输线时，容抗和感抗的成分将远大于导线电阻。

3）式（2.10.1）表明，传输线的阻抗与导线长度无关，而均匀材质的同轴电缆的特性阻抗不变，如有线电视用的同轴电缆的特性阻抗就是 75Ω，网络用的同轴电缆的特性阻抗是 50Ω。

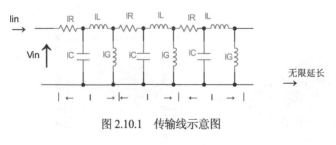

图 2.10.1　传输线示意图

$$Z_0 = lR + \sqrt{\frac{L}{C}} \approx \sqrt{\frac{L}{C}} \qquad\qquad (2.10.1)$$

从"电源"到"传输线"再到"负载"，必须阻抗匹配。为什么要阻抗匹配？

1）集总参数电路中，阻抗匹配（内阻=外阻）可以使负载得到最大的功率输出。

2）传输线理论中，传输线各点阻抗必须均匀分布，否则会发生驻波反射，不仅负载上获得的功率下降，而且反射波会引起信号畸变（过冲、振铃）。

3）如图 2.10.2 所示，设计 PCB 连线时，避免直角走线也是基于同样的考虑。但 MHz 及以下频率的电路，直角走线的影响很小，只有到 GHz 时，才会有明显影响。

图 2.10.2　直角走线带来的阻抗不连续

2.10.2　阻抗匹配的方法

通常基于集总参数电路的设计方法会带来阻抗不匹配。如图 2.10.3 所示，通常"信号源"输出阻抗 r 越小越好，负载阻抗 R 越大越好。这样它们的阻抗与 50Ω 传输线就不匹配，会造成驻波反射等一系列不良后果。

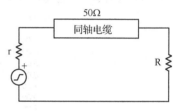

图 2.10.3　阻抗不匹配示例

阻抗匹配的方法分为串联法和并联法。

1）"信号源"处串联电阻（如 50Ω），以增大电源内阻与传输线阻抗匹配。

2）"负载"处并联电阻（如 50Ω），以减小负载电阻与传输线阻抗匹配。

2.11　功　率　因　数

本节内容来源于不久前发生的真实实例。故事是这样的，笔者买了几个标称 3W 的 LED 灯泡，其外观与普通白炽灯完全一样，亮度还可以，手摸也不发烫。笔者让学生测量实际功率是多大。

实验室没有找到功率表，于是学生们是这样测的，参考图 2.11.1。

1）找一个台灯，将电源线破开一根，串联在万用表的交流电流挡位上（花了 10s 才想明白红黑表笔不用区分方向）。

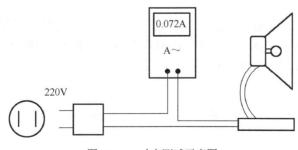

图 2.11.1　功率测试示意图

2）万用表读数 0.072A，然后告诉我果然有问题，实际功率是 15.84W（用 220V 乘以 0.072A 得到的）。

到底有没有遇到奸商呢？这个还真不好说，如果是白炽灯，这么测出来的基本靠谱，但是 LED 功率因数很低，就不能轻易下结论了。功率因数的知识看似简单，但是实际中遇到时却是一笔糊涂账。接下来我们将从有效值开始讲起，弄清到底什么是有功功率、视在功率、功率因数。

2.11.1 有效值

平均值相同的电压或电流，作用在同一负载上，功率不同。

1）如图 2.11.2 所示，V_1、V_2 和 V_3 为三个电压源，输出幅值和占空比不同但平均值均为 1V，所接负载均为 1Ω。

2）P_1、P_2 和 P_3 分别为三个电源的输出功率，其平均值分别为 1W、2W 和 4W。

3）这说明，V_1 的效果（有效值）等同于 1V 的恒压作用在同一（纯电阻）负载上，V_2 的效果（有效值）等同于 $\sqrt{2}$ V 的恒压源，V_3 的效果（有效值）等同于 2V 的恒压源。

4）电压（电流）波形越陡峭，其有效值越大。

5）电流、电压才有有效值的概念，功率没有有效值概念。后面会讲到，有效值等效的效果仅针对纯电阻负载有效，不能直接（不加修正地）用在别的负载上。

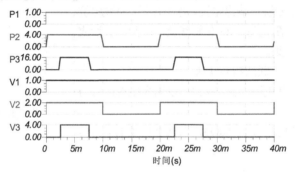

图 2.11.2 平均值相同电压的功率对比

有效值指的是先保证功率相等再换算回电压或电流，而功率可以用 U^2/R 或 I^2R 来表示，所以有效值的定义就是均方根值，也就是先平方再积分再开根号：

$$U = \sqrt{\int u^2 \mathrm{d}t} \qquad (2.11.1)$$

或者

$$I = \sqrt{\int i^2 \mathrm{d}t} \qquad (2.11.2)$$

2.11.2 位移因数

在高中物理中，我们知道电压、电流不同相位会导致负载功率时正时负，进而有了对功率因数最原始的认识。在模拟电子技术中，电流、电压不同相位只是导致功率因数下降的原因之一，单独称为位移因数。

利用阻抗的知识对图 2.11.3 所示电路进行以下计算。

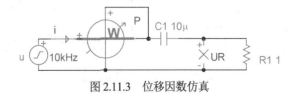

图 2.11.3 位移因数仿真

1）电压源为 10kHz，1V 幅值（0.707V 有效值）的正弦波，可以计算出 C_1 容抗为：

$$X_C = \frac{1}{\omega C} = \frac{1}{2 \times 3.14 \times 10 \times 10^3 \times 10 \times 10^{-6}} = 1.59\Omega \tag{2.11.3}$$

2）电阻、电容总阻抗的大小为：

$$|Z| = \sqrt{R^2 + X_C^2} = \sqrt{1^2 + 1.59^2} = 1.88\Omega \tag{2.11.4}$$

3）电源电流 i 有效值为：

$$I = \frac{U}{|Z|} = \frac{0.707}{1.88} = 0.376A \tag{2.11.5}$$

4）电流 i 超前电压 U 的相位为：

$$\varphi = \arctan\left(\frac{X_C}{R}\right) = \arctan\frac{1.59}{1} = 57.83° \tag{2.11.6}$$

5）电阻上的功率为有功功率，电阻上的电流等于电源电流 i，所以有功功率可以计算为：

$$P = I^2 R = 0.376^2 \times 1 = 0.141W \tag{2.11.7}$$

6）按照高中物理知识，功率因数可以计算为：

$$\lambda = \cos\varphi = \cos 57.83° = 0.532 \tag{2.11.8}$$

7）按照官方定义，有功功率比视在功率等于功率因数，$\cos\varphi$ 称为位移因数（只在特殊情况下等于功率因数）。视在功率的定义为电压有效值乘以电流有效值，即：

$$\lambda = \frac{P}{S} = \frac{P}{U \cdot I} \tag{2.11.9}$$

接下来用 TINA 对图 2.11.3 所示电路仿真，验算上面的各项计算结果，仿真结果如图 2.11.4 所示，瞬时分析的起止时间设为 1s、1.0003s。

1）P 为功率表波形，功率表平均值就是有功功率，0.143W 与理论计算结果 0.141W 相符。

2）i 为电源电流和负载电流波形，有效值（RMS）为 0.376A，与理论计算结果 0.376A 相符，P 和 i 相符，则功率因数计算自然也相符。

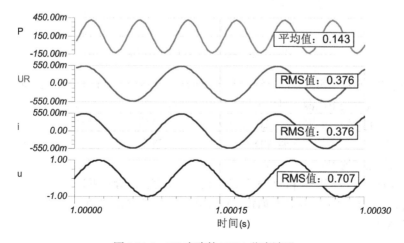

图 2.11.4　RC 电路的 TINA 仿真波形

3）最后来看 u 和 i 的相位关系，分别右键单击 u 和 i 波形，菜单中选择傅里叶级数，设置好基本频率、采样点、谐波数、格式等参数后，可以得到图 2.11.5 所示的基波相位。

4）u 相位$-90°$，i 相位 $32.38°$，两者相位差 $57.62°$，与理论计算结果 $57.83°$ 相符。

图 2.11.5　电压、电流相位关系

2.11.3　基波因数

2.11.2 节讲到，电压、电流错相位导致瞬时功率有正有负，只是影响功率因数的一种情况。如图 2.11.6 所示的电路为电感滤波的桥式整流电路，对于电源来说，电压和电流从来就是同相位的，那么这个电路的功率因数会是 1 吗？

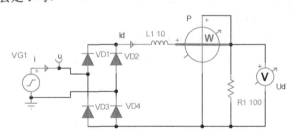

图 2.11.6　电感滤波的桥式整流电路

1）电感 L_1 的电感量非常大，所以流过电感的电流 I_d 基本是恒定直流，而电压源 VG_1 的电流 i 就变成方波直流了，既然是电压源，电压 u 自然还是正弦波，如图 2.11.7 所示。

2）电压源 u 的参数与市电完全一致，50Hz，220V 有效值（310V 幅值）。

3）型号为 IN4007 的整流二极管 VD_1～VD_4 构成桥式整流电路，由于输入电压较高，所以二极管的功耗基本可以忽略（约 1%）。

4）由仿真波形可以看出，u 和 i 的相位是一致的，不存在两者乘积为负值的情况。

5）根据仿真波形，视在功率计算如式（2.11.10）所示。注意：视在功率的单位不是瓦特（W），而是伏安（V·A）。

$$S = U \cdot I = 219.189 \times 1.948 = 426.98 \text{V} \cdot \text{A} \qquad (2.11.10)$$

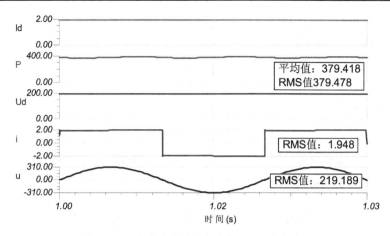

图 2.11.7 电感滤波整流电路的 TINA 仿真波形

6）负载上的功率为有功功率，也就是 P 的平均值为 379.418W，可计算功率因数：

$$\lambda = \frac{P}{S} = \frac{379.418}{426.98} \approx 0.89 \tag{2.11.11}$$

7）功率因数只有不到 0.9，即使算上二极管功耗，也就差 1%而已（估算依据是 2V 管压降比上 220V 电压）。

在功率因数的构成要素中，除了位移因数以外，还有一个基波因数（fundamental factor）。

1）我们只讨论电压为正弦波的情况。一般认为，用电器不会改变市电电压形状，基本符合，可以接受。

2）电流中只有基波才创造有功功率，其他形状的电流要傅里叶分解为基波以后，再计算有效值。

3）根据上一条规定，图 2.11.7 中方波电流应进行傅里叶分解，图 2.11.8 所示基波有效值为 1.74A，这样换算一下，基波创造的有功功率为 1.74×220=382.8W，功率因数为 382.8/426≈0.9，完全符合理论值了。

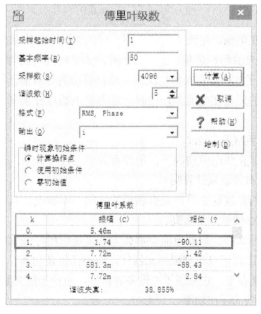

图 2.11.8 方波傅里叶分解

4）事实上，纯方波傅里叶分解后的基波有效值就是 90%。基波电流 I_1 在整个电流 I 所占的有效值比重称为基波因数，表达式为：

$$\upsilon = \frac{I_1}{I} \tag{2.11.12}$$

5）功率因数可以写成：

$$\lambda = \frac{P}{S} = \upsilon \cdot \cos\varphi_1 \tag{2.11.13}$$

即功率因数是基波因数 υ 和位移因数 $\cos\varphi_1$ 的乘积，位移因数指的是基波电流与基波电压的相位差。

2.11.4　功率因数的三个疑问

在前一节，我们根据功率因数的定义进行了一系列计算和推导，看似头头是道，但仍有许多疑问。接下来解答几个疑问。

第一个疑问：为什么只有基波电流才能产生有功功率？

1）确切地说，不是基波电流才能产生有功功率，而是如果硬要直接用电压有效值乘以电流有效值来计算有功功率，那么只有基波"才能"产生有功功率。

2）如果不扯上"有效值"的概念，任何有功功率的计算都应该是电流、电压的乘积做积分，即：

$$P = \int u \cdot i \mathrm{d}t \tag{2.11.14}$$

3）图 2.11.7 例子中，电源处方波电流和正弦电压的功率应为：

$$P = \int u \cdot i \mathrm{d}t = \frac{1}{2\pi} \left(\int_0^\pi I \cdot U_\mathrm{m} \sin\omega t \mathrm{d}\omega t + \int_\pi^{2\pi} (-I) \cdot U_\mathrm{m} \sin\omega t \mathrm{d}\omega t \right)$$
$$= \frac{2}{\pi} I U_\mathrm{m} \approx 394.9\mathrm{W} \tag{2.11.15}$$

4）功率因数的计算和结果完全符合理论值，方波电流取 2A。

$$\lambda = \frac{P}{S} = \frac{394.9}{220 \times 2} \approx 0.9 \tag{2.11.16}$$

5）混乱的根源在于，在电压、电流"形状"不一样的情况下，有效值的概念不能保证"功率等效"。还记得有效值是怎么来的吗？是基于 $P=U^2/R$ 和 $P=I^2R$ 的纯电阻特殊情况下计算出来的，电阻上电压当然和电流形状一样了。但是在其他情况下，这样算出的有效值已经"失效"。

6）现有的关于有效值的理论在电流非正弦时已经需要不断打补丁来"圆谎了"，在电压也非正弦时直接就是崩溃。

第二个疑问：视在功率到底是什么？

1）既然在正弦电压而非正弦电流情况下，电流有效值已经"失效"，那么为什么视在功率还要直接将电压有效值乘以电流有效值来计算呢？

2）站在设备制造投资的角度这么算，是有物理意义的。不管电流是多少、什么形状，只要电压达到那么高，设备的绝缘就必须做到那么高。

3）同理，不管电压是什么样，只要电流有那么大，设备所用导线就得那么粗。其他电子元器件也是一样的道理，电压、电流都可以单独损坏元器件，而不仅仅是功率。

4）视在功率的物理意义在于，它体现了"设备容量"。用户不能光看到对自己有利的有功功率，而不去管设备投资所必须达到的视在功率。

第三个疑问：无功功率又是什么？

1）把无功功率理解为负载回馈能量给电源的观点显然已经落伍，电源产生正弦电压和方波电流的例子中，电源从来就是发出能量。

2）其中有一种无功功率 Q 的定义方法是：

$$S = \sqrt{P^2 + Q^2} \tag{2.11.17}$$

3）但是这么定义毫无物理意义，因为 S 从没真实存在过，就更不知道 Q 代表什么了。

4）学术界目前都没有统一意见如何定义无功功率，我们也只好把 P 看成"有用的部分"，把 Q 看成不得不"备用"的部分了。

2.11.5 整流电路的功率因数

关于功率因数的知识介绍得差不多了，但是功率因数的问题是由测量 LED 灯泡的功率引发的，必须要解决实际问题。

市电采用 220V/50Hz 是综合考虑了成本和安全因数后做出的选择，但实际上除了交流电机以外，我们用的绝大多数负载都是使用直流电的。因此，大多用电器都要用到交流变直流的整流电路。

1）前面图 2.11.6 所示的整流电路用的是电感来滤波，这个电感有个专门名称——平波电抗器。

2）使用平波电抗器的整流电路的功率因数高达 0.9，而现实中，这样的电路我们一般是用不起的。

3）理论上电感和电容都可以用来滤波（将起伏不平的直流变成平直直流），但是电感造价太高，所以"廉价"的整流电路都是图 2.11.9 所示的电容滤波。

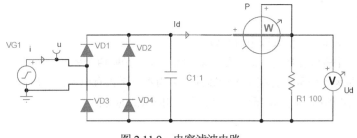

图 2.11.9　电容滤波电路

图 2.11.9 中电容 C_1 足够大，保证负载电压基本是恒压。但是这样一来，二极管就很难导通了。

1）电源输入电压为 u 正弦波，它只在峰值附近才比 C_1 电压高，二极管才能导通。

2）二极管导通，电源才有电流，所以负载电流波形如图 2.11.10 所示，有个小尖尖。

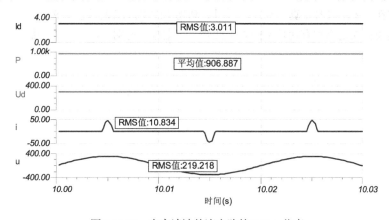

图 2.11.10　电容滤波整流电路的 TINA 仿真

3）从仿真图我们发现，真正的负载电流不过是 3.011A，但是电源的峰值电流已经接近 50A，有效值 RMS 也有 10.834A，这就注定了将会是个很低的功率因数。

4）功率因数的计算如式（2.11.18）所示：

$$\lambda = \frac{P}{S} = \frac{906.887}{219.218 \times 10.834} \times 100\% = 38.2\% \qquad (2.11.18)$$

5）从仿真图中，我们还能看到其他问题。虽然负载电流有效值远小于电源端的电流有效值，这意味着电源线要加粗，意味着二极管也得选额定电流大的。这就是为什么我们希望功率因数越大越好的意义所在。

最后，回顾图 2.11.1 所示的 LED 灯泡功率的测量过程，只测电流有效值，然后闭着眼睛去乘以 220V，实际上算的就是视在功率。一个从来就不存在的功率，却会被人们不自觉地使用，不能不说视在功率虽无物理意义，但具备"普适价值"的。

2.11.6 小结

1．有效值

1）相同平均值的情况下，恒流的有效值最小，陡峭脉冲的有效值最大。

2）电流电压的有效值体现在纯电阻负载功率上的等效。

3）功率有峰值或平均值的概念，无有效值的概念。

2．视在功率

1）视在功率是电压有效值乘以电流有效值。

2）视在功率从来就没存在过，既不是平均功率，也不是峰值功率。

3）视在功率是为了衡量设备花了多少钱的。因为不管是否有电流，电压有那么高，就得做相应绝缘。无论是否存在电压，电流有那么大，就得买相应粗细的线。

3．有功功率

1）有功功率是真正消失掉的能量，其亘古不变的计算方法是对瞬时电压、电流的乘积做积分。

2）计算有功功率时，有效值的概念能丢多远丢多远。

4．无功功率

1）由于视在功率从来都不真实存在，所以无功功率的概念尚无科学定义。

2）把它当成视在功率和有功功率的差别就好，注意是"差别"，不是"差值"。

第3章 晶体管电路设计

每当看到有学生在对三极管接近无知的情况下，去使用各种高性能运放的时候，我就不禁发出感慨。单刀直入在数字电路和单片机的学习中是非常有效的学习方法，但是对模拟电路的学习，必须内外兼修，晶体管电路设计就是内功。

本章将学习以下内容：

1）二极管电路；

2）三极管基本特性；

3）三极管恒流源电路；

4）共射放大电路；

5）差分放大电路；

6）共集放大电路；

7）共基放大电路；

8）其他放大电路。

3.1 二极管电路

二极管是最简单的双极性半导体元器件，最初我们对它的认识仅停留在单向导电这一层面，实际二极管的用途是非常丰富的，当然要用好它，所需要学习的知识点也是不少的。

3.1.1 二极管的一般性质

二极管是非线性元器件，在分析它在电路中的作用时，最重要的是要搞清楚二极管是否导通，如图3.1.1所示。

1）当阳极和阴极之间加0.7V以上电压时，就会导通，否则不导通。

2）二极管如果不导通，相当于断路，直接在电路中将其擦除再分析即可。

3）如果二极管导通，相当于一个0.7V的电池。

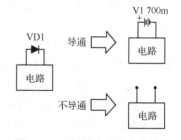

图3.1.1 二极管在电路中的等效

3.1.2 二极管的伏安特性

知道二极管导通时等效为0.7V电池就可以解决大多数问题，但是知道二极管的实际伏安特性曲线是什么样子也是很有必要的，如图3.1.2所示。

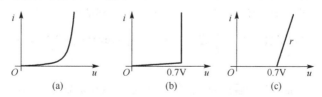

图3.1.2 二极管的伏安特性曲线

1）图(a)是二极管的实际伏安特性曲线，二极管实际可能在 0.5V 时就开始导通，并且二极管的两端电压实际是会随电流增大而增大的，只不过变化得缓慢。

2）多数时候，我们近似成图(b)那样即可，认为 0.7V 以上二极管导通（也有使用 0.6V 标准，这不影响学习），无论电流是多少，端电压不再改变。虽然二极管不会主动产生能量，但是我们只看结果，不看过程，二极管这时就是一个电池了。

3）个别时候，我们可能把二极管近似看成图(c)，由于电流增大电压确实会增大，于是就引入二极管等效电阻 r 的概念。这种近似在后面三极管放大电路中会用到。

3.1.3　二极管的动态特性

在低频下，按电池理解二极管即可，但是当高频信号加载在二极管上时，就要考虑二极管的动态特性了。

二极管的单向导电特性并不十分理想，这是因为二极管的本质是由 P 型半导体和 N 型半导体接触形成的 PN 结。

1）如图 3.1.3 所示，PN 结除了构成单向导电的二极管外，还存在一个结电容。

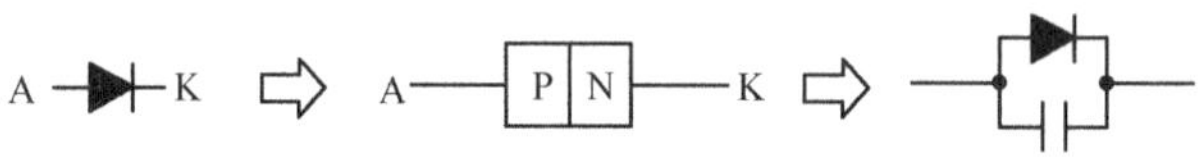

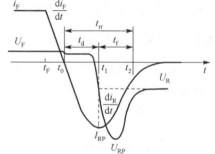

图 3.1.3　二极管的结电容效应

2）结电容对二极管当然不是什么好事，这实际上使二极管可以流过一定量的反相电荷。

3）不同工艺结构可以使结电容的大小不一样，PN 结点接触可以减小结电容，但是显然会降低二极管的通流能力。反之，面接触的 PN 结通流能力强，但结电容更大。

结电容的作用使得实际二极管需要一段时间来"恢复"反向阻断能力，其反向恢复曲线如图 3.1.4 所示。

1）在 t_F 时刻前，二极管正向导通，U_F 就是通常说的 0.7V，i_F 很大。

2）随后电路试图给二极管加反压，但是反压不是马上能加上去的，二极管电流 i_F 在 t_0 时刻降到 0。

3）$t_0 \sim t_1$ 这段时间，二极管电流不仅不消失，反而成为反向电流，不断增大。这段时间称为 t_d（dealy），表示的含义是（不服从控制的）延迟时间。

图 3.1.4　二极管的反向恢复

4）t_1 时刻反向电流达到最大，$t_1 \sim t_2$ 时间段反向电流终于逐渐减小到 0，称为 t_f（fall）下降时间。

5）t_d 和 t_f 加起来就是 t_{rr}（reverse recovery）反向恢复时间。这段时间，二极管是反向导通的。

6）可以想象，如果加载在二极管上的信号周期 T 与反向恢复时间 t_{rr} 在数量级上可比拟，二极管的实际效果是"全通"的。所以，t_{rr} 决定了二极管可适用的电路频率场合。

7）简单对二极管反向恢复电压进行分析，反向电流达到峰值以后会急剧减小，也就是说 t_f 其实很小，这样在线路的寄生电感上会产生 $L\dfrac{di}{dt}$ 的尖峰电压 U_{RP}（reverse peak）。这是十分有害的，可能会击穿二极管。

8）恢复系数 t_f/t_d 用来描述二极管反向恢复的"软度"，恢复系数越大，越不易产生有害高压。

3.1.4　快恢复二极管与肖特基二极管

按 t_{rr} 大小来区分二极管，可分为普通二极管（Rectifier Diode）、快恢复二极管（Fast Recovery Epitaxial Diode，FRED）、肖特基势垒二极管（Schottky Barrier Diode，SBD）。

1）普通二极管的 t_{rr} 长达 ms 数量级，基本只能用于对 50Hz 工频交流电进行整流的场合，因此也称为整流二极管（Rectifier Diode）。典型的 1N400x 系列就是整流二极管。

2）快恢复二极管的 t_{rr} 小于 200ns，一般在 50ns 以下，可以用于频率较高的电路中。数字电路中常用的 1N4148 就是典型的 FRED。

3）肖特基势垒二极管的 t_{rr} 更短，可达到 10ns 数量级，并且它有两个特殊优点，一个是导通压降小（意味着功耗小），另一个是恢复软度大（不易产生反向恢复高压）。这两个优点使之特别适合低压开关电源电路，典型如 1N5819。

3.1.5　稳压二极管

稳压二极管在正向导通时，就是普通二极管的特性。当它反向导通时，表现为特定电压的电池，这与正向导通其实也差不多，只不过电压不是固定的 0.7V。

1）稳压二极管首先必须是导通的，才等效为电池，否则就是断路，可以擦掉。

2）稳压二极管是依靠改变电流来实现端电压稳定的，图 3.1.5 所示的稳压二极管无论怎么改变流过自身的电流，都无法输出 5V 电压。

3）如图 3.1.6 所示，稳压二极管必须串联电阻使用，才能实现稳压的效果。稳压二极管调节流过自身的电流（同时也是 R 的电流），从而改变 R 上压降，来实现自身稳定输出 5V 的目的。

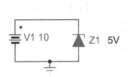

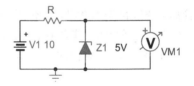

图 3.1.5　稳压二极管的不正确使用电路　　　　图 3.1.6　稳压二极管的正确使用方法

4）稳压二极管的串联电阻 R 是需要计算的，图 3.1.7 所示的稳压应用，负载上能够得到所需要的稳压值吗？显然不能，因为稳压二极管无论怎么改变流过自身的电流，端电压也不可能是 5V。分析方法很简单，稳压管在电路中与负载是并联关系，所以稳压二极管的作用只能是加重负载（使并联电阻减小），在图 3.1.7 所示的电路中，即使没有稳压二极管，负载与串联电阻的分压也不到 1V，所以，无论如何是稳压不出 5V 的。

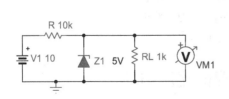

图 3.1.7　稳压二极管参数计算错误示例

5）将来我们会发现很多元器件的"号称"（如稳压）特性都是有前提条件的，它们总是通过调节 A（如电流）来实现 B（如稳压），如果怎么调节 A 都实现不了 B，那么"号称"属性就不成立。

3.1.6　发光二极管

发光二极管就是导通时会发出特定波长光的二极管。

1）发光二极管导通压降要比普通二极管高，具体由发光波长（颜色）决定。

2）发光二极管的伏安特性基本与普通二极管一致，因此决定发光二极管亮度的是电流，而不是电压（电压变化很小，电流变化很大，所以功率基本只和电流有关）。

3）如图 3.1.8 所示，发光二极管作为指示用途时，是通过串联限流电阻的方法来使用的。

红绿蓝（RGB）是光的三原色，蓝光二极管最晚诞生（1989 年才首次实现，获 2014 年炸药奖），从此发光二极管有了合成白光的光源，发光二极管（LED）照明开始飞速发展。

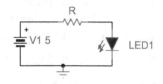

图 3.1.8　发光二极管电路

1）如图 3.1.8 所示，靠限流电阻限流会消耗额外的功率，影响 LED 照明灯的效率。

2）优质的 LED 照明驱动电源使用的是恒流源，而不是通常的恒压源。

3）恒压源加上电流反馈控制，就能转变成恒流源，在后续的电源管理章节会有设计实例。

3.2　三极管基本特性

晶体管分为三极管和场效应管，三极管电路的学习更具普遍性，场效应管的应用放到第 5 章中介绍。

1）晶体管都可分为 N 型和 P 型，具体到三极管就是 NPN 三极管和 PNP 三极管。本书主要讲解常用的 NPN 三极管，穿插介绍一些必须使用 PNP 三极管的电路知识。

2）如图 3.2.1 所示，三极管的三个引脚分别是基极（Base）、发射极（Emitter）、集电极（Collector）。

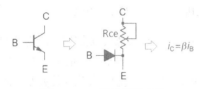

图 3.2.1　三极管等效电路

3）BE 之间就是一个二极管，CE 之间等效为一个可调电阻，阻值可以从若干Ω到无穷大（断路）。

4）三极管的特征方程是 $i_C=\beta i_B$，N 型管的 i_B 从 B→E，i_C 从 C→E。

5）所谓的 β 就是三极管自身的放大倍数，可认为是取决于生产工艺的常数，数值在几十到数百之间。

6）需要注意的是，三极管只能依靠改变 CE 间等效电阻 R_{CE} 来实现 $i_C=\beta i_B$。

7）如果 R_{CE} 已降到最小值，都实现不了 $i_C=\beta i_B$，称为"饱和"。

8）如果 R_{CE} 已增到最大值，都实现不了 $i_C=\beta i_B$，称为"截止"。

9）如果三极管能够实现 $i_C=\beta i_B$，称三极管处于放大区。

3.3　三极管恒流源电路

三极管的特性就是 $i_C=\beta i_B$，并没有什么神奇之处。神奇的是利用三极管搭建的各种电路，在一只三极管价值一个月伙食费的英雄年代，诞生了无数经典的三极管电路。本节开始将陆续介绍那些流传至今仍在使用的电路。

3.3.1 恒流源放电电路

如图 3.3.1 所示，给一只电容（已预先充电）接上一个电阻，放电电流将为 $i_C = \dfrac{u_C}{R}$，由于 u_C 不断降低，所以放电电流不是恒定的。

图 3.3.2 所示为电容恒流放电电路，可以计算得到 I_C 的值恒定为 1mA，与电容电压"无关"。对于图 3.3.2，式（3.3.1）一定成立，但式（3.3.2）中近似的前提是三极管处于放大区，即 $i_C=\beta i_B$。由于 β 一般认为是 100 倍量级，所以 $i_E=i_C+i_B \approx i_C$ 才成立。

$$V_E = 5 - 0.7 = 4.3\text{V} \tag{3.3.1}$$

$$I_C \approx I_E = \frac{V_E}{R_E} = \frac{4.3\text{V}}{4.3\text{k}\Omega} = 1\text{mA} \tag{3.3.2}$$

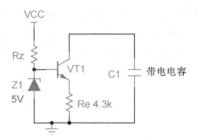

图 3.3.1　电容放电电路　　　　　图 3.3.2　放电恒流源电路

在求解有关三极管的电路时，可以先假定三极管处于放大区，满足 $i_C=\beta i_B$ 及 $i_C \approx i_E$，然后再根据计算结果，反推 U_{CE} 的取值，就可以判断假设是否正确。

参考图 3.3.2，设电容 C1 上的电压为 10V：

1）很容易求得 $U_{CE}=10-4.3=5.7\text{V}$，不"违和"，所以式（3.3.2）所做的计算是成立的；

2）进一步还可算出此时等效 $R_{CE}=U_{CE}/1\text{mA}=5.7\text{k}\Omega$，可以理解为，三极管只需把 R_{CE} 调整为 5.7kΩ，即可使电容的放电维持 1mA。

参考图 3.3.2，设电容上的电压降到 8V：

1）$U_{CE}=8-4.3=3.7\text{V}$，这当然也不"违和"，式（3.3.2）所做的计算仍然成立，i_C 保持 1mA 不变；

2）进一步还可算出此时等效 $R_{CE}=U_{CE}/1\text{mA}=3.7\text{k}\Omega$，可以理解为，三极管只需把 R_{CE} 调整为 3.7kΩ，即可使电容的放电维持 1mA。

参考图 3.3.2，设电容上的电压降到 3V：

1）$U_{CE}=3-4.3=-1.3\text{V}$，这显然"违和"，说明 R_{CE} 减小到 0 也满足不了 $i_C=\beta i_B$；

2）在认为 U_{CE} 可以降到 0 的情况下，我们可以计算出满足恒流条件的最低电容电压 $U_{CMIN}=V_E=4.3\text{V}$；

3）事实上，作为半导体，CE 间的电阻远降不到 0，一般 U_{CE} 电压只能降到约 0.2V，称之为饱和管压降 U_{CES}。

总结一下所学的三极管放电恒流源电路：

1）图 3.3.2 所示电路在一定条件下可满足恒流放电；

2）"一定条件"指的就是 U_{CE} 电压（或 R_{CE} 电阻）的值不能违背"常理"。

3.3.2 恒流源充电电路

利用 NPN 三极管是无法实现充电恒流源电路的，读者可以自行设计验证。要实现恒流充电源，必须使用 PNP 三极管。

图 3.3.3 所示为 PNP 三极管的等效电路：

1）PNP 三极管的特征方程也是 $i_C=\beta i_B$，P 型管的实际 i_B 从 E→B，i_C 从 E→C；

2）不同书本定义 i_B 和 i_C 的正方向会采用不同方案，如果按 NPN 一样的标准来定，P 型管的实际 i_B 和 i_C 就都是负数。（本书尽量按实际电流方向标定正方向，避免负数难以理解。）

如图 3.3.4 所示，更换 NPN 三极管电路 V_{CC} 和 GND 位置，即可得到对应的 PNP 三极管电路：

1）在熟练掌握晶体管电路设计前，不要直接去设计 PNP 电路，而是应该集中精力掌握 NPN 电路，PNP 电路一律通过 NPN 电路变换得来；

2）除了将 V_{CC} 与 GND 对调外，电路中有方向性元件的正负方向也对调（因为 PNP 和 NPN 电路电流方向是相反的），图 3.3.4 中稳压二极管 Z1 的方向就必须对调，电阻则不必修改；

3）当然，NPN 和 PNP 的符号要换过来，i_C 和 i_B 电流的实际方向是相反的；

4）最后，为了符合通常 V_{CC} 放上面、GND 放下面的习惯，可以改为图 3.3.4(c)所示的形式。

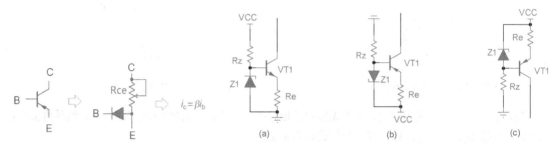

图 3.3.3　PNP 三极管的等效电路　　　　　图 3.3.4　PNP 三极管电路代换

图 3.3.5 所示为恒流充电电路，可以计算得到 I_C 的值恒定为 1mA，与负载电阻阻值"无关"。

$$U_{Re} = 5 - 0.7 = 4.3V \tag{3.3.3}$$

$$I_C \approx I_E = \frac{U_{Re}}{R_E} = \frac{4.3V}{4.3k\Omega} = 1mA \tag{3.3.4}$$

1）式（3.3.4）也是建立在三极管处于放大区的基础上的。

2）对于恒流源来说，重负载是高阻值负载，轻负载是低阻值负载，正好与电压源相反！

参考图 3.3.5，设电阻上的阻值为 1kΩ：

1）由 $V_R=I_C×R=1×1=1V$，$V_E=15V-U_{RE}=15-4.3=10.7V$；

2）则 $U_{EC}=V_E-V_R=10.7-1=9.7V$，不"违和"，所以三极管可以处于放大区，式（3.3.4）计算成立；

3）进一步还可算出此时等效 $R_{CE}=9.7V/1mA=9.7k\Omega$，可以理解为，三极管只需把 R_{CE} 调整为 9.7kΩ，即可使电阻的电流维持 1mA。

参考图 3.3.5，设电阻上的阻值为 20kΩ：

1）由 $V_R=I_C×R=1×20=20V$，$V_E=15V-U_{RE}=15-4.3=10.7V$；

2）则 $U_{EC}=V_E-V_R=10.7-20=-9.3V$，显然"违和"，所以三极管处于饱和区，式（3.3.4）计算不成立；

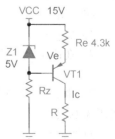

图 3.3.5　充电恒流源实例

3）如果忽略三极管的饱和管压降 U_{CES}，进一步还可算出此时实际 $I_C=V_E/R=10.7/20 \approx 0.5\text{mA}$。

3.3.3　小结

通过恒流源电路设计，知道了含有三极管的电路的分析求解方法，几个要点小结如下。

1）如同二极管是否导通性质会截然不同，三极管是否处于放大区，性质也会截然不同。

2）一般都先假设三极管处于放大区，利用 $i_C \approx i_E$ 来求解电路，然后反推 U_{CE} 是否合理。

3）U_{CE} 合理，则原计算不用改动。如果 U_{CE} 不合理，三极管饱和了，则会多出 $U_{CE}=0$ 或 $U_{CE}=0.2\text{V}$ 这样的条件（看是否忽略饱和管压降），同样可以重新求解电路。

4）三极管的 β 值一般计算时认为在 100 倍数量级，但是不去真的计较是多少。如果一个电路设计非得 β 是 123 才能工作，那这就是个失败的设计。

5）实际的三极管造出来以后，会筛选一遍放大倍数，后级名会体现放大倍数的大体挡位，但并非是 β 越大越高档。

6）最后，三极管并不知道自己在电路中是干什么的，它只是尽力使自己满足 $i_C=\beta i_B$ 的性质。电路整体表现出来的特性（如恒流源）是人设计并取名的结果。

3.4　共射放大电路

模拟电路的一个重要任务就是放大模拟信号，共射放大电路是最重要的一种模拟放大电路。

3.4.1　共射放大电路一般性质

先看图 3.4.1 所示的电路，求解出输出电压表达式：

$$V_E = U_i - U_{BE} = U_I - 0.7 \tag{3.4.1}$$

$$I_C \approx I_E \approx \frac{V_E}{R_E} = \frac{U_I - 0.7}{R_E} \tag{3.4.2}$$

$$U_O = V_{CC} - I_C \times R_C = V_{CC} - \frac{R_C(U_I - 0.7)}{R_E} \tag{3.4.3}$$

$$\Delta u_O = -\frac{R_C}{R_E} \times \Delta u_I \tag{3.4.4}$$

1）使用式（3.4.2）就默认三极管处于放大区，如果事后发现不是放大区，则需要重新计算。

2）式（3.4.3）代表通过计算得出的输入/输出电压关系，和这个电路名字是什么没关系。

3）式（3.4.4）是考查输入/输出变化量（求导）时的关系，V_{CC} 和 0.7 等常数项都被消去。可以看出，输入/输出信号之间存在反相比例关系。

图 3.4.1 所示的电路就是传说中的共射放大电路。我们可以给定一组参数，实际求解一下。$V_{CC}=15\text{V}$；$R_E=2\text{k}\Omega$；$R_C=10\text{k}\Omega$；$u_I = 2 + \sin\omega t$，得：

$$u_O = V_{CC} - \frac{R_C(u_I - 0.7)}{R_E} = 8.5 - 5\sin\omega t \tag{3.4.5}$$

完全用画图板的手绘波形如图 3.4.2 所示，TINA 仿真电路及波形如图 3.4.3 所示。

1）在电路分析中，波形分析法是十分"靠谱"的方法。绘制出电路中各节点的电压波形和回路的电流波形图代表着"我命由己不由天"的英雄气概。

2）如图 3.4.2 所示，首先应画出横坐标和纵坐标，然后标定 8.5V 和 15V 两根横线。

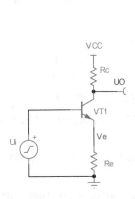

图 3.4.1　某三极管电路

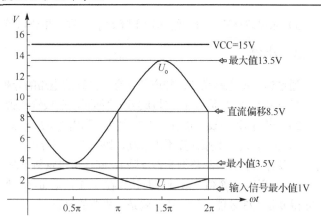

图 3.4.2　手绘共射放大电路输入/输出波形

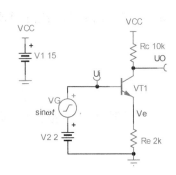

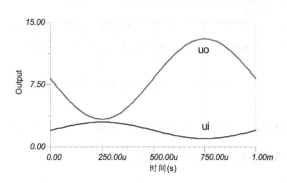

图 3.4.3　共射放大电路的 Tina 仿真

3）根据式（3.4.5），u_O 最大值为 13.5V，最小值为 3.5V，那么这两根横线也标定出来。

4）根据式（3.4.5），当 $\omega t=0.5\pi$ 时，u_O 取最小值 3.5V；当 $\omega t=1.5\pi$ 时，u_O 取最大值 13.5V。画出 u_O 波形，同理可以画出 u_I 波形。

对图 3.4.2 进行分析可以发现很多有用信息：

1）放大倍数为−5，这确实是一个"放大电路"。

2）u_O 的最大值和最小值没有超过 0～15V 的供电范围，这说明在整个 u_I 输入信号范围，三极管既没有饱和，也没有截止，一直工作在放大区。

3）输入信号 u_I 的最小值是 1V，足够保证 BE 之间的二极管导通，也就是 i_B 一直存在。否则三极管也一定会截止（没有 i_B 就没有 i_C）。

3.4.2　放大电路的直流偏移

在很多时候，输入信号 u_I 都是纯交流信号，输出信号 u_O 也要求是纯交流信号。如何提供输入信号 u_I 的 2V 直流偏移电压，又如何将式（3.4.5）中的 8.5V 直流偏移电压消去呢？参考图 3.4.4 所示。

1）对于输入部分，一般不用 2V 直流电源来实现，因为代价太大。通常使用电阻分压来提供 2V 的直流偏置。

2）在放大电路中，电解电容的作用一律视为电池，我们所要做的就是计算出电容到底等效多少电压的电池。

3）u_I 如果是纯交流信号，每个周期它对电容 C_1 充放电电荷相等，不影响 C_1 上最终等效电池的电压。

4）R_1 和 R_2 的分压将会对电容 C_1 充电，从而将 u_1 抬升所需的电压再进入基极。

5）对于输出部分，电解电容 C_2 的作用也等效为电池，式（3.4.5）中 u_O 偏移的 8.5V 电压会把电容 C_2 充电为左正右负的 8.5V 电池，通过 C_2 后的 u_O 一定是纯交流。

6）电容 C_2 的作用叫隔直电容，从高通滤波的角度也可以解释。u_O 中纯直流电压当然无法通过 C_2 所构成的高通滤波器。

利用 TINA 对图 3.4.4 所示电路进行仿真，可得电路各节点的电压波形，读者可以检验自己是否能徒手画出该波形。

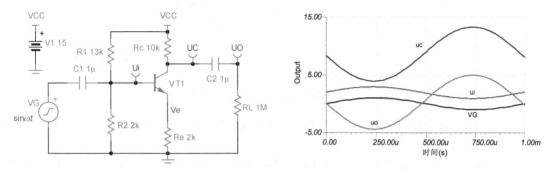

图 3.4.4　带直流偏置的共射放大电路仿真

3.4.3　共射放大电路的饱和现象

图 3.4.4 所示例子的参数是精心设计过的，它保证了三极管始终工作在放大区（也就是一直满足 $i_c = \beta i_b$）。本节将设计另一些例子，让三极管不总是能工作在放大区。

回到手绘波形图 3.4.2，u_O 的最小值低于 0V 会怎样？如何调整给定参数，可以观测到这样的现象呢？

1）设输入信号 $u_I = 3 + \sin \omega t$，则：

$$u_O = V_{CC} - \frac{R_C(u_I - 0.7)}{R_E} = 3.5 - 5\sin \omega t \tag{3.4.6}$$

2）从式（3.4.6）看出，u_O 最大值为 8.5V，而最小值为 −1.5V。但即使是在理想情况下（不考虑 U_{CES} 及 U_{RE}），输出电压 u_O 的波形只能是如图 3.4.5 所示，绝对无法得到负电压。

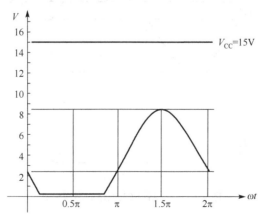

图 3.4.5　三极管放大电路的饱和失真

3）所谓"饱和"失真，就是三极管 R_{CE} 的值已经减到最小，仍然无法满足要求（式（3.4.6）中 u_O 最小期望值–1.5V），于是信号看起来就出现"削底"的现象。

通过用 TINA 仿真，可以进一步修正以上分析，TINA 波形如图 3.4.6 所示。

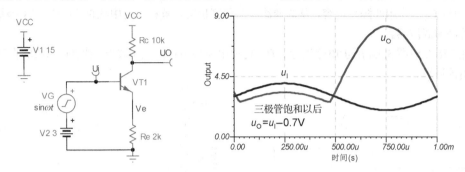

图 3.4.6　共射放大电路饱和失真的 TINA 仿真

1）由于 R_E 上分压 U_{RE} 的存在，u_O 的输出电压还受 U_{RE} 的钳位，即不可能低于 U_{RE}，从而 U_{RE} 电压通常表现为 u_I–0.7V。

2）当三极管饱和时（在 TINA 仿真中 U_{CES} 近似为 0），U_C（也就是 u_O）的电压就近似等于 V_E 电压，于是就有了图 3.4.6 中 u_O 与 u_I 形状相似的那部分（差 0.7V 的 U_{BE}）。

3.4.4　共射放大电路的截止现象

与饱和失真相对应的是截止失真，若式（3.4.6）中输出信号 u_O 的最大值高于 V_{CC} 会怎样？如何调整给定参数，可以观测到这样的现象呢？

1）设输入信号 u_I 为 $u_I = 1 + \sin \omega t$，则输出信号 u_O 为：

$$u_O = V_{CC} - \frac{R_C(u_I - 0.7)}{R_E} = 13.5 - 5\sin \omega t \qquad （3.4.7）$$

2）从式（3.4.7）看出，u_O 最大值为 18.5V，而最小值为 8.5V。但即使是在理想情况下，输出电压 u_O 的波形只能是如图 3.4.7 所示，无法超过电源电压 V_{CC}。

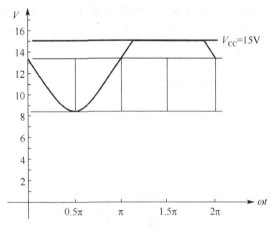

图 3.4.7　三极管放大电路的饱和失真

用 TINA 仿真得到的波形如图 3.4.8 所示。

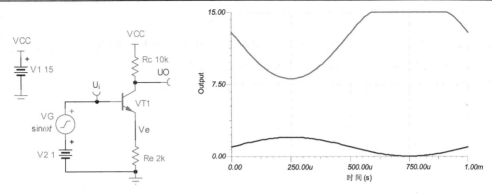

图 3.4.8 共射放大电路截止失真的 TINA 仿真

1）与饱和失真不同，u_O 的输出最高可以到达到 V_{CC} 电源轨。

2）所谓"截止"失真，就是三极管 R_{CE} 的值已经达到最大（断路），仍然无法满足要求（式（3.4.7）中 u_O 最大值期望 18.5V），于是信号看起来就出现"削顶"的现象。

3.4.5 电压源的交流等电位

实际电路对不同频率信号的阻抗和电位是不一样的。参考图 3.4.9 所示的电压源电路，对于直流电来说，AB 两点的电位当然不同，相差一个 V_{CC}。但对于交流电来说，AB 的交流电位却是相等的。

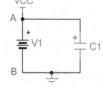

1）从直流电源的角度，由 $V_A = V_B + V_{CC}$ 可以很轻易推导出 $\Delta V_A = \Delta V_B$，这就是交流电位相等的概念。

2）从阻抗的角度出发，电容的阻抗为 $1/j\omega C$，电压源两端都要并联"海量"的电容，所以电压源两端的交流阻抗为 0，进而可以认为电压源两端交流等电位。

图 3.4.9 直流电源的电位

3）基于以上分析，电路中的电池、大容量电容、导通状态的二极管、导通状态的稳压管、导通状态的三极管 BE 极，多数情况下都可认为交流阻抗为 0，且两端交流等电位。

3.4.6 共射放大电路的输入阻抗和输出阻抗

分析电路的输入/输出阻抗是十分有必要的，部分反映了电路性能的优劣。放大电路中的输入/输出阻抗如无特别说明，都是针对交流信号而言的。对于通常的电压信号，电路的输入阻抗大、输出阻抗小是性能优异的表现。

图 3.4.4 所示共射放大电路输入阻抗的等效电路可以等效为图 3.4.10 所示电路。

1）交流等效电路中不存在 V_{CC}，R_1 和 R_2 等同于并联接地。

2）另一个支路只能等效阻抗为 R_E'，另外由图 3.4.10(b)求解。

3）参考图 3.4.10(b)，可以推导出等效阻抗 R_E' 为：

$$\begin{cases} i_B \approx \dfrac{i_E}{\beta} = \dfrac{v_E}{\beta R_E} \\ v_I = v_E \qquad \Rightarrow R_E' = \beta R_E \\ R_E' = \dfrac{v_I}{i_B} \end{cases} \qquad (3.4.8)$$

4）综合考查三个支路，总的输入阻抗为式（3.4.9）。

$$r_1 = R_1 / / R_2 / / \beta R_E \qquad (3.4.9)$$

式（3.4.9）说明，除去提供直流偏置所需的电阻 R_1 和 R_2 外，由于 R_E 被放大 β 倍才等效作用到输入端，所以共射放大电路的输入阻抗是比较大的，这是其优点。

求解共射放大电路的输出阻抗很简单，如图 3.4.11 所示。

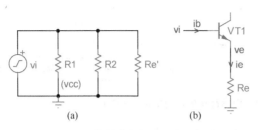 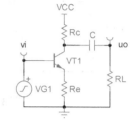

图 3.4.10　共射放大电路阻抗示意图　　图 3.4.11　共射放大电路输出阻抗计算电路

1）空载时，电路的放大倍数为 $A_V = -\dfrac{R_C}{R_E}$。

2）带上 R_L 时（设 $R_L = R_C$），由于电解电容对交流短路，所以 R_L 与 R_C 是并联关系，因此电路的放大倍数变为 $A_V = -\dfrac{R_C / / R_L}{R_E} = -\dfrac{1}{2} \cdot \dfrac{R_C}{R_E}$，降低为空载时的一半。根据输出阻抗的定义可知，输出阻抗的大小就是 R_C。

3）由于功耗等原因，R_C 一般最少在 1kΩ 数量级，所以共射放大电路的输出阻抗特性是不太理想的（带不动小电阻的重负载）。

3.4.7　共射放大电路电路的密勒效应

如图 3.4.12 所示，三极管存在结电容 C_{BC} 和 C_{BE}，它们与基极体电阻 r 构成低通滤波器。

1）对于电容 C_{BE} 构成的低通滤波器，无法避免而且也没有被额外放大。

2）而由 C_{BC} 构成的低通滤波器，却由于共射放大电路的接法而会倍增低通效果。

3）C_{BC} 的另一端交流电位实际是 $-Av_I$，这样一来加载在 C_{BC} 两端的电压就是 $(1+A)v_I$，可以视为 C_{BC} 的实际效果是 $(1+A)C_{BC}$，这就是密勒效应（$A = |v_O / v_I|$）。

4）密勒效应使得共射放大电路的带宽最窄，频率特性最差（不能放大高频信号）。

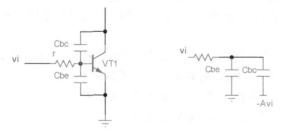

图 3.4.12　密勒效应

3.4.8　共射放大电路的设计

想要大概了解共射放大电路的原理是很简单的，就像 3.4.1 节那样的几行数学推导就可以了。但是想要真正设计好一个共射放大电路却非容易的事，我们用了若干小节来学习共射放大电路中的"细节"问题，有了这些知识的储备，就可以开始真正设计电路了。

以图 3.4.13 所示电路为例，举例说明对 $2V_{PP}$、1kHz 正弦信号、负载 100kΩ 设计 5 倍放大电路的思路和步骤。

首先，必须选定供电电压 V_{CC}。

1）电路中，供电电压高，则功耗大，在可能的情况下，总是不断在压缩供电电压，以期实现低功耗。

2）在放大电路中，最小的供电电压取决于信号的幅度。例如，要把 $2V_{PP}$ 的信号放大 5 倍，极限 V_{CC} 也需要大于 10.5V（0.5V 为 U_{CES} 和 U_{RE}）。

3）供电电压余量越大，设计压力越小，这里取 15V 常见电压。

然后是设计 R_C 和 R_E 取值。

1）需根据负载电阻大小设定共射放大电路的输出阻抗 R_C。R_C 越小，输出阻抗越小，带上负载后放大倍数越稳定。

2）但是 R_C 越小，放大电路的静态功耗越大，即不带负载时"白白"消耗掉的功率。

3）综合考虑负载情况，R_C 设定为 10kΩ，为负载电阻的十分之一，达到电路中远小于的标准。这样带上负载以后，对放大电路的影响也不大。

4）接着是根据放大倍数设定 R_E，当 R_C 为 10kΩ 时，R_E 应为 2kΩ。

然后是设计输入信号的偏置电压的大小。

1）共射放大电路是反相放大，所以输入信号的直流偏移越高，输出信号越偏下方；输入信号偏移越低，输入信号越偏上方。

2）如无特殊要求，可将输出信号置于电源轨正中央位置（这样可以获得最大不失真增益），如图 3.4.14 所示。

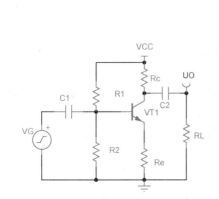

图 3.4.13　阻容耦合共射放大电路

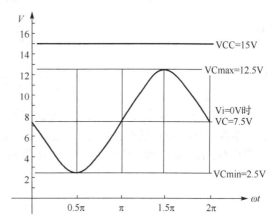

图 3.4.14　输出信号的直流偏移

3）根据 u_I=0V 时（所谓静态），V_C=7.5V，可以反推出输入信号的直流偏移 V_B。

$$i_E \approx i_C = \frac{V_{CC} - V_C}{R_C} = \frac{(15 - 7.5)V}{10k\Omega} = 0.75mA \qquad (3.4.10)$$

$$V_B = 0.7 + V_E = 0.7 + i_E R_E = 0.7 + 0.75 \times 2 = 2.2V \qquad (3.4.11)$$

然后根据偏置电压设置分压电阻 R_1 和 R_2。

1）由 15V 分压出 2.2V，分压电阻的配比是无穷无尽的，当然越大的电阻"无谓"功耗越低，由式（3.4.9）也可知输入阻抗更高。

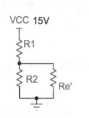

图 3.4.15　分压电阻示意图

2）如图 3.4.15 所示，由于分压电阻网络还存在一个支路，R_2 必须小到可以忽略支路电流才行。

3）按 β 值 100 倍计算，R'_E 应为 200kΩ，R_2 取值 20kΩ 可以"远小于" R'_E。

4）根据 R_2 为 20kΩ，可计算出 R_1 为 116kΩ。116kΩ 电阻值在 E24 系列中没有，取最接近的 R_1 为 120kΩ。这样会带来一点直流误差，但是由于 V_{CC} 余量很大，些许误差没有影响。

5）此外，当仅仅要求阻值精确时，可以用两个低精度阻值电阻串联凑高精度电阻的方法来应付，例如 100kΩ+16kΩ=116kΩ。

最后是电解电容 C_1 和 C_2 的选择。

1）前面说过，电解电容在模拟电路中的作用均可视为一个"电池"。

2）为了达到这一效果，电容必须对信号频率的阻抗接近 0。换句话说，电解电容用多大才够，和信号频率是有关的。

3）如图 3.4.16 所示，从滤波器的观点，电容 C_1 和 C_2 构成两个高通滤波器，只要保证两个高通滤波器截止频率低于信号频率的 1/10，就可以认为对信号阻抗为 0，计算过程如式（3.4.12）~式（3.4.15）所示。

因为
$$f_{L1} = \frac{1}{2\pi R_I C_1} < 100\text{Hz} \tag{3.4.12}$$

所以
$$C_1 > \frac{1}{200\pi R_I} = \frac{1}{628 \times (20\text{k}\Omega // 120\text{k}\Omega // 200\text{k}\Omega)} = 102\text{nF} \tag{3.4.13}$$

因为
$$f_{L2} = \frac{1}{2\pi R_L C_2} < 100\text{Hz} \tag{3.4.14}$$

所以
$$C_2 > \frac{1}{200\pi R_L} = \frac{1}{628 \times 100k} = 15.9\text{nF} \tag{3.4.15}$$

4）式（3.4.13）和式（3.4.15）表明，不需要很大的电容就可以达到目的。从经济的角度说，0.1μF 的瓷片电容和 10μF 的电解电容都已经很便宜了。这里就选取 10μF 的电解电容。

最后得到图 3.4.17 所示的设计，图 3.4.18 所示为 TINA 仿真波形。

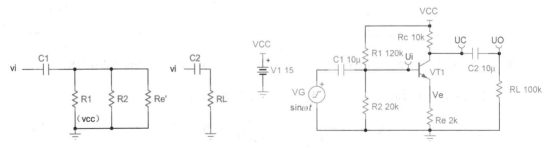

图 3.4.16　共射放大电路中的高通滤波器　　　　图 3.4.17　设计好的共射放大电路

1）由于电路中使用的都是 1kΩ 以上电阻，所以在元器件功耗方面一般没有问题。如果电路中使用了非常小阻值的电阻，那就需要验算一下各元器件的功耗是否合理了。

2）最后，检验本节内容是否真正掌握的标准，就是能够"徒手"画出电路中所有节点的电压波形。

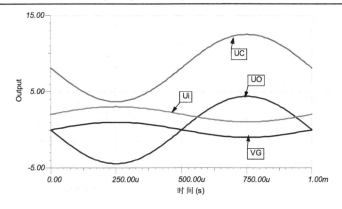

图 3.4.18　TINA 仿真波形

3.4.9　共射放大电路的扩展电路

本节将介绍一些共射放大电路的扩展设计，开阔思维和眼界。

1．利用电容旁路共射放大电路的 R_E

当想增大放大倍数而不改变直流偏置电路时，可以利用电容旁路部分 R_E 的办法来实现，如图 3.4.19 所示。

1）在分析直流偏置电路时，C_3 的作用是稳定 R_{E2} 的电压，并不会改变 R_{E2} 电压。

2）在分析交流通路时，C_3 的交流阻抗为 0，把 R_{E2} 短路了，所以图示共射放大电路的放大倍数为：

$$A = \frac{u_O}{u_I} = -\frac{R_C}{R_{E1}} \tag{3.4.16}$$

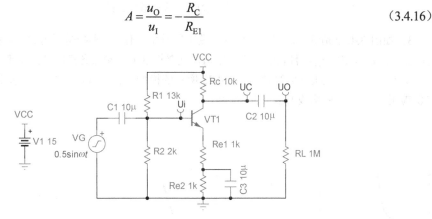

图 3.4.19　调整交流放大倍数为 10 倍

3）在图 3.4.20 所示的 TINA 电路仿真中，为防止饱和，将 V_G 信号源的输出幅值改为 0.5V，这样就得到了 10 倍放大电路，各信号的"平均值"没有改变（直流偏置没有改变）。

如图 3.4.21 所示，当把全部的 R_E 都旁路掉时，放大倍数将达到最大值。当 R_E 被电容 C3 旁路掉时，Δv_B 会导致 Δi_E 无穷大吗？要分析这个问题，需要重新讨论二极管等效电路。

1）图 3.4.22 所示为二极管伏安特性曲线的几种近似，三极管 BE 之间就是一个二极管。

2）在考虑 R_E 作用时，都是用图 3.4.22(b) 的近似，认为 U_{BE} 就是 0.7V 不变，多数情况都可以这么近似。但当 R_E 被旁路掉时，还这么近似，就会得出 Δu_B 引发无穷大的 Δi_E 的错误结论。

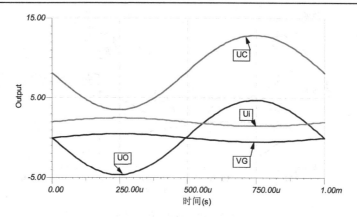

图 3.4.20　10 倍放大电路的 TINA 仿真

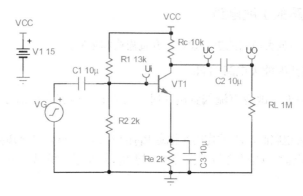

图 3.4.21　放大倍数达到最大

3）如图 3.4.22(a)所示，实际二极管两端电压发生变化，i 不会是无穷大，用图 3.4.22(c)来等效就是存在等效基极电阻 r_{be}，且它的值不是定值，而是图 3.4.22(a)取各点的切线斜率。

引入 r_{be} 以后，三极管应等效为图 3.4.23 所示的模型，BE 之间增加了一个基极体电阻 r_{be}，该电阻与 0.7V 电池串联共同构成 BE 间的 PN 结。

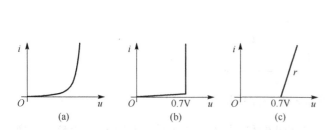

图 3.4.22　二极管的伏安特性曲线

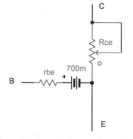

图 3.4.23　考虑基极体电阻的三极管等效模型

1）根据图 3.4.23 所示的新等效模型，就可以算出图 3.4.21 的放大倍数了。利用 r_{be} 可以求出 Δi_B：

$$\Delta i_B = \frac{\Delta u_{BE}}{r_{be}} = \frac{\Delta u_I}{r_{be}} \tag{3.4.17}$$

$$\Delta i_E \approx \Delta i_C = \beta \Delta i_B \tag{3.4.18}$$

$$A = \frac{\Delta u_O}{\Delta u_I} = \frac{-R_C \Delta i_E}{\Delta u_I} = \frac{-R_C \beta \Delta i_B}{\Delta u_I} = \frac{-R_C \beta \frac{\Delta u_I}{r_{be}}}{\Delta u_I} = -\frac{\beta R_C}{r_{be}} = -\frac{R_C}{\frac{r_{be}}{\beta}} \tag{3.4.19}$$

2）式（3.4.19）表明，r_{be} 的效果相当于缩小 β 倍"折算"到 R_E 的位置上。r_{be} 的大小在千欧数量级，讨论具体 r_{be} 没有意义，只要记住图 3.4.21 所示电路的放大倍数很大，就当成是 β 倍好了。

注：理论上 r_{be} 的效果应当是缩小（$1+\beta$）倍"折算"到 R_E 的位置上（式（3.4.18）用不用"约等于"的区别）。本书此前的讨论都尽量避免出现实际 β 值，而仅利用 β 值很大这一特性即完成电路求解。本节内容不可避免地出现了 β 值，但计较（$1+\beta$）并无实际工程意义，为简单起见，还是一律"约等于" β。

图 3.4.24 给出了 TINA 仿真的结果，V_G 输入信号幅值分别为 5mV 和 20mV。

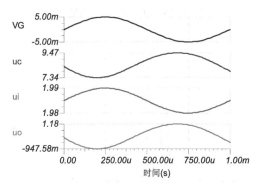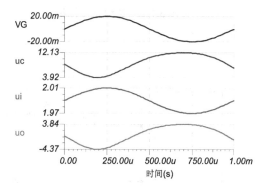

图 3.4.24　"玩命"放大电路的 TINA 仿真波形

1）左图的放大倍数约为 200，失真不是很明显。右图放大倍数为 200 左右，已经明显失真，出现了"大头"波形，而不是真正的正弦波。

2）大头波形的产生原因很简单，参考图 3.4.22(a)，二极管伏安特性曲线的斜率不是常数，所以 r_{be} 也就不是常数，根据式（3.4.19）计算的放大倍数 A 也就随基极（PN 结等效二极管）电流而改变了。基极电流变化范围越大，失真越明显，比如图 3.4.24 的右图就比左图失真明显。

3）含（未被旁路）R_E 的共射放大电路为什么没有"大头失真"呢？考虑 R_E 时，式（3.4.19）应修正为式（3.4.20），分母中 R_E 的权重远大于 r_{be}/β，所以 r_{be} 的变化几乎不会影响放大波形。

$$A = \frac{\Delta u_O}{\Delta u_I} = -\frac{R_C}{\frac{r_{be}}{\beta} + R_E} \tag{3.4.20}$$

2. 选频放大电路

如图 3.4.25 所示，将 R_C 由 LC 并联电路取代，就构成了放大特定频率信号的选频放大电路。

1）LC 并联电路的阻抗和频率有关，如图 3.4.26 所示。低频信号被 L 短路，等效 R_C 阻抗极低，无法被放大；高频信号被 C 短路，也无法放大；只有中间频率阻抗极大，能被放大。

2）理论上本征频率 f_0 处阻抗无穷大，但是由于电阻的存在，实际还是有限大。

3）图 3.4.26 长得越"sharp"，说明 LC 电路的 Q 值越高，选频放大的特性越好。

4）使用 TINA 可以仿真 LC 槽路的频率阻抗特性。如图 3.4.27 所示，将 LC 槽路与 R_3 电阻进行分压，利用 TINA 的分析→交流分析→交流传输特性，就可以得出频率阻抗特性曲线。进一步利用图表工具中的"指针 a"可以得出最高点的坐标为 3.16kHz，也就是 LC 本征频率 f_0 为 3.16kHz，这与理论计算值 3.008kHz 基本吻合（误差来源于仿真采样点数目限制）。

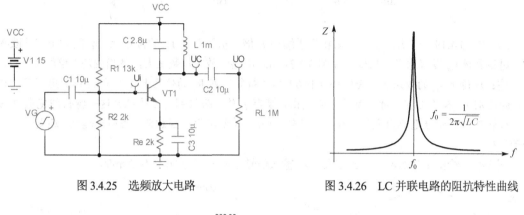

图 3.4.25　选频放大电路　　　　　　　　　图 3.4.26　LC 并联电路的阻抗特性曲线

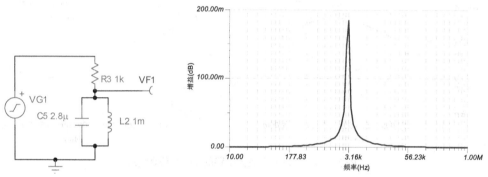

图 3.4.27　LC 并联槽路的阻抗特性

　　5）按图 3.4.25 所示电路进行 TINA 仿真，输入信号选择 1.05kHz 的方波。选择方波的原因是其频谱含有高次谐波，频率丰富。LC 槽路特征频率（3.16kHz）正好是方波信号（1.05kHz）的 3 倍频率。图 3.4.28 所示仿真波形可以看出放大输出的结果是方波的 3 倍频。如果调整 LC 参数，还可以仿真出放大 5 倍频、7 倍频等。

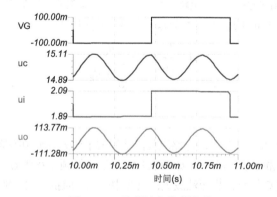

图 3.4.28　选频放大仿真波形

3. 高频滤波电路

如果使用合适的电容与 R_C 并联，就可以构成图 3.4.29 所示的高频滤波电路。

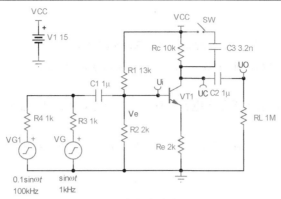

图 3.4.29   高频滤波放大电路

1）电容 C_3 会降低 R_C 处高频信号的阻抗，所以图 3.4.29 所示电路就对不同频率信号反映出不同的放大倍数。实际应用中，这个电路常用于消除高频干扰。

2）TINA 仿真可以实验这一滤波效应。图 3.4.29 中添加了干扰源 VG_1，设定为 $100kHz/0.2V_{PP}$ 的干扰信号。VG 和 VG_1 叠加并抬升 2V 直流电平，形成 u_I，进入滤波放大电路。注意，根据叠加原理，VG 和 VG_1 效果将减半，即 $u_I=0.5×(VG+VG_1)+2$。

3）C_3 的取值需要计算，设定低通滤波的截止频率（把 R_C 视为输出阻抗，C_3 上端交流接地，R_C 和 C_3 就构成低通滤波器）为 5 倍的信号频率，大概算出 C_3 为 3.2nF。设计开关 SW，仿真观察滤波电容所起的效果。

4）图 3.4.30 所示为 SW 断开时的仿真波形。可见，100kHz 的干扰信号也被放大了。

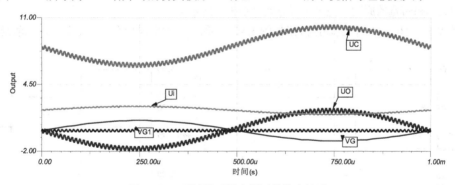

图 3.4.30   无滤波时的高频干扰放大波形

5）图 3.4.31 所示为 SW 闭合时的仿真波形。可见，100kHz 的干扰信号基本被抑制了。

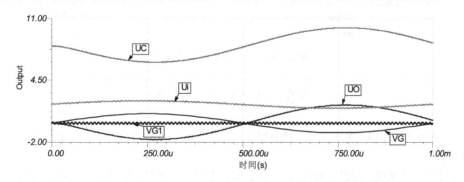

图 3.4.31   有滤波时的高频干扰放大波形

4．高频增强电路

类似地，如果将电容并联在 R_E 处就能得到高频增强电路。

1）如果信号的频带很宽，如音频，当然希望高频和低频都得到一样的放大倍数，否则放大以后的信号就"变调"了。

2）但是，正常电路都会由于分布电容带有一定的低通效应，所以高频信号的放大倍数"天然"就会比低频信号小。

3）图 3.4.32 所示电路用于对高频信号进行"预加重"，以备后级电路的高频衰减。

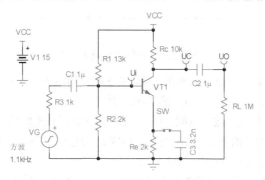

图 3.4.32　预加重放大电路

在 TINA 仿真中，使用 1.1kHz 方波作为"宽频"信号。

1）SW 开关断开时，仿真输出波形如图 3.4.33(a)所示。输出波形不是平直的，而是略有斜率，这是因为放大电路带宽的原因，完全再现方波需要极高的带宽。

2）SW 开关闭合时，仿真输出波形如图 3.4.33(b)所示。输出波形有了"毛刺"，这就是高频增强的效果。

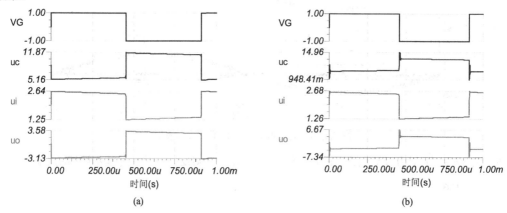

图 3.4.33　预加重电路仿真波形

3.5　差分放大电路

在模拟电路基础知识章节中讲过，所有电子元器件的特性多少都会受温度影响，其中半导体材料受影响最大。

1）对于 PN 结来说，温度系数高达 $-2.5\text{mV}/℃$，意思是二极管的管压降 U_{AK} 或三极管管压降 U_{BE} 随温度升高而降低（变得更易导电）。

2）在共射放大电路中，由于温度变化产生的 ΔU_{BE} 实际等同于输入信号 u_I 的"地位"，输出信号因而也会发生与输入信号无关的变动，这种捣蛋的现象称为"温漂"。

图 3.5.1 所示的差分电路是消除温漂的基本思想。

1）输入信号加载在两个共射放大电路的输入端（$u_{I1}-u_{I2}$），输出信号取差值（$U_{O1}-U_{O2}$）。

2）由于温漂在两只三极管上产生同样的 ΔU_{BE}，所以引起的结果在输出端会相互抵消。

3）图 3.5.1 所示的电路不太实用，无法做到输入信号单端输入，也无法做到单端输出。

实用的差分电路如图 3.5.2 所示。

1）简单起见，图 3.5.2 所示电路使用了正负电源供电，这样避免引入偏置电路，影响重点内容的讲解。

2）图 3.5.2 所示电路也有两个信号输入端、两个信号输出端，但是它可以单端输入和单端输出。

3）V_E 点接在恒流源上，而不是接地，所以有：

$$I_{E1} + I_{E2} = I_E \tag{3.5.1}$$

$$\frac{u_{I1} - u_{BE} - V_E}{R_E} + \frac{u_{I2} - u_{BE} - V_E}{R_E} = I_E \tag{3.5.2}$$

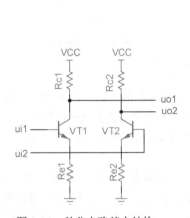

图 3.5.1　差分电路基本结构

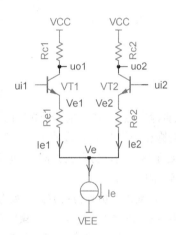

图 3.5.2　长尾式差分电路

只考虑温漂，即当输入量 u_i 不变而温度变化时：

1）对式（3.5.2）求导（取 Δ），可得

$$\frac{0 - \Delta u_{BE} - \Delta V_E}{R_E} + \frac{0 - \Delta u_{BE} - \Delta V_E}{R_E} = 0 \quad \Rightarrow \quad \Delta u_{BE} = -\Delta V_E \tag{3.5.3}$$

2）式（3.5.3）意味着，温漂所引起的 Δu_{BE} 的变化，会被 ΔV_E 所补偿。

3）所以，加在 R_E 上的电压不会变化，I_{E1} 和 I_{E2} 不会变化，输出 u_{O1} 和 u_{O2} 均不变（可单端输出）。

现在不考虑温漂，当只有一个输入量 u_{I1}（单端输入信号）时：

1）对式（3.5.2）求导（取 Δ），可得

$$\frac{\Delta u_{I1} - 0 - \Delta V_E}{R_E} + \frac{0 - 0 - \Delta V_E}{R_E} = 0 \quad \Rightarrow \quad \Delta u_{I1} = 2\Delta V_E \tag{3.5.4}$$

2）只考虑交流通路，射极电阻 R_E 两端分别接在了 u_I 和 V_E 上，式（3.5.4）意味着，R_E 两端的电压变化 Δu_{RE} 仅有 $0.5\Delta u_I$。

$$\Delta u_{R_{E1}} = \Delta u_{I1} - \Delta V_E = \frac{1}{2}\Delta u_{I1} \tag{3.5.5}$$

$$\Delta u_{O1} = -R_{C1}\times\frac{\Delta u_{R_{E1}}}{R_{E1}} = -\frac{1}{2}\times\frac{R_{C1}}{R_{E1}}\Delta u_{i1} \tag{3.5.6}$$

3）式（3.5.6）表明，单端输入、单端输出的差分电路，放大倍数为普通共射放大电路的1/2。

4）此外，由于 $\Delta I_{E1}=-\Delta I_{E2}$，所以 $\Delta u_{O2}=-\Delta u_{O1}$，因此双端输出时放大倍数与普通共射放大电路是一样大的。

差分放大电路的抑制共模干扰及电压放大倍数的特性可以通过TINA仿真来观察，如图3.5.3所示。

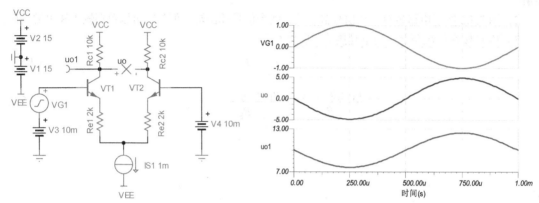

图3.5.3　差分电路仿真

1）引入直流电源 $V_3=V_4$，相当于共模信号，或者是温漂引起的 Δu_{BE}。给 V_3 和 V_4 任意设定值（注意别让三极管饱和或或截止），仿真波形均无变化。显示差分电路具备抑制共模信号的能力。

2）u_{O1} 是单端输出，仿真放大倍数为(12.46–7.64)/2=2.41倍，约等于普通共射放大电路放大倍数（10kΩ/2kΩ=5）的一半。

3）u_O 是双端输出，仿真仿真放大倍数为(4.81+4.81)/2=4.81倍，约等于普通共射放大电路。

注：共模信号定义为 $0.5(V_1+V_2)$，差模信号定义为 (V_1-V_2)。V_1 和 V_2 分别是差分电路的两个输入信号。

对于放大电路来说，放大倍数减半基本不算是缺点，而抑制共模信号的能力尤为重要，因此高性能的共射放大电路总是采取差分电路的形式。

1）运放的输入级便是由差分电路构成的。

2）有关差分电路的公式推导完全建立在两个共射放大电路完全对称的基础之上。

3）实际电路当然会有偏差，因此才有了实际运放的各种重要性能参数，如共模抑制比、偏置电流、失调电流等。

4）所以，只有牢固掌握晶体管放大电路的知识，才能真正用好高性能运放。

3.6　共集放大电路

本节开始，我们讲解共集放大电路，也就是传说中的"功放"电路。大家第一次听"功放"这个词，大概都和音响系统有关，这是有深刻原因的。音响中作为最终负载的扬声器，其阻抗一般是 8Ω 或4Ω，如此重的负载，一般的电路是无法驱动的。

音响中的功放严格来说分为"前放"和"后放"，分别使用的是共射放大电路和共集放大电路，前者用来调节音量，后者用于驱动扬声器。

3.6.1　射极跟随器

共集放大电路其实还有另外一个名字，射极跟随器。在图 3.6.1 所示的电路中，输入和输出的关系为：

$$\begin{cases} u_O = u_I - 0.7 \\ \Delta u_O = \Delta u_I \end{cases} \tag{3.6.1}$$

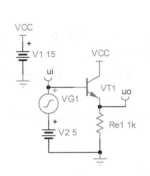
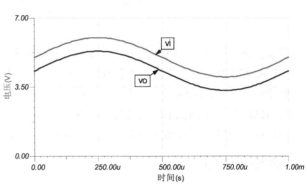

图 3.6.1　射极跟随器

1）共集放大电路的交流电压放大倍数为 1，所以又称为射极跟随器。

2）只要三极管的 be 导通，"射随" 特性就成立。

3）射极跟随器用于连接两个电路，起到有病治病、无病强身的 "缓冲器" 作用。

电路中要成为 "缓冲器"，必须具备以下优良特性：

1）不影响信号的幅值和带宽；

2）输入阻抗极大，使前级电路易驱动；

3）输出阻抗极小，轻松驱动后级负载电路。

3.6.2　射随电路的输入/输出阻抗

参考图 3.6.1 所示电路，射随电路的（交流）输入阻抗计算如式（3.6.2）所示：

$$\begin{cases} R_I = \dfrac{\Delta u_I}{\Delta i_I} \\ \Delta i_I = \dfrac{\Delta i_C}{\beta} \approx \dfrac{\Delta i_E}{\beta} \quad \Rightarrow \quad R_I \approx \beta R_E \\ \Delta i_E = \dfrac{\Delta V_E}{R_E} = \dfrac{\Delta u_I}{R_E} \end{cases} \tag{3.6.2}$$

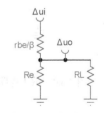

图 3.6.2　射随电路的输出
阻抗计算电路图

参考图 3.6.1 所示电路，空载时，输出电压 $\Delta u_O = \Delta u_I$。带上负载 R_L 时，输出电压 $\Delta u_O = \Delta u_I$。所以，射随电路的输出阻抗为 0，当然这是忽略 be 间的等效电阻（基极体电阻）r_{be} 时的结果，实际 R_O 约为数欧至数十欧。

考虑等效电阻 r_{be} 时，输出电压 Δu_O 的计算方法参考图 3.6.2 所示。

1）（交流）输出电压 Δu_O 不再直接等于（交流）输入电压 Δu_I，因为电阻 r_{be} 需要缩小 β 倍后折算到 R_E 的位置。

2）空载时，输出电压 Δu_O 表达式如式（3.6.3）所示：

$$\Delta u_O = \Delta u_I \times \frac{R_E}{R_E + \dfrac{r_{be}}{\beta}} \tag{3.6.3}$$

3）带载时，输出电压 Δu_O 表达式如式（3.6.4）所示：

$$\Delta u_O = \Delta u_I \times \frac{R_E // R_L}{R_E // R_L + \dfrac{r_{be}}{\beta}} \tag{3.6.4}$$

4）令带载输出电压（式（3.6.4））等于 0.5 倍空载输出电压（式（3.6.3））时的 R_L 取值即为输出阻抗 R_O。由于 r_{be} 和 β 都不是实际精确知道的量，这里就不列出 R_O 的具体表达式了，没有实际意义。

5）举例说明 R_O 的数量级是多大。假设 r_{be} 为 $1k\Omega$，R_E 也为 $1k\Omega$，β 值为 100，则 $R_O \approx r_{be}/\beta = 10\Omega$（即当 R_L 等于 10Ω 时，输出电压降为空载的一半）。

以上分析表明，射随电路的输入阻抗大，输出阻抗小，是一种性能优良的"隔离缓冲电路"。

3.6.3　射随电路的带宽

如图 3.6.3 所示，共射放大电路与共集放大电路可以在同一个电路中演示输出。

1）信号源选择为 $2V_{PP}/1kHz$ 方波，电压上升率设定为 1ns。

2）共射放大电路的放大倍数为–1，射随电路的放大倍数为 1。

看似两者的频率特性应该差不多，但实际电路或仿真结果都是同相输出（射随输出）的，延迟小且压摆率高。

射随电路天生就具备极高的带宽，高到几乎不用考虑它对电路的影响。

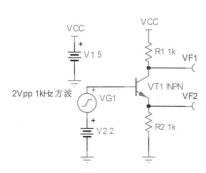

图 3.6.3　放大电路带宽测试

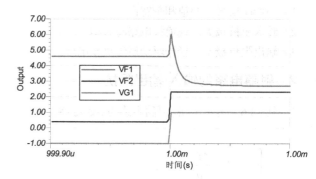

图 3.6.4　延迟和压摆率比较

3.6.4　甲类功率放大电路

如果不要求把输出信号滤波为纯交流，射极电阻 R_E 的取值可以尽量大，以便降低"静态"功耗，几乎不会带来不良影响。

如果需要信号交流输入、交流输出，且带上负载，射极电阻 R_E 的取值就有要求了。图 3.6.5～图 3.6.7 所示的仿真电路就是甲类功率放大电路，理论上输入/输出的电压波形应完全相同。输入信号直流偏移均为 7.7V，信号的幅值分别取 $2V_{PP}$ 和 $8V_{PP}$，射极电阻 R_E 和负载电阻 R_L 的值分别取 $1k\Omega/6k\Omega$ 和 $6k\Omega/1k\Omega$。

1）图 3.6.5 所示为 $8V_{PP}$ 大幅值输入，$1kΩ$ 重负载输出，R_E 为 $6kΩ$ 的情况。可以看出，输出波形发生了底部失真。

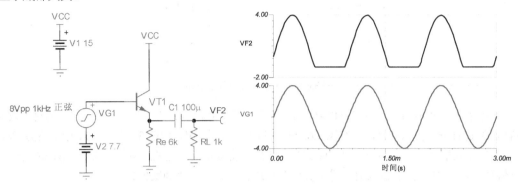

图 3.6.5　甲类功放大幅值重负载

2）图 3.6.6 所示，当减小输入信号幅值时，输出波形正常，没有削底。

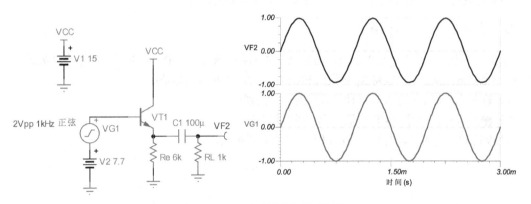

图 3.6.6　甲类功放小幅值重负载

3）图 3.6.7 所示为 $8V_{PP}$ 大幅值输入，$6kΩ$ 轻负载输出，R_E 为 $1kΩ$ 的情况。可以看出，输出波形没有发生底部失真。

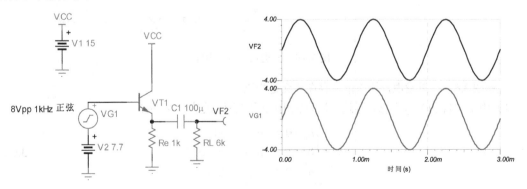

图 3.6.7　甲类功放大幅值轻负载

到底是什么原因造成了甲类功放的失真呢？

1）稳态时，C_1 等效为一个电池。在没有交流信号输入时，V_E 的电位为 7.7−0.7=7V，这也就是电容 C_1 上的电压。于是 R_E、C_1、R_L 组成图 3.6.8 所示的回路。

图 3.6.8 甲类功放的负载电路

2）由于 i_E 不可能为负，所以可以算出 V_E 的电压最小值。当 i_E 为 0 时，由 R_E、R_L 的对等效电池（电容 C_1）进行分压关系计算，可得图 3.6.8(a)中 V_E 最小值为 6V，而图 3.6.8(b)中 V_E 最小值为 1V。

3）当输入信号小于 $V_E+0.7V$ 时，be 之间的 PN 结将截止，于是就发生削底失真。图 3.6.8(a)中 V_E 最小值高达 6V，所以只要输入信号瞬时值小于 6.7V，就会发生"削底失真"。

4）V_{Emin} 与 R_E 和 R_L 的比值有关，负载 R_L 越小，R_E 也必须越小，这样才能避免失真。

5）在音响系统中，R_L 低至 $4\Omega/8\Omega$，R_E 也必须在这个数量级，于是 R_E 上消耗的静态功耗就非常大了。甲类功放拥有最好的音质效果，但是这是以静态功耗为代价的。

3.6.5 乙类功率放大电路

甲类放大电路无论有无输入信号，均有电流从 V_{CC} 经 R_E 流到 GND，为了克服甲类功放效率低的缺点，如图 3.6.9 所示，可以将 R_E 替换成 PNP 三极管，其基本思想是：

1）输入信号正半周期 VT_1 导通，构成射极跟随器；

2）输入信号负半周期 VT_2 导通，也构成射极跟随器；

3）VT_1 和 VT_2 不会同时导通，所以没有静态功耗损失。

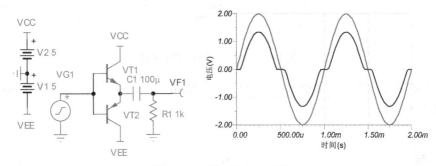

图 3.6.9 乙类功率放大电路

观察图 3.6.9 可以发现，输出信号存在"交越失真"。

1）由于 VT_1 和 VT_2 不总是导通，所以输出电压的表达式是非线性的：

$$u_O = \begin{cases} u_1 - 0.7 & (u_1 > 0.7) \\ 0 & (-0.7 \leqslant u_1 \leqslant 0.7) \\ u_1 + 0.7 & (u_1 < -0.7) \end{cases} \quad (3.6.5)$$

2）当输入信号介于 $\pm0.7V$ 之间时，输出为 0 没有变化，称为交越失真。

消除交越失真的方法如图 3.6.10 所示。

3）VD_1 和 VD_2 的引入可以抵消掉 VT_1 和 VT_2 的 U_{BE} 电压。

4）只要 VD_1 和 VD_2 导通，就可以视为 0.7V 的电池，有以下推导：

$$u_A > 0 时，\begin{cases} u_B = u_A + 0.7 \\ u_B = u_D + 0.7 \end{cases} \Rightarrow u_A = u_D \qquad (3.6.6)$$

$$u_A < 0 时，\begin{cases} u_C = u_A - 0.7 \\ u_C = u_D - 0.7 \end{cases} \Rightarrow u_A = u_D \qquad (3.6.7)$$

消除交越失真电路的几点注意事项：

1）仿真时 VD_1 和 VD_2 要选普通二极管，如 1N4007，这样它们的管压降才是 0.7V。如果选择肖特基二极管，管压降只有 0.5V 左右，不够抵消 U_{BE}。

2）如果没有 R_3 和 R_2，VD_1 和 VD_2 将无法导通，式（3.6.6）和式（3.6.7）无法成立。

3）从降低功耗角度来说，希望 R_3 和 R_2 的取值越大越好。但是 R_3 和 R_2 也不能取值过大，要根据负载电流来设计。负载电流就是射极电流 I_E，而 $I_E = \beta I_B$，I_B 不足同样会导致失真。

4）VT_1 和 VT_2 的基极电流 I_B 要经过 R_3 和 R_2，R_3 和 R_2 过大，可能导致基极电流不足。

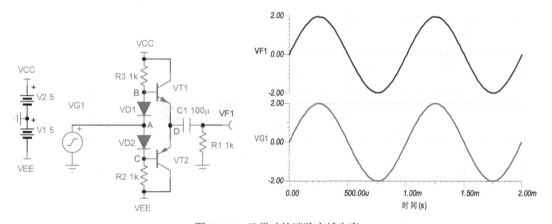

图 3.6.10 乙类功放消除交越失真

3.6.6 甲乙类功率放大电路

图 3.6.10 所示的乙类功放电路在小电流时性能良好，但是用于大功率功放电路时，会有很大问题。

1）大功率下，VT_1 和 VT_2 三极管发热远比 VD_1 和 VD_2 严重，因为它们的电流相差悬殊。

2）由于 $-2.5mV/℃$ 的温漂作用，U_{BE} 会降低，但二极管管压降基本不变。

3）使用图 3.6.11 所示电路来仿真这一现象，添加二极管 VD_3 和 VD_4 来模拟二极管管压降高于三极管 u_{BE} 的情况。电流表的示数高达 256mA，这远远超过 5V 电压加载在 $1k\Omega$ 负载上的极限电流 5mA。

4）如此大的电流来源是 VT_1 和 VT_2 同时导通产生的（不流过负载），电流没有进一步增大的原因是 R_3 和 R_4 对三极管基极电流的限制作用。

5）温漂的最终结果是 VT_1 和 VT_2 因为过流发热损坏，这种现象称为热击穿。

大功率的纯乙类功放电路虽然可以靠"热耦合"来缓解热击穿，但是最终解决方案还是采用甲乙类功放电路。如图 3.6.12 所示，给 VT_1 和 VT_2 加上射极电阻 R_4 和 R_5，可以限制热电流。

1）引入 R_4 和 R_5 以后，相当于部分引入了 R_E，会有额外功耗，但是要远小于甲类功放的 R_E 功耗。

2）R_4 和 R_5 越大，限制热电流的作用越明显，但是此时负载可获得的最大电流也会受限。

注：热耦合原理是将发热元器件与不发热元器件紧密靠在一起（散热面紧贴、涂抹导热硅脂、加压力），让两者的最终温度差不多，以减小温差带来的温漂。

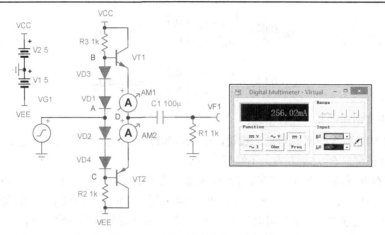

图 3.6.11 温漂导致的热击穿现象

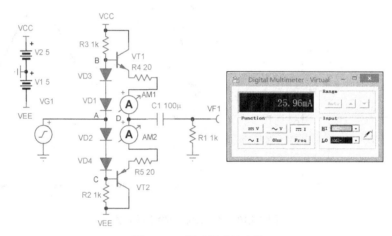

图 3.6.12 甲乙类功放电路

3.6.7 共射共集组合放大电路

总结一下共射放大电路和共集放大电路的优缺点，如表 3.6.1 所示。

表 3.6.1 共射放大电路和共集放大电路特性比较

名称	输入阻抗	输出阻抗	能否电压放大	频率特性
共射放大电路	高	高	能	差
共集放大电路	高	低	否	好

1）共射放大电路有两个主要缺点：输出阻抗高（不能带重负载），频率特性差（不能放大高频信号）。

2）共集放大电路有一个缺点：不能放大电压。

3）共射放大电路和共集放大电路的组合可以解决共射放大输出阻抗高的问题。

图 3.6.13 所示为组合放大电路，实现对 $2V_{pp}/1kHz$ 正弦信号 5 倍放大，并带 50Ω 负载。

1）设计的过程必须从负载开始反推，由负载 R_6 根据共集放大电路不削底原则选取合适的 R_3。

2）共射放大电路取自图 3.4.4 的设计，但是由于负载较重（βR_3），整体的电阻缩小了 10 倍。

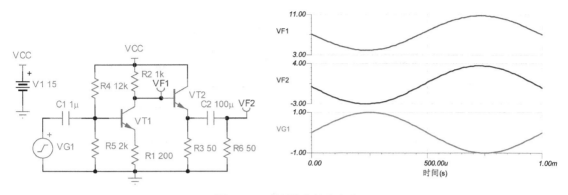

图 3.6.13　共射共集放大电路

3.7　共基放大电路

共射共集放大电路的组合可以解决共射放大输出阻抗大的缺点，但是无法解决频率特性差的问题，因为两个放大电路属于前后级联，后级电路最多是不进一步降低带宽而已，无法改善前级的带宽。要解决共射放大的带宽问题，需要引入共基放大电路。

3.7.1　基本共基放大电路

对于共射放大电路，其输出 u_O 实质就是 i_C（近似为 i_E）的变化在 R_C 上引起的电压变化。导致 i_E 发生变化可以靠改变 R_E 上端的电压，也可以改变 R_E 下端的电压。前者就是共射放大，后者就是共基放大。图 3.7.1 所示为共基放大电路。

1）基极接了大电容 C_2，所以交流电位为 0。假设直流偏置电路保证 VT_1 三极管 i_B 一定存在（BE 间 PN 结导通），则射极与基极交流电位相等，也为 0，于是：

$$\Delta i_E = \frac{0 - \Delta u_I}{R_E} = \frac{-\Delta u_I}{R_E} \approx \Delta i_C \tag{3.7.1}$$

$$\Delta u_O = -R_C \times \Delta i_C = \frac{R_C}{R_E} \times \Delta u_I \tag{3.7.2}$$

2）式（3.7.2）表明共基放大电路的放大倍数与共射放大电路相同，方向相反。

3）图 3.7.2 所示为 TINA 仿真电路，在没有信号输入时，电路各点的直流电压值应与 3.4.2 节图 3.4.4 所设计的共射放大电路完全一致。

4）由式（3.7.2）可知，该电路放大倍数为 10 倍。为了防止 10 倍放大电路引起饱和，信号源 u_I 幅值改为 0.5V。

5）对电路的关键节点电压均输出仿真波形，为了清晰明了，各信号的组合波形与分离波形均在图 3.7.3 中显示。

6）分析波形图可知，基极与射极基本为直流，电位相差一个 u_{BE} 管压降。

7）同相放大，放大倍数为 9.37 倍，基本符合式（3.7.2）。

8）u_E' 比 u_I 高了一个直流电位，这是由等效电池（电容 C_1）提供的，这避免了 u_I 引入不合适的直流偏置（导致部分时段 i_B 消失），读者可自行仿真不带 C_1 的（失真）波形。

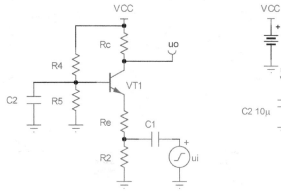

图 3.7.1　共基放大电路

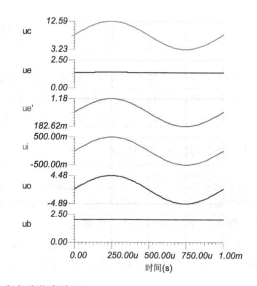

图 3.7.2　共基放大电路的 TINA 仿真

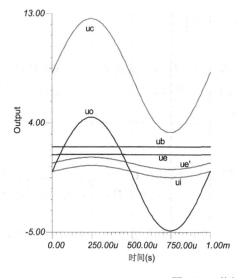

图 3.7.3　共基放大电路仿真波形

3.7.2　共基放大电路的输入/输出阻抗

共基放大电路的输出阻抗与共射放大电路相同，都是 R_C，这可以通过接上 R_C 大小的负载，结果放大倍数减半来确定。

共基放大的信号不由基极输入，所以缺乏 β 倍放大的"隔离"作用，其等效输入回路如图 3.7.4 所示，输入阻抗为 $R_E//R_2$。

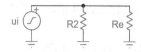

图 3.7.4　共基放大电路的输入阻抗回路

3.7.3　共基放大电路的频率特性

共基放大电路的输入阻抗小，而输出阻抗大，这是缺点。那共基放大电路必然会有其他过人之处，否则不会流传至今。

图 3.7.5 所示为共基放大电路的输入等效低通电路，虽然同样存在三极管的极间电容，但是由于 V_E 点的交流电位是 0，所以 R_E 和 C_{BE} 不构成低通，也不存在共射放大的密勒效应，所以频率特性要好于共射放大电路。

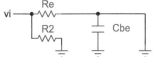

对图 3.7.2 进行 TINA 交流传输特性仿真，如图 3.7.6 所示。将纵坐标的下限设定为上限减去 3，即可得到-3dB 带宽值。

1）上限增益为 19.51dB，将下限设为 16.51dB，然后使用指针 a 就可以得到准确的-3dB 带宽。

图 3.7.5　共基放大电路电路输入等效

2）该 10 倍同相放大电路的带宽为 4.78MHz（仿真软件对直流和低频参数的计算比较准确，高频仿真的结果仅供参考）。

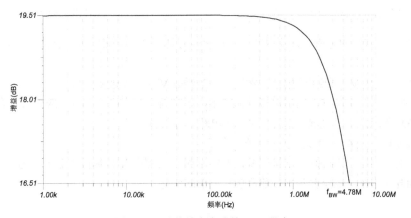

图 3.7.6　共基放大电路的-3dB 带宽

3.7.4　共基共射放大电路

共基放大电路的频率特性虽好，但是它的输入阻抗太小，有一种办法是用共基放大电路帮助共射放大电路扩展带宽，称之为"沃尔曼化"。

如果说利用共集放大（射随）电路来帮助共射放大电路减小输出阻抗是理所应当的事情，那么"沃尔曼化"的思想堪称鬼斧神工。先思考一个问题：图 3.7.7 所示的共射放大电路，在保证三极管始终处于放大区的前提下，改变电阻 R 的阻值，放大倍数会改变吗？

1）我们之前的计算相同，式（3.7.3）～式（3.7.6）没有任何改变。

$$V_E = U_I - U_{BE} = U_I - 0.7 \tag{3.7.3}$$

$$I_C \approx I_E \approx \frac{V_E}{R_E} = \frac{U_I - 0.7}{R_E} \tag{3.7.4}$$

$$U_O = V_{CC} - I_C \times R_C = V_{CC} - \frac{R_C(U_I - 0.7)}{R_E} \tag{3.7.5}$$

$$\Delta u_O = -\frac{R_C}{R_E} \times \Delta u_I \tag{3.7.6}$$

2）这说明，用任何电路替换 R 的位置，共射放大电路的放大倍数都不变。当然前提是保证三极管能处于放大区，硬要把 R 断开，或者是 R 阻值很大，那样 i_C 无论如何都不会等于 βi_B。

用三极管取代图 3.7.7 中电阻 R 的位置，得到图 3.7.8 所示的电路。

1）图 3.7.8 所示的电路称为共射电路的"沃尔曼化"，可以扩展共射放大电路的带宽。它是共射共基放大电路的有机结合，而不是简单的前后级联。

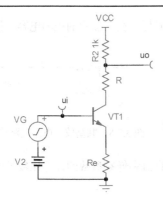

图 3.7.7　共射放大电路集电极插入电阻

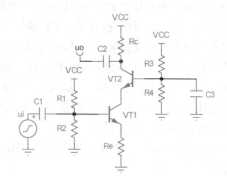

图 3.7.8　共射共基放大电路

2）根据对图 3.7.7 的分析，只要保证三极管 VT_2 导通，就不会影响 VT_1 构成的共射放大电路的放大倍数。

3）R_3 和 R_4 提供 VT_2 导通所需的基极电压，C_3 保证 VT_2 的基极交流接地。

4）VT_2 的引入，使得 VT_1 的集电极交流接地，于是前面提到的"密勒效应"就不存在了。

如图 3.7.9 所示，对"经典"5 倍共射放大电路进行仿真。

1）插入 VT_2 三极管，构成共射共基放大电路。

2）配置 R_3 和 R_4 合适阻值，以保证 VT_2 始终导通。C_3 保证 VT_2 基极交流电位为 0。

3）增加开关 SW，比较引入 VT_2 前后仿真波形的变化。

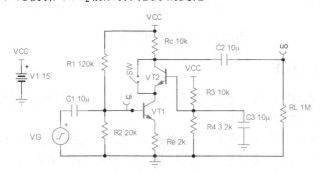

图 3.7.9　共射共基放大电路的仿真电路

4）如图 3.7.10 所示的仿真波形，图 3.7.10(a)为 SW 开关断开（也就是引入 VT_2 共基电路）时的波形，图 3.7.10(b)为 SW 开关闭合（也就是屏蔽 VT_2 三极管）时的波形，两者的 u_O 输出差别极小。

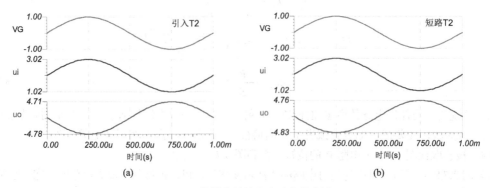

图 3.7.10　共射共基放大电路的仿真波形

3.8 其他放大电路

我们从小就开始学习数学，从最初的公理开始一直学习到高等数学。从理论上讲，教会我们公理就能够"自学"推导出一切数学式，解决所有问题。但事实上却不是这样，人脑不是计算机，没有穷举知识的能力。人的发散思维是很有限的，我们都是在模仿的基础上才能进一步做有限的思考。

在电路的学习中，把各个元器件的特性和电路定理学会，远远不够解决实际问题。给出一个完全没见过的电路，仿真软件能够求解，但是人却是无法分析的，我们需要见识足够的电路才能够具备基本的分析能力。

本节的内容就是定性介绍一些成熟电路，帮助读者开阔思维，提高分析具体电路的能力。

3.8.1 达林顿电路

用两个三极管组合成达林顿三极管，可以等效出 β 值极大的三极管。我们可以直接购买到外观和普通三极管完全一样的达林顿三极管（β 值为 1000 以上的都是达林顿管）。由 NPN 管和 PNP 管组合达林顿三极管的方法有 4 种，如图 3.8.1(a)(b)(c)(d)所示。

1）首先将三极管的基极 B 均朝左放置，NPN 管集电极 C 朝上放置，PNP 管发射极 E 朝上放置。

2）前级三极管是 NPN，就决定了整体达林顿管是 NPN 管。反之亦然。

3）后级三极管的基极 B 接前级晶体管的 C 还是 E，取决于基极电流方向是否正确。

4）以图(b)为例，VT_2 的基极如果接 VT_7 的 E，则 VT_2 的基极电流流不通。所以，N+N、N+P、P+P、P+N 都只有一种正确接法。

5）图(a)(b)都等效为 NPN 三极管，图(c)(d)都等效为 PNP 三极管。

6）图(a)和(b)的区别是达林顿三极管的 U_{BE} 电压将是 1.4V，而不是 0.7V，这意味着要预留更多"直流电压"才能保证基极导通，这是不利于电路设计的。图(c)和图(d)的情况类似。

7）图(b)也有缺点，受真实世界材料的限制，NPN 管的性能要好于 PNP 管，所以一般都避免使用 PNP 管。

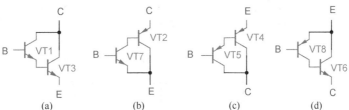

图 3.8.1 达林顿三极管的 4 种组成

3.8.2 推挽放大电路

3.6.2 节介绍了乙类放大电路，这种电路又称为推挽电路。除了可以用二极管消除交越失真外，还可以使用三极管来消除交越失真，如图 3.8.2 所示。

1）设定 $R_1=R_2$，如果忽略 VT_{15} 基极电流，则 $U_{CE}=2U_{BE}=1.4V$，用于消除交越失真。

2）R_3 和 R_4 也必不可少，用于提供 VT_{13} 和 VT_{14} 晶体管的基极电流。

3）相比二极管，使用三极管来消除交越失真，其封装更容易"热耦合"。

4）由于图 3.8.2 中 CBE 三点仅有 0.7V 的直流电压差，所以信号 u_1 输入给 CBE 三点中任何一点都可以，这一性质有点不可思议，但确实如此，请想清楚明白。

5）实际中，u_1 信号选择直流偏置合适的那一点输入。

再来看图 3.8.3 所示的"复合管准互补输出电路"。

1）在大功率推挽电路中，原图 3.8.2 中的输出级三极管 VT_{13} 和 VT_{14} 由达林顿复合管取代。原因是大功率三极管的放大倍数很低（十至几十），这样基极电流就难以忽略，前级偏置电路的电阻取值就必须很小。换句话说，不用达林顿管，前级就驱不动后级。

2）达林顿结构也有讲究，由于 PNP 管的特性不如 NPN 管（电流越大，差别越大），所以难以做到"互补对称"。在电路运行中，VT_{10}（VT_{11}）的电流比 VT_9（VT_{12}）大得多，所以最后一级使用完全相同的 NPN 管更容易实现"互补对称"。

3）VT_9 和 VT_{10} 组成的 NPN 达林顿管的 U_{BE} 是 1.4V，而 VT_{12} 和 VT_{11} 组成的 PNP 达林顿管的 U_{BE} 是 0.7V。所以 VT_{15} 要弥补的交越失真电压差是 2.1V，取值 $R_1=2R_2$。

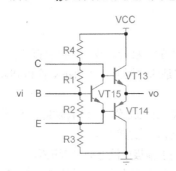
图 3.8.2　使用三极管消除交越失真

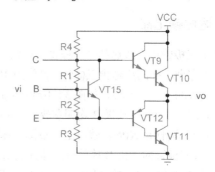
图 3.8.3　复合管准互补输出电路

3.8.3　直接耦合多级放大电路

图 3.8.4 所示的直接耦合多级放大电路实际就是简化的运放电路。

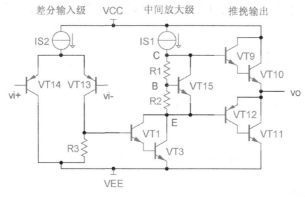
图 3.8.4　直接耦合多级放大电路

1）运放电路内部结构分为 3 级，负责抑制共模信号（温漂也算一种共模信号）的差分输入级，尽可能地增大放大倍数的中间放大级，增强驱动能力的推挽输出级。

2）运放中，普遍使用电流源电路来取代 R_C 和 R_E。这样既能保证直流偏置电流的存在，又使 R_C 和 R_E 的交流阻抗"无穷大"。试想一下，如果使用阻值极大的电阻来实现这一目的，直流偏置电流就没法设定了。

3）差分输入级采用 PNP 三极管的原因是，多级放大中为了避免直流偏移太大（U_{BE} 不断往一个方向叠加），往往会一级 NPN 放大再加一级 PNP 放大，将 U_{BE} 的 0.7V "补偿" 回来，有效利用电源轨。

4）中间放大级就是一个 "尽可能放大" 的共射放大电路，CBE 三点的交流电位相等，哪一点作为输出都可以。而且 VT_{15}、R_1、R_2 的插入并不影响共射放大的放大倍数。

5）电流源 IS_1 充当 R_C 电阻的作用，电流源的交流内阻 R_{IS1} "无穷大"。VT_1 和 VT_3 组成的达林顿管放大倍数极大（$\beta_1\beta_3$），R_E 由 BE 间动态电阻 r_{be} 折算到 R_E 位置，此时放大倍数近似为：

$$A = \frac{u_O}{u_I} = -\frac{R_{IS1}}{R_E} = -\frac{R_{IS1}}{\dfrac{r_{be}}{\beta_{T1}\beta_{T2}}} = -\beta_{T1}\beta_{T2}\frac{R_{IS1}}{r_{be}} \tag{3.8.1}$$

6）最后的输出级采用了达林顿三极管结构的乙类功率放大电路，可得到极低的输出阻抗，以便驱动重负载。

第4章　运放应用基础

运放的使用既简单，又不简单。说它简单，是因为在设计运放电路时，可以避免晶体管电路的复杂参数计算。说它不简单，是因为很多时候运放并不"理想"，若是按理想运放去设计电路，会导致结果错误。

本章将基于仿真软件，分别从原理、性能、功能、差别4个侧重点，讲解了基本运算放大电路的原理、实际运算放大器的性能、特殊运算放大器的功能、有源滤波器的拓扑差别。

4.1　基本运算放大电路

运放的全称是运算放大器，也就是它可以实现各种模拟电量的数学运算。这种数学运算并不是用来做"计算器"的，而是在模拟信号调理过程中，可能需要用到的比例、加减、乘法、积分、微分等操作。

从理想运放的观点分析运放，应用的是"虚短"与"虚断"两个原则。图 4.1.1 所示的理想运放电路，如果输出电压没有饱和，则：

$$u_O = A(u_P - u_N) \tag{4.1.1}$$

1）式（4.1.1）中，A 为运放的放大倍数，这个数值至少在万倍以上（80dB），多则 100 万倍（120dB），而输出电压 u_O 最多十数伏。因此，同相输入端 u_P 和反相输入端 u_N 的差值极小，可以认为等电位，这就是"虚短"（路）的由来。

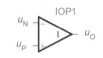

图 4.1.1　理想运放电路

2）在第 3 章的晶体管放大电路中，分析过运放电路的实际构造。运放的输入阻抗是比较高的，至少在 1MΩ，在一定程度上可以认为运放输入电流为零，这就是"虚断"（路）的由来。

4.1.1　反相比例运算电路

在分析运算放大电路时，无须较真是如何想到的，只要按虚短和虚断计算出结果是这么回事即可。

1. 反相比例运算电路的理论推导

图 4.1.2 所示为反相比例运算电路原理图。

1）由于虚断原理，电阻 R_2 上没有电流，所以 u_P 电压与地相同，为 0V。

2）由于虚短原理，u_N 电压与 u_P 电压相等，也为 0V。

3）根据基尔霍夫定理，可以得出式（4.1.2），化简结果，得到式（4.1.3）。

$$\frac{u_O - u_N}{R_F} = \frac{u_N - u_I}{R_1} \tag{4.1.2}$$

$$u_O = -\frac{R_F}{R_1} u_I \tag{4.1.3}$$

4）式（4.1.3）表明，虚短、虚断成立的条件下，图 4.1.2 所示电路是一个反相比例运算电路。

5）理想状况下，输入电阻 R_2 和负载电阻 R_L 的取值对放大倍数没有影响。但是 R_2 电阻的取值最好，等于 R_1 并联 R_F，这样一来，从运放的同相端和反相端"往外看"的阻抗才是对称的。

2. 反相比例运算电路的 TINA 仿真

图 4.1.3 所示为反相比例运算电路（图 4.1.2）的瞬时现象仿真结果，输出电压波形 VF_1 与输入电压波形 V_{G1}（1kHz 单位幅值正弦波）确为精确的 5 倍反相放大关系。

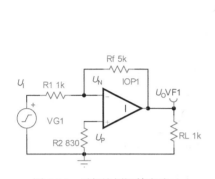

图 4.1.2　反相比例运算电路

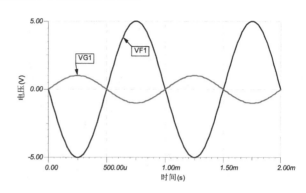

图 4.1.3　反相比例运算电路 TINA 瞬时现象仿真

3. 反相比例运算电路的优缺点

反相放大电路的优缺点如下。

1）对运放来说，输入端的电压近似为 0V，所以是没有共模信号输入的，这很大程度上可以提高运放的性能，这是优点。

2）对信号源 V_{G1} 来说，所接"负载"的阻抗可不是 ∞，而是 R_1，这是缺点。

4.1.2　同相比例运算电路

共射放大电路是反相放大，射随电路是同相放大，但两者的差别绝不仅仅在极性上。类似的道理，运放构成的反相比例运算电路和同相比例运算电路的特性也大不相同。

1. 同相比例运算电路的理论推导

图 4.1.4 所示为同相比例运算电路的原理图。

1）由于虚断原理，电阻 R_2 上没有电流，所以 $u_P = u_I$。

2）由于虚短原理，所以 $u_N = u_P = u_I$。

3）根据基尔霍夫定理，可以得出式（4.1.4），化简后得到输入/输出关系式（4.1.5）。

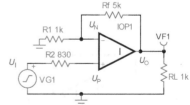

图 4.1.4　同相比例运算电路

$$\frac{u_O - u_I}{R_F} = \frac{u_I - 0}{R_1} \tag{4.1.4}$$

$$u_O = \left(1 + \frac{R_F}{R_1}\right) u_I \tag{4.1.5}$$

4）式（4.1.5）表明，虚短、虚断成立的条件下，图 4.1.4 所示电路是一个同相比例电路。

5）与反相比例运算电路相同，在使用理想运放时，输入电阻 R_2 和负载电阻 R_L 的取值对放大倍数没有影响。但是基于同样的目的，R_2 电阻的取值也最好等于 R_1 并联 R_F。

2. 同相比例运算电路的 TINA 仿真

图 4.1.5 所示为同相比例运算电路（图 4.1.4）的瞬时现象仿真结果，输出电压波形 V_{F1} 与输入电压波形 V_{G1}（1kHz 单位幅值正弦波）确为精确的 6 倍同相放大关系。

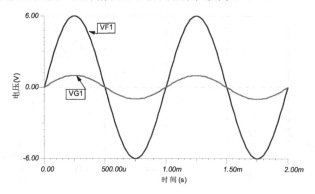

图 4.1.5　同相比例运算电路 TINA 瞬时现象仿真

3. 同相比例运算电路的优缺点

同相比例运算电路的优缺点如下。

1）对运放来说，两个输入端的电压不再是 0V，所以是有共模信号输入的，这会降低运放的性能，这是缺点。

2）对信号源 V_{G1} 来说，所接"负载"的阻抗为 ∞，这是优点。

3）对于高内阻信号，使用同相比例运算电路将是明智的选择。图 4.1.6 所示的一倍同相比例运算电路就是缓冲器，功能类似三极管放大电路中的"有病治病，无病强身"的射随电路。

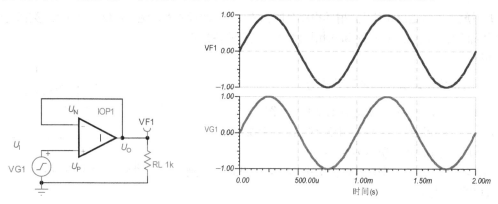

图 4.1.6　缓冲器电路的 TINA 仿真

4. 增益小于 1 的同相比例运算电路

同相放大电路中，根据式（4.1.5）显示，放大倍数是大于等于 1 的。如何获得小于 1 的放大倍数呢？

1）通常解决方案是图 4.1.7 所示的电路，利用电阻 R_2 和 R_3 将输入电压分压后再输入运放同相端。由于同相输入端虚断，R_2 和 R_3 的分压值精确可靠。

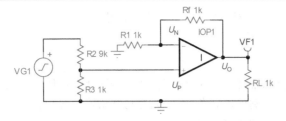

图 4.1.7 放大倍数小于 1 的同相比例电路

2）图 4.1.8 所示为瞬时现象仿真结果，根据图 4.1.7 中电阻的取值，电阻分压网络缩小 10 倍，同相比例运放电路放大两倍，总体效果就是缩小 5 倍，与仿真结果相符。

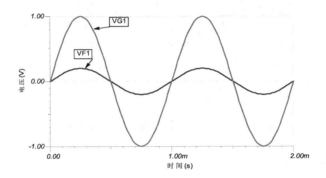

图 4.1.8 放大倍数小于 1 的同相比例运算电路的瞬时现象仿真

4.1.3 加法运算电路

在模拟信号处理中，将两个信号叠加的需求是很普遍的。同相比例电路和反相比例电路作为运放使用的两个基本拓扑，都可以实现加法（求和）运算。

1. 反相比例加法电路

先来看基于反相比例电路的加法电路。在图 4.1.9 所示的反相比例加法电路中：

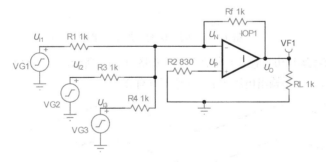

图 4.1.9 反相比例加法电路

1）根据虚短和虚断原则，u_P 与 u_N 的电压为 0V。
2）根据基尔霍夫定理，可得：

$$\frac{u_O - u_N}{R_F} = \frac{u_N - u_{I1}}{R_1} + \frac{u_N - u_{I2}}{R_3} + \frac{u_N - u_{I3}}{R_4} \tag{4.1.6}$$

3）将图 4.1.9 中实际电阻值代入式（4.1.6）中，可得式（4.1.7）。式（4.1.7）表明，当串联电阻的阻值相等时，各输入信号可构成反相加法电路。

$$u_O = -(u_{I1} + u_{I2} + u_{I3}) \tag{4.1.7}$$

4）如果 R_1、R_3、R_4 电阻值不等，那么就会改变各信号所占的比例"权重"。

图 4.1.10 所示为反相比例求和电路的瞬时现象仿真结果，三个输入信号 $V_{G1} \sim V_{G3}$ 的幅值分别为 1V、2V 和 3V，输出信号 V_{F1} 为反相，幅值为 6V。

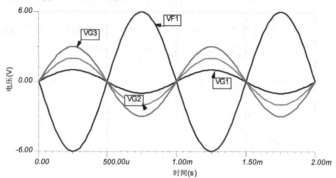

图 4.1.10　反相比例加法电路的瞬时现象仿真

2. 同相比例加法电路

同相比例运算电路也可以构成加法电路。我们想当然地会设计出图 4.1.11 所示的同相比例加法电路来，按理说该电路应该可行。

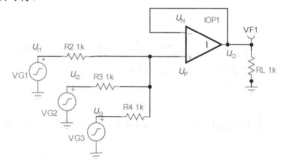

图 4.1.11　同相比例"加法"电路

先不做计算，直接运行仿真看看是什么效果。如图 4.1.12 所示，三个输入信号 V_{G1}、V_{G2}、V_{G3} 的幅值仍然为 1V/2V/3V，但是输出电压 V_{F1} 的幅值却只有 2V。

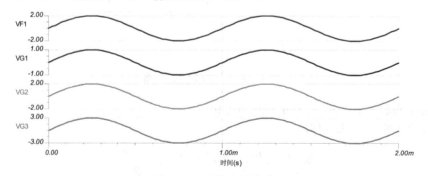

图 4.1.12　同相加法电路

为什么实际情况与想象的不同呢？当运放输入端电压为 0V（GND）时，各信号可单独使用叠加原理进行计算，各输入信号之间没有相互影响。但是同相放大电路的各输入信号之间是相互影响的。

图 4.1.11 所示电路的正确分析方法如下。

1）由于虚短虚断，所以 $u_N = u_P = u_O$。

2）电路等效为图 4.1.13 所示的电路，求解中心点电压。求解的方法用叠加原理最简单，分别计算三个输入信号的影响再求和，得到式（4.1.8）。

$$u_O = u_{I1} \frac{R_3//R_4}{R_3//R_4 + R_2} + u_{I2} \frac{R_2//R_4}{R_2//R_4 + R_3} + u_{I3} \frac{R_3//R_2}{R_3//R_2 + R_4} \tag{4.1.8}$$

3）当 $R_2 = R_3 = R_4$ 时，化简可得式（4.1.9），这表明图 4.1.11 电路实际上是一个缩小 3 倍的求和电路。

$$u_O = \frac{1}{3}(u_{I1} + u_{I2} + u_{I3}) \tag{4.1.9}$$

如图 4.1.14 所示，增加电阻 R_1 和 R_5 构成 3 倍放大以后，就可以得到 1:1 比例的加法电路了，图 4.1.15 显示的仿真结果也符合加法电路逻辑。

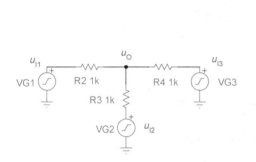

图 4.1.13　同相比例"求和"等效电路

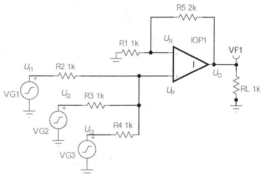

图 4.1.14　改进后的同相比例加法电路

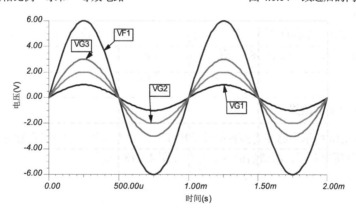

图 4.1.15　同相比例加法电路瞬时现象仿真

4.1.4　减法运算电路

实际应用中，获取两个模拟信号的差值（减法）的情况非常普遍，例如，测量电阻两端电压差，以获取电流值。虽然运算放大器的基本特性就是放大两个输入端的差值，但是单独运放是无法作为减法电路来使用的，因为哪怕只有 1mV 的输入差值，也能使运放输出饱和。

1. 减法运算电路的 TINA 仿真

按照同相比例、反相比例相结合的思想，最容易想到的减法电路如图 4.1.16 所示。

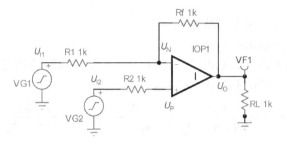

图 4.1.16　某减法运算电路

先不进行理论计算，而直接对图 4.1.16 所示电路进行仿真，结果如图 4.1.17 所示。

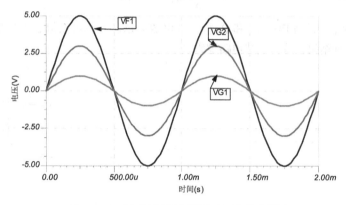

图 4.1.17　某减法运算电路瞬时现象仿真图

1）输入信号 V_{G2} 幅值为 3V，V_{G1} 幅值为 1V。按照减法电路，期望输出结果为 2V，但仿真输出 V_{M1} 幅值却是为 5V。

2）原因是图 4.1.16 所示的电路，对于反相信号输入端信号来说是 -1 倍放大，而对于同相输入端信号来说，却是 +2 倍放大。如此一来，实际上电路变成：

$$u_O = -u_{I1} + 2u_{I2} \tag{4.1.10}$$

2. 减法运算电路的改进

如果要将图 4.1.16 所示电路变为纯粹的减法电路，需要把同相放大部分单独缩小处理。这就要用到 4.1.2 节介绍的分压电路了，改造后的减法电路如图 4.1.18 所示。

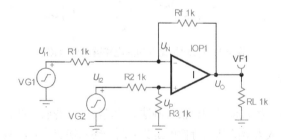

图 4.1.18　减法运算电路

1）与图 4.1.16 所示减法运算电路不同的是，图 4.1.18 所示减法运算电路同相输入端的信号预先用电阻 R_2 和 R_3 进行了衰减。

2）图 4.1.19 所示为电路的瞬时现象仿真图，可以看到输入电压 V_{G2} 幅值为 3V，V_{G1} 幅值为 1V，输出电压 V_{F1} 幅值为 2V，符合减法电路的要求。

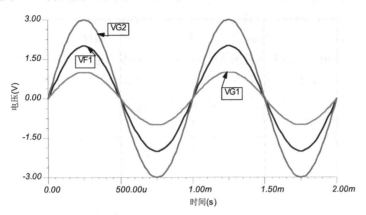

图 4.1.19　减法运算电路瞬时现象仿真图

3）根据虚短、虚断和基尔霍夫定理，图 4.1.18 所示电路的输入/输出电压关系为：

$$u_P = 0.5u_{I2} = u_N = 0.5(u_{I1} + u_O) \tag{4.1.11}$$

$$u_O = u_{I2} - u_{I1} \tag{4.1.12}$$

3. 减法运算电路用于直流偏置

利用运放缩放信号幅值和控制直流偏移是非常普遍的应用。

1）绝大多数 ADC 都是单极性的，所以在 ADC 采样应用中，需要把双极性信号进行正向平移（可能还需缩放），变为单极性信号，再给 ADC 采样。

2）大多数 DAC 都是单极性的，所以如果需要 DAC 输出双极性信号，就需要运放将单极性信号进行负向平移（可能还需缩放），变成双极性信号输出（R-2R 型 DAC 输出本就需接运放，可直接实现双极性输出）。

图 4.1.20 所示电路为一种 ADC 采样信号平移的方法。

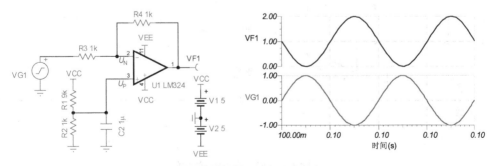

图 4.1.20　电平正向平移电路

1）假设 ADC 基准电压范围是 0～2V，待测信号幅值为 1V，则待测信号需要向上平移 1V。

2）双极性信号由反相端输入，取−1 倍放大。由电阻分压出 0.5V 信号，输入运放同相端，反馈网络实现两倍放大，即平移 1V。输入/输出电压关系式为：

$$u_O = 5 \times \frac{1k\Omega}{9k\Omega + 1k\Omega} \times 2 - u_I = 1 - u_I \tag{4.1.13}$$

3）注意，平移信号用的直流电压必须是低内阻的，所以 C_2 电容必不可少。

图 4.1.21 所示电路为一种利用运放实现 DAC 双极性输出的方法。

1）DAC 信号由同相端输入，偏移电压由反相端输入，图中偏移电压直接使用了 VCC，实际也可由电阻分压出其他电压值，无论是何种偏置电压，都需要并联大电容 C_1 以减小交流阻抗。

2）根据虚短原理，可得式（4.1.14），整理后得到输出电压表达式（4.1.15）。

$$\frac{VCC - u_I}{R_1} = \frac{u_I - u_O}{R_2} \tag{4.1.14}$$

$$u_O = 2u_I - VCC \tag{4.1.15}$$

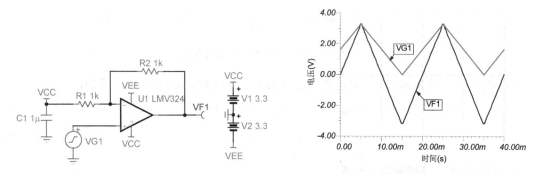

图 4.1.21　电平负向平移电路

4. 直流偏置电路的改进

图 4.1.20 和图 4.1.21 所示的直流偏置电路有一个缺点，就是实际偏置电压与增益有关。对图 4.1.20 进行改进，信号源 V_{G1} 串联电容 C_3 后，得到图 4.1.22 所示的改进型直流偏置电路，其平移电压与增益无关，经常用在单电源运放的场合。

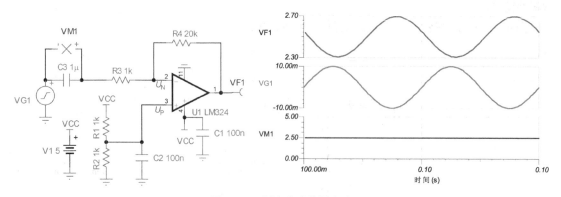

图 4.1.22　固定直流偏置电路

1）模拟电路中，除了用于定时和振荡用途的电容，其余的 0.1μF 以上的电容在电路中都是充当"直流电池"角色的。在分析这类电路时，首先要搞清楚电容上充的电压是多少。

2）只要把输入信号 V_{G1} 当成 0V，就可以求出稳态时各"直流电池"电容的电压。图中 C_3 上电压 $V_{M1}=u_N=u_P=2.5V$。

3）有了 C_3 的电压值，就可以求解输入/输出电压关系：

$$\frac{u_O - u_N}{R_4} = \frac{u_N - V_{M1} - u_I}{R_3} \tag{4.1.16}$$

$$\frac{u_O - 2.5V}{20k\Omega} = \frac{2.5V - 2.5V - u_I}{1k\Omega} \tag{4.1.17}$$

$$u_O = -20u_I + 2.5 \tag{4.1.18}$$

抛开式（4.1.16）～式（4.1.18）的理论计算，还可以根据同相比例和反相比例放大倍数，直接分析直流偏置的结果。

1）图 4.1.22 中 C_3 电压（V_{M1}）与同相端直流电压 u_P 相等，会被放大（$-R_4/R_1$）倍。

2）而同相端直流电压 u_P 会被放大（$1+R_4/R_1$）倍。

3）所以总体效果就是输出电压平移了一倍的 u_P。

4.1.5　积分运算电路

采用反相比例运算时，运放输入端虚地，电路的运算关系比较简单，所以接下来的几种运算电路将基于反相比例电路来设计。

1. 积分运算电路的理论推导

将反相比例运算电路的反馈电阻 R_F 换成 C_F，就构成了积分放大电路。在图 4.1.23 所示的积分运算放大电路中：

1）R_3 的作用是防止直流增益过大发生饱和。对于反相比例运算电路来说，放大倍数等于 $-Z_F/R_1$，如果没有 R_3，则对于直流电来说，Z_F 就是 ∞ 了（C_f 的直流阻抗无穷大），会发生直流饱和。

2）作为 R_3 和 C_F 并联网络，只要 R_3 的阻抗远大于 C_F 的阻抗，就可以忽略 R_3。接下来的定量分析计算中先不考虑 R_3。

3）根据电阻电流 i_{R1} 等于电容电流 i_{CF} 这一特性，可得输入/输出电压表达式：

$$u_O = -u_C = -\frac{1}{C_F}\int i_C dt = -\frac{1}{C_F}\int i_R dt = -\frac{1}{R_1 C_F}\int u_{I1} dt \tag{4.1.19}$$

4）式（4.1.19）说明图 4.1.23 所示电路为反相比例积分运算放大电路。

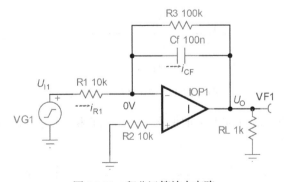

图 4.1.23　积分运算放大电路

2．积分运算电路的 TINA 仿真

图 4.1.24 所示为瞬时现象仿真，输入信号设置为 1kHz 的方波，按积分电路特性，方波积分输出信号应为三角波。

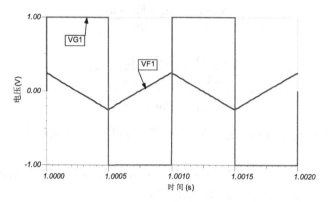

图 4.1.24　积分运算放大电路瞬时现象仿真

运行瞬时现象仿真时，注意将仿真时间设定为 1.000～1.002s（即显示电路运行 1000 个周期以后的两个周期），这样电路才能达到稳定。双击时间坐标轴，将时间精度设定为 4 位，这样才能看出时间轴的变化。

3．积分运算电路的阻抗分析法

下面用阻抗的方法定量计算积分运算电路的输出幅值。

1）对于任何含有电容、电感的电路计算，都必须将信号频率考虑进去，因为这两种元器件的阻抗与信号频率有关。

2）图 4.1.24 中方波的频率是由一系列谐波合成的，不便于讲解，所以将信号改为 $1kHz/2V_{PP}$ 的正弦波。图 4.1.25 所示即为正弦信号的积分仿真波形。

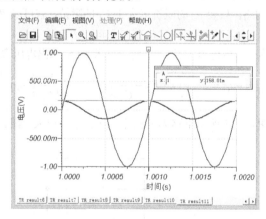

图 4.1.25　定量计算积分运算电路

3）从图 4.1.25 中可以看出，正弦信号的积分为余弦，符合积分数学规律。对于 1kHz 的信号，100nF 反馈电容 C_f 的容抗计算为：

$$X_C = \frac{1}{\omega C} = \frac{1}{2 \times 3.14 \times 1000 \times 100 \times 10^{-9}} \approx 1.59 k\Omega \tag{4.1.20}$$

4）按照反相比例运算电路，可得电压放大倍数为：

$$|A| = |\frac{X_C}{R_1}| = \frac{1.59\text{k}\Omega}{10\text{k}\Omega} = 0.159 \tag{4.1.21}$$

5）由于输入电压幅值为 1V 正弦波，所以按定量计算结果，输出信号应为幅值 159mV，与仿真波形图 4.1.25 中标尺"158.01m"完美吻合。两者的误差来源是 100kΩ 的"抗饱和"电阻 R_3，真实的 Z_F 应该是 R_3 与 Z_C 并联。

以上的定量计算表明，使用阻抗的观点分析含有电容、电感的电路，是十分方便和准确的。

4.1.6 微分运算电路

积分与微分、乘法与除法、乘法与开方互为逆运算。在运放电路中，有一种构成逆运算电路的通用方法，那就是把反相端串联阻抗 Z_1 和反馈阻抗 Z_F 位置对调。

1. 微分运算电路的理论推导

微分电路作为积分电路的逆运算，只需把 R 和 C 位置对调即可。在图 4.1.26 所示的微分电路中：

1）C_1 的作用是防止交流增益过大。这与积分电路防止直流增益过大的道理是类似的。只要 C_1 的阻抗远大于 R_1 的阻抗，就可以抛开 C_1 分析电路特性。

2）根据电阻电流 i_{R1} 等于电容电流 i_{CF} 这一特性，可得输入/输出电压表达式：

$$i_{CF} = C_F \frac{\text{d}u_I}{\text{d}t} = -\frac{u_O}{R_1} \tag{4.1.22}$$

$$u_O = -R_1 C_F \frac{\text{d}u_I}{\text{d}t} \tag{4.1.23}$$

3）式（4.1.23）说明图 4.1.26 所示电路为微分放大电路。

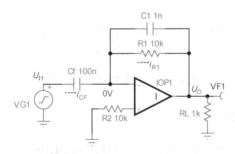

图 4.1.26 微分运算放大电路

2. 微分运算电路的 TINA 仿真

图 4.1.27 所示为瞬时现象仿真，输入信号设置为 1kHz 的方波，按微分电路特性，输出信号应为类似"毛刺"电压的波形。

3. 微分运算电路的阻抗分析法

对微分运算电路进行定量计算，也是基于阻抗原理。

1）由于微分电路和积分电路就是 R 和 C 位置对调，所以放大倍数就是倒数关系，放大倍数应为：

$$|A| = |\frac{R_1}{X_C}| = \frac{10\text{k}\Omega}{1.59\text{k}\Omega} = 6.29 \tag{4.1.24}$$

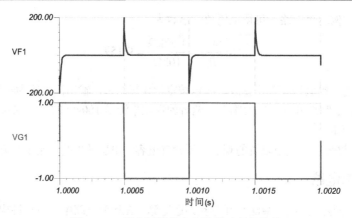

图 4.1.27　微分运算放大电路瞬时现象仿真

2）图 4.1.28 所示为输入信号为 1kHz/2V_{PP} 正弦波时的微分运算电路仿真波形。V_{G1} 为 1V 幅值输入信号，V_{F1} 为输出信号。标尺显示输出电压 V_{F1} 为"6.3"，与式（4.1.24）所示的理论计算结果完美吻合。

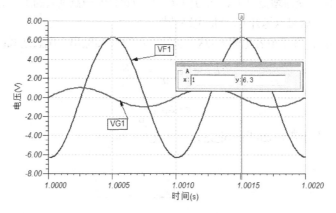

图 4.1.28　定量计算微分运算电路

4.1.7　PID 运算放大电路

模拟电路书本中的运算放大电路还有对数、指数、乘法电路（模拟乘法器），以及由模拟乘法器衍生出的除法、N 次幂、开方电路，本书就不一一介绍了。作为对理想运放电路的小结，本节将介绍比例、积分、微分结合在一起的 PID 运算电路。

1．PID 运算电路的输入输出关系

图 4.1.29 所示的电路涵盖了比例、积分、微分三种运算电路的成分。

1）C_3 和 R_4 的作用是防止高频和低频分量放大倍数饱和，之前的积分微分电路中已经用到过。忽视这两个元器件，不影响对整体电路的分析。

2）根据 $i_{C1}+i_{R1}=i_F$ 的节点电流定理，可推导出输入/输出电压关系：

$$u_O = -\left(\frac{R_2}{R_1} + \frac{C_1}{C_2}\right) \cdot u_I - \frac{1}{R_1 C_2} \cdot \int u_I \mathrm{d}t - R_2 C_1 \cdot \frac{\mathrm{d}u_I}{\mathrm{d}t} \tag{4.1.25}$$

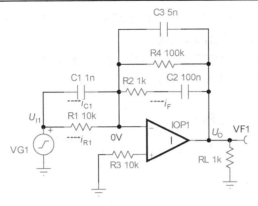

图 4.1.29 PID 运算电路

3）式（4.1.25）中，$\left(\dfrac{R_2}{R_1}+\dfrac{C_1}{C_2}\right)$ 称为比例系数（Proportion），$\dfrac{1}{R_1C_2}$ 称为积分系数（Integral），R_2C_1 称为微分系数（Differential）。所以图 4.1.29 电路总称为 PID 运算电路。

2. PID 运算电路的 TINA 仿真

仅从式（4.1.25）输出电压表达式，看不出这个电路有何过人之处，这时就要依靠电路仿真了。图 4.1.30 所示为 PID 运算电路的瞬时现象仿真波形，PID 运算电路通常用于反馈调节。

1）图 4.1.30 所示的 V_{G1} 代表输入给 PID 运算的电路的误差量（方波代表上半周期误差为 +1V，后半周期误差量为 –1V）。

2）V_{F1} 代表 PID 运算电路的输出量，假定该输出量将会影响 V_{G1}，简单说就是，V_{F1} 增大，应该会导致 V_{G1} 增大，反之，V_{F1} 减小，应该会导致 V_{G1} 减小。

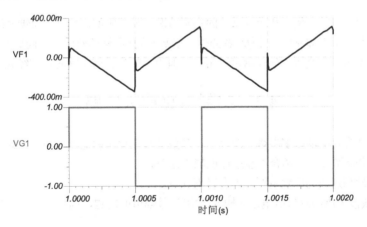

图 4.1.30 PID 运算电路的瞬时现象仿真

3. PID 运算电路的特性分析

对图 4.1.30 仿真波形图细节进行放大得到图 4.1.31 所示波形。用治病来打比方，我们的目标是期望 V_{G1} 误差最好是 0，即没病。

1）当时间处于 1.0005s 时，误差量 V_{G1} 突然由 +1V 变为 –1V（病情反方向恶化）。这时，由于比例运算机制，V_{F1} 由负变正（开始换药治病，药量与偏离健康程度成比例）。

2）同时，由于 V_{G1} 是"突变"的，V_{F1} 产生了额外的"尖峰"，这个尖峰将帮助误差量 V_{G1} 尽快恢复正常（由于病情突变，所以短时间内下猛药）。

3）在接下来的时间里，V_{G1} 的值没有发生变化，仍然保持−1V，V_{F1} 的值则在不断增大，这就是积分调节机制（即"久病无效"就需要持续加大"用药量"）。

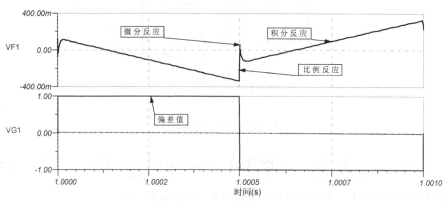

图 4.1.31　PID 运算电路仿真细节波形

PID 电路的本质是立足"现在"，不忘"过去"，展望"将来"：

1）P 是现在。负责对现在犯的错误做出反应（惩罚），错大罚重，这是常理。反馈中，P 调节总是需要的。

2）I 是过去。综合考虑过去的情况，做出反应，这就是惯犯和初犯的区别。惩治惯犯，当然要加大打击力度。

3）D 是将来。这就是防控机制，发现苗头不对，重拳出击，正所谓"不用雷霆手段，不显菩萨心肠"。

P、I、D 系数所占的比例，和反馈系统的实际情况有关。例如，控温的反馈系统和电机调速的反馈系统的 PID 系数是大有差别的，因为两者的传递函数不同（同样的药用在不同病上，见效快慢不同）。配置合适的 PID 参数，有高大上的仪器可以帮忙，但更多的是凭借丰富的调试经验。

4.2　实际运算放大电路

理想运放将实际运放的很多参数理想化了，多数参数理想化后毫无违和感，如开环增益、共模抑制比。但是有部分参数在一些场合不能进行理想化处理。

实际运放和理想运放的区别主要体现在以下几点。

1）理想运放没考虑芯片供电电压与输入/输出信号幅值的问题，选型实际运放时，则需要考虑这一因素。

2）任何电路都存在低通效应，所以实际运放会有带宽问题。

3）运放虚短的假设基本没有问题，但是虚断则不一定成立。处理高内阻信号时，运放的输入电流就不能忽略。

4）在运放产品线中，"潜伏"着一类"电流反馈型"运算放大器，它们在使用时与常规"电压反馈型"运放有许多不同。

5）理想运放不会发生自激振荡，但是实际运放可能会振荡。

6）任何电路都存在噪声，在高精度应用时，需要考虑定量计算运放电路的噪声大小。

对于前 4 个问题，即使是初学者也是有必要掌握的，否则几乎没有办法正确使用运放。而对于运放的振荡和噪声问题，则可暂不涉及，放在附录 A 和附录 B 中供参考。

4.2.1   轨至轨与运放供电

轨至轨中所谓的轨（rail），指的电源电压。轨至轨就是说器件所能承受的"输入"电压和所能产生的"输出"电压能不能达到（或接近）电源电压。

1．单电源运放比较器 TINA 仿真

普通运放也常作为比较器来使用，比如过零电压比较电路。多数初学者会觉得没有必要使用双电源运放，所以很容易得出图 4.2.1 所示的"过零电压比较"电路。

1）运放 LM324 采用 5V 单电源供电。

2）同相端输入信号为 1kHz/$2V_{PP}$ 的正弦波，反相端接 0V。

对于图 4.2.1 所示电路和输入信号，期望输出的应该是 0～5V 幅值的 50%占空比的方波（过零电压比较）。但是实际的仿真结果却是图 4.2.2 所示的结果。

1）V_{G1} 正半周还算正常，但是输出电压的幅度不到 5V，只有 4V 左右。

2）V_{G1} 负半周则出现了问题，输出逻辑变得混乱。

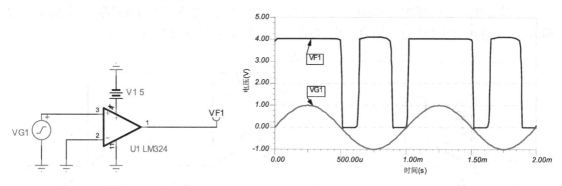

图 4.2.1   过零电压比较电路   图 4.2.2   过零电压比较电路瞬时现象仿真

图 4.2.1 所示电路所犯的错误是，将双极性信号输入了单电源运放，运放内部电路构造决定了：

1）输入信号的幅值"不应"超过供电电压（否则运放无法处理这么高幅值的信号）；

2）输出信号的幅值"不会"超过供电电压（运放内部没有升压电路）。

2．双电源运放比较器 TINA 仿真

只要是单电源运放，就不可能输入双极性信号。事实上，只有特殊设计的轨至轨型运放的输入/输出才能"接近"供电电压，其他类型的运放的输入/输出距离供电电压都还有一个不小的差值。

1）通常我们会考虑 VCC（VEE）电源轨，认为输入/输出信号不超过 VCC（VEE）就好，但其实单电源供电运放的 GND 也是电源轨，输入/输出电压的范围也不应超过 GND。

2）区分输入和输出，以及正电源轨与负电源轨，实际轨至轨运放的参数有 4 个：即输入轨至轨，还是输出轨至轨；是能够达到正电源轨（VCC），还是能达到负电源轨（GND）。在图 4.2.2 所示仿真波形中，LM324 只在输出时，能够达到 GND 电源轨。

正确的过零电压比较电路应该使用图 4.2.3 所示的双电源供电，这样仿真结果才是过零电压比较出的 50%占空比方波。

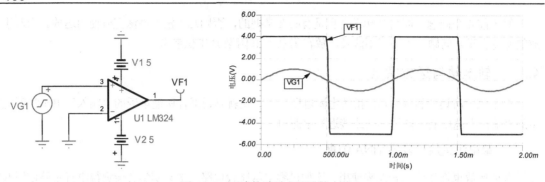

图 4.2.3　正确的过零电压比较电路

3. 运放双极性输出改为单极性输出

如果图 4.2.3 输出的双极性方波信号要给单片机 IO 口处理，需要变为单极性方波信号，否则会损坏 IO 或造成未知错误。

1）如图 4.2.4 所示，可以后接三极管反相器，变换双极性方波为单极性。这时需将运放输入端信号对调，用于修正三极管反相器的逻辑。

2）仿真结果比真实情况还要理想，达到了 0～5V 方波输出。实际三极管反相器只能做到 VCC 轨输出，无法做到 GND 轨输出，因为三极管存在 U_{CES} 饱和管压降，无法输出 0V 电压。

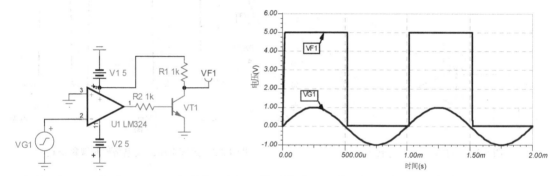

图 4.2.4　改进型过零电压比较电路

4.2.2　运放的带宽与压摆率

理想运放的带宽是无穷大，无论什么频率的信号，运放都"来者不惧"。而实际运放的带宽是有限的，提高运放带宽的努力不仅艰辛，而且代价巨大。

1. 运放带宽的 TINA 仿真

先看一个仿真电路。图 4.2.5(a)所示的反相比例运算电路中，理论放大倍数为-1。当输入信号 V_{G1} 为 1kHz 时，仿真结果（图 4.2.5(b)）表明输出 V_{F1} 的幅值与输入信号相同，相位差 180°。

将图 4.2.5 中 V_{G1} 输入信号分别重新设定为 100kHz/200mV$_{PP}$ 和 1MHz/200mV$_{PP}$，观察瞬时现象仿真，结果如图 4.2.6 所示。

1）注意设定合适显示起止时间，以便仿真波形达到稳定（如设定为信号 1000 周期以后的两个周期），并将时间轴的显示精度改写到能分辨清楚（如 4 位小数）。

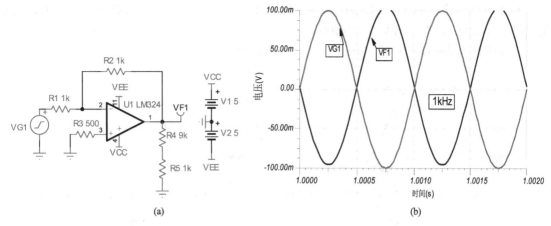

图 4.2.5 反相比例运算电路

2）输入信号 V_{G1} 为 100kHz 时（图 4.2.6(a)），输出 V_{F1} 的幅值与输入信号基本相同，略有相移。

3）输入信号 V_{G1} 为 1MHz 时（图 4.2.6(b)），输出 V_{F1} 的幅值小于输入信号，并且产生了明显的相移。

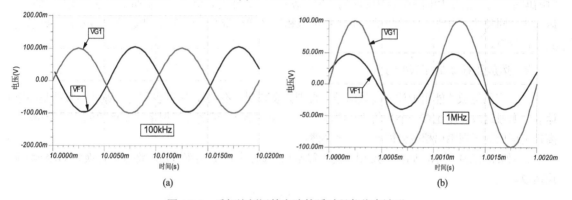

图 4.2.6 反相比例运算电路的瞬时现象仿真波形

再来看运放电路的增益是否与带宽有关。图 4.2.7 所示的电路中，将反相比例运算电路的放大倍数增大为 10 倍。为了便于与前面的 1 倍放大电路做比较，输出部分用分压电阻 R_4 和 R_5 又把增益降为 1 倍。

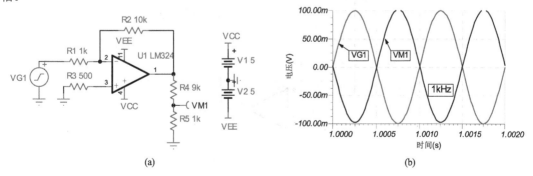

图 4.2.7 10 倍增益反相放大电路

1）1kHz 的低频时（图 4.2.7(b)），最终输出 V_{M1} 的幅值与 V_{G1} 相同，相位差 180°。这个现象与图 4.2.5 所示的 1 倍放大电路相同。

2）100kHz 的低频时（图 4.2.8(a)），V_{M1} 的幅值已经明显发生了衰减，相移明显。而图 4.2.5 所示的一倍放大电路在 100kHz 时基本没有衰减。

3）1MHz 的低频时（图 4.2.8(b)），V_{M1} 已经快衰减没了。

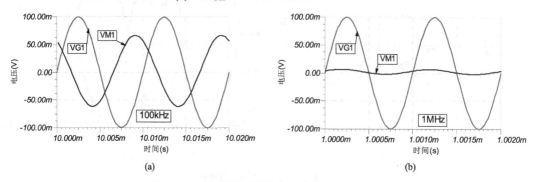

图 4.2.8　10 倍增益反相放大电路瞬时现象仿真图

对图 4.2.7 所示电路进行仿真，得出一个结论：放大倍数会影响带宽。10 倍放大电路在 100kHz 时的现象，与一倍放大电路在 1MHz 时的现象"差不多"。于是，就有了增益带宽积这个概念，即一个运放构成同类放大电路，增益和带宽的乘积近似相等（增益带宽积相等）。即运放电路放大倍数越大，其带宽越窄。

2. 运放压摆率的 TINA 仿真

高带宽的运放才能用于放大高频信号（否则会衰减到看不到），所以也称为高速（高频就是高速）运放。衡量运放速度还有一个参数"压摆率"（Srew Rate），带宽和压摆率属于运放的同一类指标，高带宽运放的压摆率也相应会很高，反之亦然。

1）如图 4.2.9 所示，同样的反相比例运算电路，选择同一信号源 V_{G1}，将运放替换为 OPA842 高速运放。

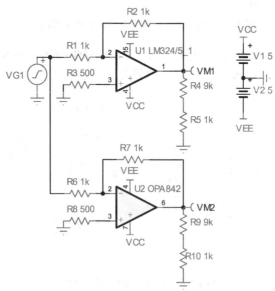

图 4.2.9　压摆率仿真电路

2）图 4.2.10 所示为瞬时现象仿真图（放大细节），压摆率 SR 的单位是 V/μs，即运放的输出电压变化率可以达到每微秒变化多少伏。OPA842 的压摆率高出 LM324 若干数量级，所以 V_{M2} 比 V_{M1} 的输出响应要迅速得多（边沿陡峭）。

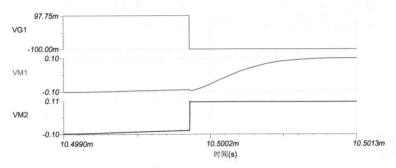

图 4.2.10 压摆率瞬时现象仿真波形

3）查阅芯片说明书，可得 OP842 的 SR 典型值为 250V/μs（增益带宽 GBP 为 400MHz），LM324 的 SR 典型值为 0.4V/μs（增益带宽积 GBP 为 1.3MHz）。增益带宽与压摆率的比值符合相同变化趋势。

为什么压摆率可以用于衡量运放的速度（带宽）？

1）图 4.2.10 中，方波信号的边沿实际包含非常高频的信号（傅里叶分解），如果能放大方波的边沿，实际上也就是能够放大高频信号。

2）方波信号输入低带宽放大电路，典型现象就是输出变成"圆头圆脑"。这可以理解为带宽不够，也可理解为压摆率不够。

3）示波器的探头自检校验信号只需要 1kHz 方波，就可完成探头全带宽补偿设置。能完美再现方波，不管方波的重复频率是多少，都意味着这是高带宽电路（设备）。

4.2.3 输入阻抗与偏置电流

在讲解实际运放输入阻抗与偏置电流参数之前，先来看图 4.2.11 所示电路的仿真。图 4.2.11 是一个衰减隔离电路，常用于示波器的信号调理电路中的第一级。

1）用于衰减的分压电阻 R_1 和 R_2 阻值必须取得很大，因为这样，示波器的探头输入阻抗才能足够高（不影响待测电路）。

2）用于隔离的缓冲器电路采用同相比例运算电路构成，以确保不影响分压电阻的分压比。

3）任何信号调理电路都会降低系统带宽，因此运放的种类选择高速运放 OPA842，尽量减小对带宽的影响。

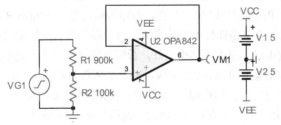

图 4.2.11 衰减隔离电路

图 4.2.11 所示电路的输入信号选择为 1kHz/$2V_{PP}$ 的正弦波，按常理，运放输出应该是 1kHz/$200mV_{PP}$ 的纯交流正弦波，但是瞬时仿真的结果却如图 4.2.12 所示。

1）输出信号 V_{M1} 严重偏离 0V，分离曲线以后，利用指针工具可以得出 V_{M1} 的直流偏移为：

$$\overline{V_{M1}} = \frac{(-1.66)+(-1.85)}{2} = -1.775V \qquad (4.2.1)$$

2）指针工具可直接读出 V_{M1} 的峰峰值为 190.85mV，这也略小于理论值。理论值应该是 1V 幅值信号衰减 10 倍，峰峰值应该为 200mV（峰峰值为幅值的两倍）。

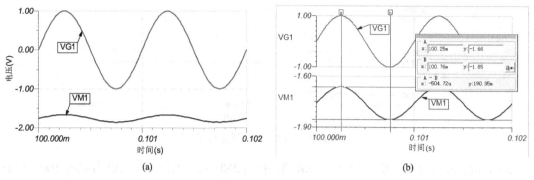

图 4.2.12　衰减隔离电路的瞬时现象仿真

在解释仿真现象之前，先查阅 OPA842 的说明书，"ELECTRICAL CHARACTERISTICS: V = ±5V" 表格的节选部分如图 4.2.13 所示。

PARAMETER	CONDITIONS	OPA842ID, OPA842IDBV						
		TYP	MIN/MAX OVER TEMPERATURE					
		+25℃	+25℃	0℃ to 70℃	-40℃ to +85℃	UNITS	MIN/MAX	TEST LEVE
AC PERFORMANCE(see Fiqure 1) Siew Rate	2V Step	400	300	250	225	V/μs	min	B
DC PERFORMANCE Input Bias Current	V_{CM}=0V	−20	−35	−36	−37	μA	max	A
INPUT	V_{CM}=±1V, Input Referred	95	85	84	82	dB	min	A
Common-Mode Rejection(CMRR) Input impedatnc Differential-Mode Common-Mode	V_{CM}=0V V_{CM}=0V	14∥1 3.1∥1.2				kΩ∥pF MΩ∥pF	typ typ	C C

图 4.2.13　OPA842 在±5V 供电时的电气特性表节选

1）在交流特性（AC PERFORMANCE）栏，可以找到前面提到过的压摆率（Slew Rate）的参数的典型值为 400V/μs，在"最恶劣"的情况下，压摆率为 225V/μs。在说明书中给出极限参数是大厂产品的风范，而一般小厂芯片往往只有典型值，而不敢标示极限值。

2）在直流特性（DC PERFORMANCE）栏，有输入偏置电流（Input Bias Current）参数的典型值为−20μA。输入偏置电流的含义是即使不加载交流信号，晶体管也是需要"预先"导通的，这就是偏置电路的作用。输入偏置电流当然希望越小越好，否则运放就难以认为是虚断的。一般地，双极性晶体管输入级的运放的输入偏置电流在 μA 数量级，FET 晶体管输入的在 pA 至 nA 数量级。

3）在输入（INPUT）栏，可以看到前面提到的共模抑制比（CMRR）。OPA842 的 CMRR 典型值为 95dB，这意味着运放大差模信号的能力是放大共模信号能力的 56 万倍（$10^{95/20}$）。差模信号定义为运放两个输入端信号之差，共模信号定义为运放输入端的平均值。

4）在输入（INPUT）栏，还可以看到输入阻抗（Input Impedance）的参数。输入阻抗包含输入电阻与输入电容。一般地，双极性晶体管输入级的运放的输入阻抗在兆欧数量级，FET 晶体管输入的在千兆欧数量级。

图 4.2.14 所示的仿真异常可以用输入偏置电流和输入阻抗来解释。

1）OPA842 的输入偏置电流的典型值为–20μA，看似很小，但是该电流加载在 100kΩ 的电阻 R_2 上，产生的电压就是–2V。这也就是没有信号输入时，运放同相输入端的实际电压。仿真结果为–1.775V，是基本符合的。

2）OPA842 的输入阻抗数量级为 MΩ，与 100kΩ 的 R_2 并联，会影响并联后的电阻值。所以电阻分压比将会略低于 1:10。

对于示波器第一级信号调理这种用途，隔离运放只能选择高速 FET 输入的运放，比如 OPA659，如图 4.2.14 所示。仿真结果如图 4.2.15 所示，各项指标完美。

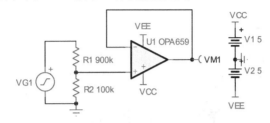

图 4.2.14　改用高速 FET 输入运放的衰减缓冲电路

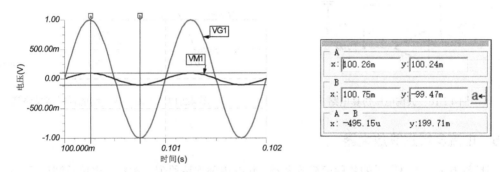

图 4.2.15　高速 FET 输入运放的衰减缓冲电路瞬时现象仿真

1）根据 OPA659 的说明书，输入偏置电流根据温度不同，从最好的±10pA 至最糟糕的 3200pA。这样，在运放输入端产生的偏置电压比使用 OPA842 时要小万倍以上，完全可以忽略。

2）OPA659 的输入阻抗也极高，说明书中的典型值为 $10^{12}\Omega$，与 R_2 并联以后的影响也可以忽略不计。仿真结果也印证结果，输出电压峰峰值为 199.75mV。

3）是不是 FET（场效应晶体管）运放一定比 BJT（双极性晶体管）运放好用呢？OPA842 和 OPA659 的价格差别并不大。OPA659 的输入失调电压要大于 OPA842，这意味着在直流特性方面，FET OP 不如 BJT OP，而且 OPA659 的 CMRR 典型值仅有 70dB，也比 OPA842 差。

4.2.4　失调电压与零漂移放大器

4.2.3 节提到了输入失调电压，本节解释一下这个参数的意义。将运放的输入端都短接（如接地），按理说输出应该是 0V，但实际输出并不是 0。逐渐调节输入端电压，达到压差 V_{OFFSET} 时，输出刚好为 0，这个电压 V_{OFFSET} 就是输入失调电压。失调电流的含义类似，描述的是同一现象。失调电压和失调电流的本质都是运放漂移带来的，只不过人为用了一个定义来量化漂移的程度。

虽说失调电压的定义明确了，但我们还是不明白这个参数的好坏意味着什么。图 4.2.16 所示的仿真可以帮助我们理解失调电压在运放使用中的意义。

1）两种运放都接成了 1000 倍放大，信号源都相同，实际给的是 1mV 的阶跃信号，所以输出电压应该为 1V 的直流电压。

2）OPA659 是高速放大器，LMP2021 是零漂移（Zero Drift）精密放大器。

3）图 4.2.17 所示的仿真结果表明，LMP2021 的输出为精确的 1V，而 OPA659 的输出则在 1.3V 左右（实际情况会更糟糕），这就是漂移带来的影响。

4）一般放大器会外接调零电路来补偿漂移，而零漂移（Zero Drift）放大器内部采用了自校准电路来实现这一功能。零漂移不仅指的是输入失调电压极小，同时它的温度漂移也远小于普通运放。

5）进一步考查图 4.2.17 所示的仿真图，可以看到 OPA659 高速放大器的压摆率（SR）要远大于 LMP2021，所以电压建立的速度才能这么快，这也是高速运放的"高速"本质。

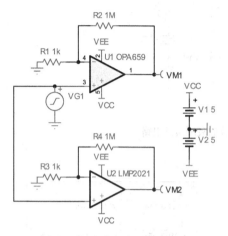

图 4.2.16　失调电压仿真电路

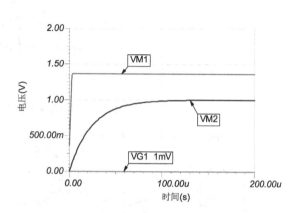

图 4.2.17　失调电压电路的瞬时现象仿真

4.2.5　电流反馈运算放大器

到目前为止，本书所讲的各种运算放大器，包括内部构造原理，都指是电压反馈型运算放大器（Voltage Feed Back，VFB）。实际上还有一大类特殊构造的电流反馈型运算放大器（Current Feed Back，CFB），它们在原理上不受增益带宽积（GBW）的束缚，专门用于高速放大场合。有关两种放大器的 GBW 理论可自行网络搜索。

相比 VFB，CFB 型 OP 在使用时有一些特殊注意事项。当结论记下即可，当发生问题时，再具体查找解决方案：

1）CFB 运放的基本运算放大计算公式与 VFB 是一样的。

2）CFB 运放的同相反相端电路结构不对称，反相输入端阻抗比较低。例如，OPA691 的同相输入端阻抗为 100kΩ，反相端阻抗仅为 35Ω。由于输入结构就不对称，所以输入电阻也无须匹配。

3）CFB 运放电路中，反馈电容 C_F 是不允许存在的，会引发剧烈振荡，所以 CFB 运放不能做积分器，也不能像 VFB 那样通过 C_F 来消除振荡。

4）CFB 运放的性能和稳定性与 R_F 密切相关，取值应参照芯片说明书。减小 R_F 可获得更大带宽，但是 R_F 过小会发生振荡。同理，CFB 运放不能做缓冲器（$R_F=0$）。

4.3　特殊运算放大器

只有运放是无法实现放大功能的，放大电路还需要外接电阻、电容或其他元器件。将这些外部元器件和运放集成在一起，可以简化应用或提高性能，这就构成了一些特殊的放大器。本节将介绍几类特殊放大器。

4.3.1 差分放大器

差分放大器无须外部电阻，可以直接构成减法电路，将两个信号的差值放大特定倍数。4.1.4 节介绍了由运放搭配电阻构成的减法电路。在图 4.3.1 所示的电路中：

1）根据虚短原则和叠加原理，输入/输出电压关系为：

$$u_{I2}\frac{R_3}{R_2+R_3}=u_{I1}\frac{R_F}{R_1+R_F}+u_O\frac{R_1}{R_1+R_F} \tag{4.3.1}$$

2）当关系式 $R_1\times R_3=R_2\times R_F$ 精确成立时，输出电压的关系式可简化为式（4.3.2），输出电压为 1V。

$$u_O=\frac{R_F}{R_1}(u_{I2}-u_{I1})=100(u_{I2}-u_{I1})=100\times0.01=1 \tag{4.3.2}$$

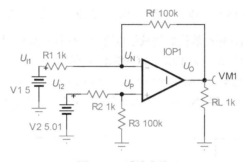

图 4.3.1 减法电路

3）电阻是有精度的，$R_1\times R_3=R_2\times R_F$ 其实很难精确成立。假设其他电阻值均为完全精确，只有电阻 R_1 的精度为 5%，则可以通过直流传输特性仿真来观察现象。

4）图 4.3.2 所示为将电阻 R_1 值设定为 950～1050Ω 时的直流特性仿真图，输出电压不再恒定为 1V，范围是 800mV～1.2V。

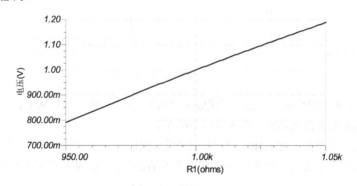

图 4.3.2 减法运算电路的直流传输特性仿真

5）如图 4.3.3 所示，改变输入信号的共模电压（从 5.005V 改为约 2.005V），保持差模输入信号仍为 0.01V，直流传输特性仿真图发生了变化，这回输出电压范围为 950mV～1.05V。

6）图 4.3.2 和图 4.3.3 的对比，表明"减法"电路不仅放大了差模信号，而且放大了共模信号。而仿真所用的可是理想运放，即运放本身的 CMRR 是无穷的。对式（4.3.1）整理可以得到式（4.3.3），即通常情况下（不满足 $R_1\times R_3=R_2\times R_F$），输出信号与输入信号的差值不是成正比的。

$$u_O = u_{I2} \frac{R_3}{R_2 + R_3} \cdot \left(\frac{R_1 + R_F}{R_1} \right) - u_{I1} \frac{R_F}{R_1} \qquad (4.3.3)$$

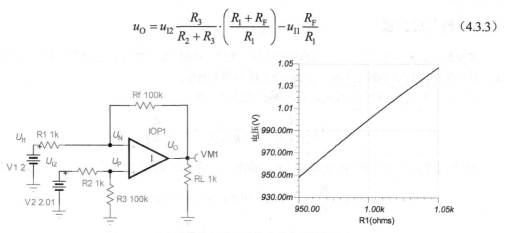

图 4.3.3　改变共模输入电压时的直流传输特性仿真

7）在图 4.3.1 所示的由理想运放构成的减法电路中，任何一只电阻有 0.1% 的误差，减法电路总 CMRR 将下降到 66dB，若电阻误差为 1%，总 CMRR 将下降到 46dB。

差分放大器将减法电路的 4 只电阻集成到运放内部，利用激光微调等技术将阻值教调到极高精度。

1）图 4.3.4 所示为差分放大器 INA143 的原理图。INA143 内部集成了 4 个电阻，构成 10 倍放大选项。

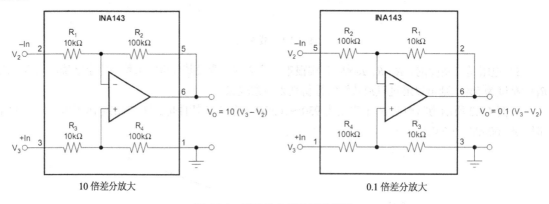

图 4.3.4　差分放大器的两种接法

2）由于电阻结构是对称的，所以可以接成 10 倍差分放大，也可以接成 0.1 倍差分放大。当然，不能再外接电阻接成其他放大倍数，否则就前功尽弃了。

特别注意的是，差分放大器的输入信号必须是低内阻信号，因为信号源内阻与差分放大器内部集成的电阻的地位是完全平等的。图 4.3.5 所示的仿真很容易理解高内阻信号对差分电路的影响。

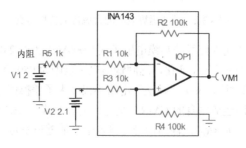

图 4.3.5　信号源内阻对差分放大电路的影响

1）R_1 虽然是精确的，但是输入信号的内阻 R_5 的地位与 R_1 没有任何区别，等效为 R_1 的精度误差。

2）图 4.3.6 所示的仿真图体现了内阻的影响，如果信号源内阻达到了 1kΩ，那么差不多能影响 8% 的输出电压，如果信号源内阻为 10Ω，则影响小于 1‰输出电压。

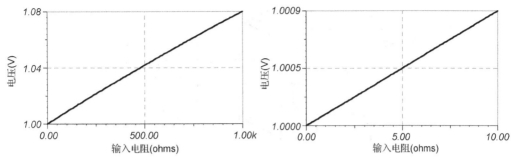

图 4.3.6　信号不同内阻对差分电路的影响

4.3.2　仪表放大器

前面讲过，差分放大器无法处理高内阻信号，而且放大倍数也受限制。

1）对差分放大器无法处理高内阻信号的改进基本思路，就是将输入端用缓冲器加以隔离，如图 4.3.7 所示。

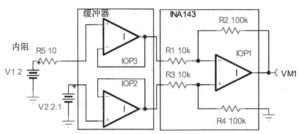

图 4.3.7　带输入缓冲器的差分放大电路

2）对图 4.3.7 进行仿真，信号源内阻 R_5 的值从 0Ω 变化到 10kΩ，观察直流传输特性，波形如图 4.3.8 所示。结果表明，缓冲器完美地解决了输入/输出阻抗问题，在电路中起到"有病治病，无病强身"的效果。

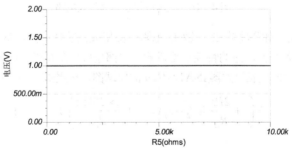

图 4.3.8　带输入缓冲器的差分放大器直流传输特性仿真

对于差分放大器电压放大倍数的解决思路也可以依靠缓冲器。

1）如果将放大功能放在缓冲器环节（同相比例运算电路），则图 4.3.7 所示电路可改写为图 4.3.9 所示的电路。添加 R_6、R_7、R_8、R_9 用于改变放大倍数。电路的放大倍数为：

$$u_O = \left(1 + \frac{R_6}{R_8}\right)(V_2 - V_1) \tag{4.3.4}$$

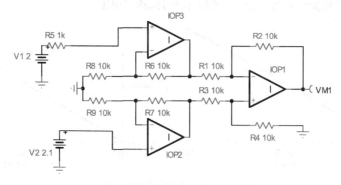

图 4.3.9　改为同相比例运算隔离输入的差分放大电路

2）进一步地，由于电路对称，R_8 和 R_9 中间的接地可以省略，R_8 和 R_9 合并为一个电阻 R_G，就成为传说中的仪表放大电路了。改进后的电路如图 4.3.10 所示，电路的放大倍数为：

$$u_O = \left(1 + \frac{R_6}{\frac{R_G}{2}}\right)(V_2 - V_1) = \left(1 + \frac{2R_6}{R_G}\right)(V_2 - V_1) \tag{4.3.5}$$

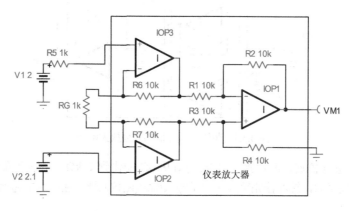

图 4.3.10　三运放仪表运算放大电路

3）式（4.3.5）表明，如果将除 R_G 以外的电阻全部集成到芯片内部，就可以只改变 R_G 来调节电路的放大倍数，减法（差分）电路的特性不受影响（内部集成电阻精度极高）。

图 4.3.11 所示为三运放仪表放大器 INA128/129 的原理图，按照式（4.3.5）推导，可得放大倍数为：

$$u_O = \left(1 + \frac{2R_6}{R_G}\right)(V_2 - V_1) = \left(1 + \frac{2 \times 25k\Omega}{R_G}\right)(V_{IN}^+ - V_{IN}^-) \tag{4.3.6}$$

$$G = \frac{u_O}{V_{IN}^+ - V_{IN}^-} = 1 + \frac{50k\Omega}{R_G} \tag{4.3.7}$$

注：INA129 的放大倍数是为了兼容 ADI 公司 AD620。

仪表放大器解决了差分放大器输入阻抗不够高、放大倍数不能调两个缺点，但同时也将差分放大器的一个优点改没了，那就是差分放大器可以输入比运放高得多的信号电压。

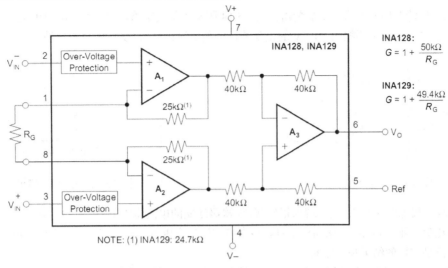

图 4.3.11　INA12x 系列仪表放大器的原理图

1）在图 4.3.12 所示的电路中，输入差分电压实际是 100V 和 120V，几乎很难找到供电电压如此高的运放，所以显然也没有适用的仪表放大器可以胜任。

2）使用差分放大器可以解决这个问题，实际信号到达差分放大器内部 OP$_1$ 的输入端时，电压已经下降到差不多 9V。仿真结果验证了结论，输出电压为–2V。

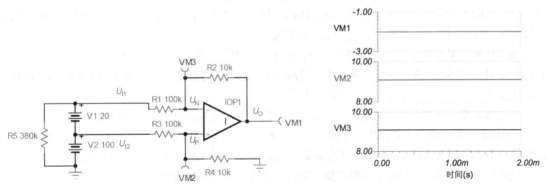

图 4.3.12　差分放大器用于高电压检测

4.3.3　电流检测放大器

在实际应用中，经常需要检测电流的大小。电压检测可以很容易地用分压电阻的方法得到，但是电流的检测方法却要复杂一些。通常有两大类方法检测电流，隔离或不隔离。

对于工频正弦交流电，可以采用电流互感器进行隔离检测，利用变压器原理将原边电流折算到副边，使用电流互感器有几个注意事项。

1）图 4.3.13 所示为不同规格大小的电流互感器，待测电流导线穿过互感器中心，相当于是变压器的初级，一般只有一匝（也可导线多次穿心变多匝），副边则有多匝。

2）互感器的参数不标匝数比，而是标类似 100A:1A。变压器电流比等于电压比（匝数比）的反比，"100A:1A"还给出了额定电流的参数。特别小的电流互感器也采用实心结构，相当于把穿心导线提前做进去了，直接引出接头或引脚使用。

3）切记电流互感器的次级不能断路。图 4.3.14 所示的仿真电路，次级所接电阻用 1MΩ 电阻来模拟断路情况。V_{G1} 电压采用幅值 1000V 的正弦波，待测电流正好为 100A 幅值正弦波。

图 4.3.13　电流互感器

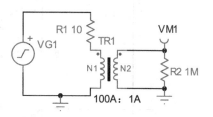

图 4.3.14　互感器测量电流

4）仿真结果如图 4.3.15 所示。现象很好解释，次级线圈的电流将为 1A 幅值的电流，乘以电阻 1MΩ 的 R_2，电压值可不就是 10 万伏高压了吗？仿真中使用的变压器是理想变压器，实际中电压未必能到 10 万伏，但是定性的结果是类似的。

5）图 4.3.14 电路所犯的错误来源于我们长期以来对电流源和电压源概念的混乱认识上。电压源不能短路，电流源不能开路，电压源常见，而电流源不常见。电流互感器的输出端在任何时候都应该并联上电阻或导线，以免意外产生高压带来危险和损坏。

6）使用电流互感器还有一个注意事项，就是图 4.3.14 中电阻 R_2 的功率问题。通常电路都无须计算电阻的功耗是否符合要求，但是电流互感器所用的电阻往往都是需要仔细计算发热功率的。

7）具体就是，根据信号要求调节阻值 R_2，获取足够幅值的测量电压。比如，希望待测电流 100A 对应测量电压 5V，就可以将 R_2 设定为 5Ω。然后用 I^2R 算出电阻的额定功率为 5W（次级额定电流 1A），一般功率电阻留一倍安全裕量，取 5Ω/10W 功率电阻。

如果待测信号是直流或非工频正弦交流，则不能使用互感器（市售互感器仅针对工频设计）。这时可以采用价格昂贵的霍尔电流传感器进行隔离测量（霍尔传感器的知识可以自行科普），也可以用交直流任意波形通杀的"分流器"进行非隔离测量。

分流器本质上就是个检流电阻，但随便一个电阻是不能充当检流电阻使用的。

1）检流电阻串联在主电路中，电流很大，必然发热。由于使用过程中不会再去测量电阻值，所以检流电阻的阻值必须稳定，也就是不能随温度显著变化。图 4.3.16 所示为大功率分流器，黑色部分是一般是用康铜材料，缺口用于调整阻值，银白部分为紫铜镀锌材质的接头。

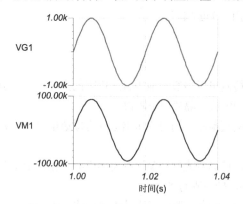

图 4.3.15　电流互感器次级开路高压仿真

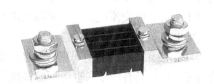

图 4.3.16　大功率分流器

2）检流电阻的阻值一般都很小，所产生的压降不能影响主电路。分流器的一般标准是××A/75mV，也就是达到额定电流时，压降为75mV。除了可直接接指针类仪表外，对分流器信号采样前需要放大。

　　3）在数安培以内的小功率应用场合，也常用毫欧级的专用功率电阻进行检测电流，这类电阻需是无感电阻，一般为针插或贴片封装，便于安装在PCB电路板上。

　　无论是大功率分流器，还是小型检流电阻，出于少影响待测电路的目的，它们产生的电压都很小，需要进一步放大。放大电路的基本接法有两大类，低侧电流检测和高侧电流检测。先来说低侧电流检测法。

　　1）如图4.3.17所示，负载R_L的"下方"有一个检流电阻R_1，只需测量R_1上端电压，即可检测电流。

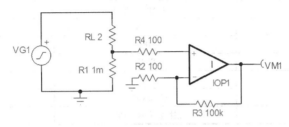

图 4.3.17　低侧电流检测电路

　　2）使用运放同相比例运算电路将R_1上的电压信号放大1000倍，输出电压为V_{M1}。仿真运行结果如图4.3.18所示。主电流的幅值约为500mA，R_1上电压幅值约为500μV，经放大后得到了500mV的方波电压。

　　使用低侧电流检测电路仅需普通运放，成本低，但是是有适用条件的。

　　1）如图4.3.17所示，负载R_L不再是共地输出。对于一些负载还有后续处理电路的场合，是要求输出信号共地的。无须共地的负载一般都是终端负载，如蜂鸣器、扬声器、电机、灯等用电器。

　　2）特别地，对于电机等非线性、强干扰负载，低侧电流检测并不适用。如图4.3.17所示，低侧电流检测的基本原理是认为R_1"下端"电压为0，所以才只需检测R_1上端电压的值。

　　3）对于电机等负载，主回路的地线应视为"功率地"，它与运放所在的"模拟地"之间需要"隔离"，两个"地"本身就会有电压差，所以，只检测R_1单端电压是不够的。

　　专用电流检测放大器的原理如图4.3.19所示。

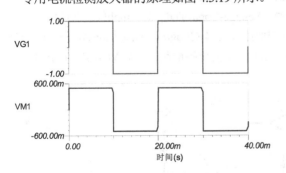

图 4.3.18　低侧电流检测仿真

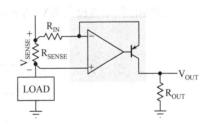

图 4.3.19　电流检测放大器原理

　　1）通过电阻和高耐压晶体管将V_{SENSE}转变成电流信号进行输出，或再接R_{OUT}转变成电压输出。

　　2）图4.3.19的输入/输出关系式很容易推导：

$$I_{OUT} = I_{R_{IN}} = \frac{V_{SENSE}}{R_{IN}} \qquad (4.3.8)$$

$$V_{\text{OUT}} = I_{\text{OUT}} \cdot R_{\text{OUT}} \tag{4.3.9}$$

基于差分原理的高侧电流检测适用于所有检流应用。但究竟是选择差分放大器、仪表放大器，还是电流检测放大器呢？高侧检流电阻的（共模）电压一般比较高，无法使用仪表放大器。

差分放大器和电流检测放大器的主要对比如表 4.3.1 所示。电流检测放大器几乎在各个性能指标上都优于差分放大器，特别是速度和增益可调方面。

表 4.3.1　差分放大器与电流检测放大器的对比

特点	电流检测放大器	差分放大器
速度	快，可测量瞬时电流	慢适合测量平均电流
增益	可调	固定
CMRR（DC）	>100dB	80dB
CMRR（PWM）	80dB	80dB
输入级漏电流	低	分压网络导致漏电流大
外部滤波器	输入级之后	输入级前后均可
输入过压	损坏输入级晶体管	分压网络在前，危害小

不仅是基于电流输出的电流检测放大器的速度快，将来我们还会发现，电流输出型的 DAC 也快于电压型的 DAC。为什么"电流"的速度要快于"电压"？

1）限制"电压"速度的是电容，限制电流速度的是"电感"，这是完全对偶的，所以滤波电路可以是电容滤波或电感滤波。

2）但是现实中，电容远比电感容易"获取"，所以一般情况下都用电容滤波。

3）同理，"寄生"电容也比"寄生"电感大得多，所以"电流"速度比"电压"速度快。

4.3.4　可变增益放大器

在模数转换的应用中，如果信号的动态范围很宽（幅值忽大忽小），那么 ADC 的采样精度（位数）将无法适应要求。这时就必须对信号进行可变增益放大后，再进入 ADC 采样。

1）对微弱信号大增益放大，以达到"满量程"使用 ADC 位数的目的。

2）对高幅值信号采用小增益放大，防止超出 ADC 基准的范围。

3）增益由电压控制的，称为压控增益放大器（Voltage-Controlled gain Amplifier，VCA）。

4）增益由 MCU 进行数字化控制的，称为程控增益放大器（Programmable Gain Amplifier，PGA）。

首先介绍压控增益放大器 VCA 的使用，图 4.3.20 所示为压控增益放大器 VCA610 的电路。

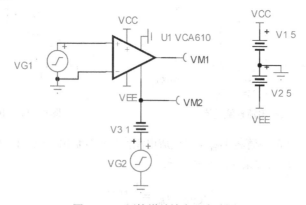

图 4.3.20　压控增益放大器电路图

1）VCA610 的增益范围为–40dB～40dB，即可以缩小或放大 100 倍。

2）控制电压 VM2 的范围为 0～–2V，0V 对应增益–40dB，–2V 对应增益 40dB，按 dB/V 线性控制。进一步地，1V 对应 0dB（1 倍放大），–0.5V 对应–20dB（0.1 倍放大），1.5V 对应 20dB（10 倍放大）。

3）图 4.3.21 所示为瞬时现象仿真图，输入信号 V_{G1} 幅值为 10mV。250～500μs 时间段，幅值缩小部分已难以看清。750μs 对应的控制电压为–2V，信号放大到 1V。

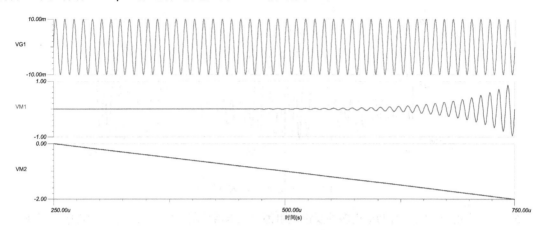

图 4.3.21　压控增益放大器瞬时现象仿真图

4）使用压控增益放大器需要特别注意压控端信号的稳定可靠，需引入必要的滤波电路。

压控增益放大器基本上都是负压控制，如果需要用 MCU+DAC 的方法来实现程控，产生负压信号是个问题。

1）如果 DAC 的种类是可输出负压的，比如 R-2R 型（本身就要搭配运放），则正常输出负压控制 VCA 即可。

2）如果 DCA 输出是单极性的，比如 R-String 型，则也需要后接运放构成的反相器（或负压平移电路）实现压控。

程控增益放大器 PGA 的使用则要简单一些，一般在几个程控引脚给上高低电平，即可控制增益。相比 VCA，PGA 的普遍带宽不够大，而且也并不便宜。

图 4.3.22 所示的普通运算放大电路在一些场合可作为 PGA 来使用。

1）改变反馈电阻 R_F（R3 和 R4 位置的电阻），可以调整增益。

2）通过机械继电器、光耦继电器或模拟开关芯片来切换 R_F。

3）使用机械继电器的好处是不会插入额外电阻，R_F 阻值精确，而且带宽极高。

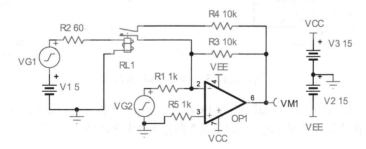

图 4.3.22　程控增益放大器

4）图 4.3.22 的仿真中，V_{G1} 周期性地控制继电器 R_{L1} 的开合，这样一来反馈电阻 R_F 的阻值 5kΩ/10kΩ 周期性切换，放大倍数也就 5 倍/10 倍切换了。图 4.3.23 所示为瞬时现象仿真图，V_{G2} 为输入信号，V_{M1} 为输出信号。

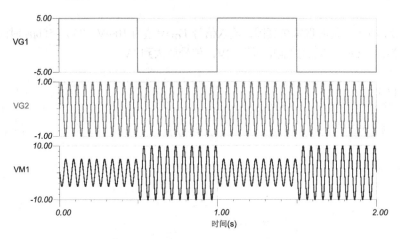

图 4.3.23　程控增益放大器仿真

5）实际应用中，R_3、R_4 乃至更多的反馈电阻都由继电器控制，可以按一定规律排成"阵列"。采用普通运放加开关的方式获得程控增益的方式，有优点也有缺点：

1）优点是精度高，而且可以使用高速放大器获得高带宽；

2）缺点是不能获得太多程控挡位，如果使用继电器作为开关，增益切换速度会比较慢。

4.3.5　电压频率转换器

如图 4.3.24 所示，经典的 555 定时器可以构成压控振荡器（Voltage Controlled Oscillator，VCO），但是一般的压控振荡器的电压频率的线性度不好，只能用做锁相环（PLL）/锁频环（FLL）用途。精密压频转换器 LM331（Voltage Frequency Converter，VFC），可以在 100kHz 内达到 0.1% 的线性度，这类 VFC 可以作为 ADC 用途。

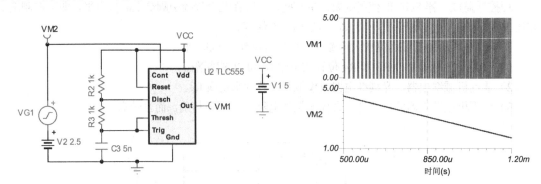

图 4.3.24　555 构成的压控振荡器

为什么要将电压转换成频率？原因可能很多，这里给出一种信号传输方面的应用。

1）当传感器距离处理器非常远，路途中又艰险重重（电磁环境恶劣）时，传输模拟电压信号无疑是不明智的。

2）在传感器端将模拟电压信号转换为频率信号再进行传输，则传的是数字信号。

3）比起数字总线通信的方式，VFC 方式的通信速率要慢，但是抗干扰能力要强得多，也不存在误码率、数据校验等问题。

4.3.6　隔离放大器

当待测信号的电位（注意是电位，不是电压）达到数百乃至数千伏时，无论是差分放大器还是电流检测放大器，都将不堪一击。

隔离放大器是专门用于高压场合的放大器，图 4.3.25 所示的隔离放大器原理图非常形象地把经典放大器的三角符号分割成了左右两级电路。

1）左边的前级电路是高压信号输入端（主电路），电路总是需要供电的，所以 V_{S1} 和 GND_1 的电位也是高压。

2）右边的后级电路是低压信号输出端（控制电压），低压部分需要单独供电，V_{S2} 和 GND_2 与前级的电源完全隔离独立。

3）为避免主电路高压传递到控制电路，隔离放大器没有反馈电阻，而是用变压器或光耦将信号传递到后级，固定电压比例。隔离放大器 ISO130 采用光耦隔离方案，通过图 4.3.26 可估读出 ISO130 的放大倍数为 8 倍。

4）利用变压器和光耦来传递模拟信号实际是很困难的，即使精心设计，其精度也和普通运放调理电路相去甚

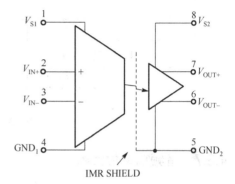

图 4.3.25　ISO130 隔离放大器原理图

远。图 4.3.26 所示的正弦波和方波信号都不完美，但是变压器和光耦却能提供前后之间少则数千、多达上万伏特的绝缘耐压。

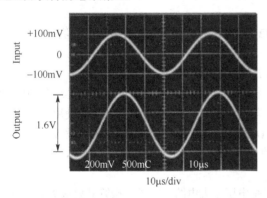

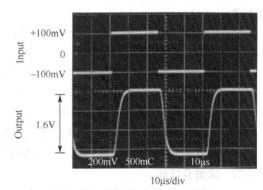

图 4.3.26　ISO130 输入输出特性曲线

如图 4.3.27 所示，使用隔离放大器时，需要充分考虑芯片的供电系统耐压值。

1）很多初学者刚接触电气隔离时，都会认为只要加了光耦，就隔离得很妥当了。实际电气隔离远不是一个光耦或变压器这么简单，真正隔离的难度在于芯片供电电源的隔离。

2）除非使用电池供电，否则电气隔离芯片前后级电源的最终来源还是 V_{G1} 所示意的 220V/50Hz 市电。

3）VM_1 所示为高压的主电路，它与 VCC_1 和 GND_1 有电气连接，因此电位差不多（差不了几伏）。

4）VM_3 所示的电压探测点与控制电路相连，VCC_2 和 GND_2 的电位与控制电路差不多。

5）两套电源分别来源于变压器 TR_1 和 TR_2 的次级，显然次级线圈之间可能会有高达数千伏的高

压。两个 N_2 次级线圈在图中看似隔得很远，但是变压器 TR_1 和 TR_2 的初级线圈 N_1 却是电气相连的，这意味着变压器的初次级线圈的耐压要扛得住几千伏。

6）电气隔离的最终实质是电源隔离，无论用上多高级的光耦，最后还都要用到变压器。

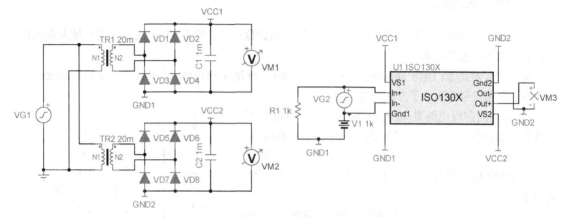

图 4.3.27   隔离放大器的供电系统

4.3.7   音频功率放大器

网上有句名言"单反穷三代，音响毁一生"（或者反过来说），这说明人作为世界的主宰，对于自己的感官（视听）享受的追求是无止尽的。本节内容的前半部分将科普音响中的功放电路原理，后半部分介绍"普通"集成音频放大器。

音频放大器又叫功放，功放这个词想必都不陌生，但知道功放分前（级功）放、后（级功）放的就不多了。

1）扬声器负载的阻抗很低，标准扬声器只有 4Ω 和 8Ω 两种规格，如果没有输出电阻（内阻）极小的放大电路，是无法驱动的。

2）由于扬声器实在"很难驱动"，所以后级功放的目的是获得极小的输出阻抗。

3）实现这一目的的电路在前面学过，基于射随电路（共集放大）的甲（A）类放大、乙（B）类放大、甲乙（AB）类放大，还有基于开关电路的 D 类放大电路都可以充当"后放"来使用。

4）高品质的"后放"多为低效率的甲类放大，D 类放大电路用于电池供电的便携设备。

扬声器除了能发出声响，我们还希望调节音量的大小，"后放"并不能实现这一功能，这时就需要"前放"来调节音量。

1）音量的调节其实就是电压幅值的调节，也就是电压放大电路。基于三极管共射放大的运放电路可以实现这一目的，修改反馈电阻 R_F 就可以改变音量了。

2）用于前级的高性能音频运放的噪声和总谐波失真非常低（有的产品 THD 低至 0.00003%），通常为"金封"或"陶瓷封装"。常用的有 OPA627、OPA2111、LME49720NA、LM4562、LM4702、NE5532、AD827、LT1057。

此外对于如何不失真地调节 R_F 可非常讲究，高质量音频信号的数控调节其实是一个非常复杂的问题，因为数字元器件引入的非线性误差将极大地影响音质。

1）比较专业的方案是采用专门的数控扩音器前置放大器，如 TI 公司的 PGA2500，约 10 美元一片。

2）更专业的方案是采用数字控制电机带动高精度机械电位器的方法，如 ALPS 公司推出的系列马达电位器，几十到几百元人民币不等，如图 4.3.28 所示。

3）为了减小普通机械电位器的滑动磨损和长期使用后接触不良，顶级的调音电位器的构造是做成类似编码器的构造，从小到大，多个精密电阻一端相连，另一段做成触点形式，调音时公共触点分别与电阻触点接触，从而实现不同阻值的选择，这些触点都是银质镀金构造的。这种电位器典型的有丹麦 DACT 24 级步进式电位器，价格在千元人民币左右，如图 4.3.29 所示。

图 4.3.28　马达电位器

图 4.3.29　步进式电位器

4）特别指出的是，调音电位器的阻值不是线性变化的，而是对数型的，因为人耳在分辨音量时，音强增强 10 倍，人的感觉仅大了一倍。

前放后放做在一起的功放称为"合并机"。现代功放中还可以见到电子管电路构成的，称为"胆机"，如图 4.3.30 所示。前述的晶体管放大电路则称为"石机"，混合两种器件的则称为"胆石"结合。

当然，如果不追求音质，很多廉价的音频功放芯片也可以同时实现前放和后放功能。图 4.3.31 所示为桥式推挽（BTL）拓扑的 TPA301 原理框图。

图 4.3.30　电子管合并功放

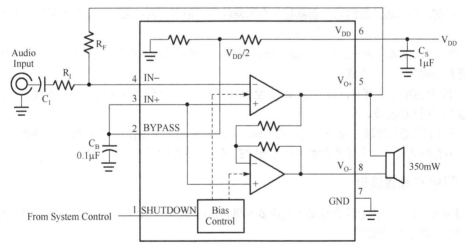

图 4.3.31　TPA301 单声道音频功率放大器

1）BTL 电路的本质还是乙类（甲乙类）放大电路，只不过为了避免使用耦合电容、避免双电源供电，才引入两个乙类放大电路构成桥式推挽。

2）在图 4.3.32 所示的 BTL 电路原理图中，上下两个推挽电路代表 TPA301 中的两个运放（普通运放的最后一级都是推挽电路）。由于单电源供电，运放的输出不能是负值。

3）两个运放输入信号错开 180°相位，则加载在 R_L（扬声器）两端的电压就是纯交流，幅值为单个运放输出的两倍，这就是 BTL 实现单电源供电交流输出的原理。

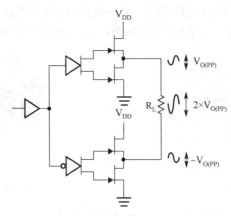

图 4.3.32　BTL 电路原理图

4）根据图 4.3.31 所示的原理图，TPA301 中的运放构成反相比例运算电路，反馈电阻为 R_F，因此"前级"的放大倍数为：

$$A = -2\frac{R_F}{R_1} \tag{4.3.10}$$

4.4　有源滤波器

如 2.4 节所述，无源滤波器的负载也构成滤波器的一部分，所以会导致截止频率的偏移。出于隔离负载的目的，引入运放后的滤波器就称为有源滤波器。值得一提的是，并非所有场合都适用有源滤波器。

1）当对滤波器截止频率没有严格要求时，例如，仅仅是滤除一些高频毛刺干扰，使用 RC 或 LC 滤波显然要结构简单、成本低。

2）当信号频率非常高时，如几百 MHz 至 GHz 时，高带宽的运放不仅数量稀少而且价格昂贵，此时一般都采用 LC 滤波。

3）不对信号进行滤波，而是对电源滤波时，考虑到效率，不能使用运放滤波。一般用 LC 滤波，或者用电力有源滤波（属于开关电路，并非通常意义的运放有源滤波器）。

4.4.1　简单有源滤波器

如图 4.4.1 所示，在无源滤波器（无论多少级）最后输出时用运放隔离，使得滤波器不受负载影响，就构成了简单有源滤波器。

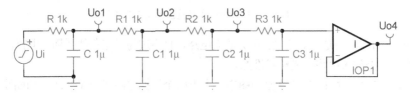

图 4.4.1　简单 4 阶有源低通滤波器

对图 4.4.1 中各级输出进行交流传输特性仿真，得到图 4.4.2 所示的幅频相频特性曲线。

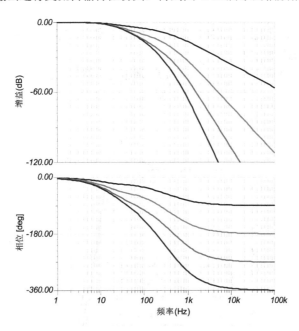

图 4.4.2　4 阶低通滤波器的幅频相频特性曲线

以低通滤波器为例，理想滤波器虽然做不到在截止频率处信号就"戛然而止"，但是"选择性好"的滤波器会尽量做到截止频率之前信号衰减尽量小，而截止频率后尽快以理论斜率衰减。

图 4.4.3 所示的普通滤波器在截止频率之前就有明显衰减，而截止频率之后衰减又不迅速。"选择性差"在理论计算上表现为低 Q 值。

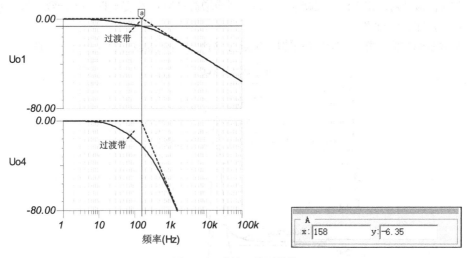

图 4.4.3　滤波器的过渡带

"复杂"有源滤波器电路（Sallen-Key 和 MFB 拓扑）可以调整 Q 值，最终构成贝塞尔、巴特沃斯、切比雪夫等不同 Q 值的滤波器（响应）类型。

图 4.4.4 所示为三种滤波器的幅频特性曲线。

1）贝塞尔滤波器的 Q 值最低（图中为 0.58），因此（频率）选择性差，要达到相同的滤波效果需要更高阶滤波器。

2）切比雪夫 Q 值最高（图中为 1.305），在过渡带衰减快，（频率）选择性最好，但是其幅频曲线有过冲，不如其他两种滤波器平坦。

3）巴特沃斯滤波器 Q 值适中（图中为 0.71），通带内增益最平坦，各方面特性比较均衡。

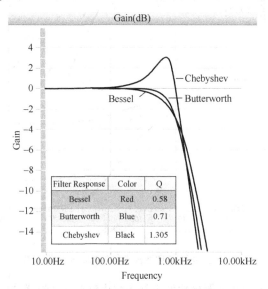

图 4.4.4　三种滤波响应的幅频特性曲线

图 4.4.5 所示为三种滤波器的群延时特性曲线。

1）所谓群延时，简单说就是一群信号同时进滤波器，还能不能同时出滤波器。

2）如果滤波器对通带内信号衰减幅度一致（通带增益平坦），但是延时却不一致，那么滤波器的输出信号也将"面目全非"。

3）贝塞尔滤波器的群延时特性最平坦（优点），适用于音频滤波场合（声音不变调）。

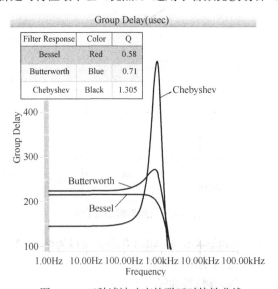

图 4.4.5　三种滤波响应的群延时特性曲线

图 4.4.6 所示为三种滤波器的阶跃特性曲线。

1）当滤波器输入"突变"信号时，滤波器会不会出现过冲（振铃），要花多长时间恢复稳定，这就是阶跃响应。显然，希望没有过冲且尽量快达到稳定。

2）DAC 的输出信号可视为阶跃信号，高频干扰信号也可视为阶跃信号。这两种信号对于滤波器的（频率）选择性要求不高。

3）贝塞尔滤波器的阶跃响应无过冲，这一优点适合作为 DAC 输出端低通滤波器和 ADC 输入端的抗混叠低通滤波器（主要滤除高频干扰）。

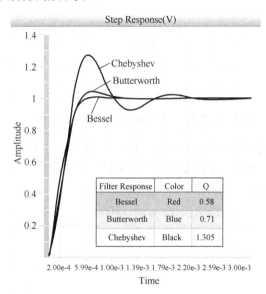

图 4.4.6　三种滤波响应的阶跃特性曲线

4.4.2　有源滤波器设计软件

滤波器的设计非常博大精深，最简单的方法是利用各种滤波器设计软件进行辅助设计。这里简要介绍如何用 TI 的 WEBENCH 在线软件辅助设计有源滤波器。WEBENCH 是原美国国家半导体（已被 TI 收购）推出的一款功能非常强大的在线设计和仿真工具，可以对电源、LED、放大器、滤波器、音频、接口、无线及信号路径进行设计与仿真。

1）如图 4.4.7 所示，在 TI 中国主页中，注册/登录 my.TI 账户，这个免费账户可以用来下载使用 TI 软件，申请免费 TI 样片等。

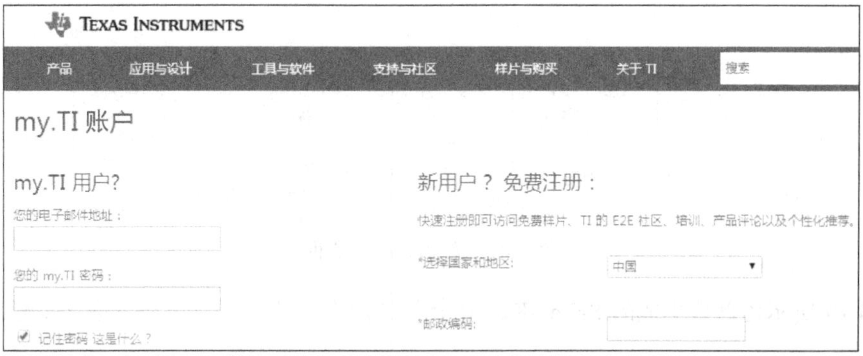

图 4.4.7　登录/注册 TI 账户

2）在 TI 主页中，找到 WEBENCH Designer 在线设计软件，以用途最广泛的低通滤波器为例，选中 Filter Type→Lowpass，并单击"开始设计"。

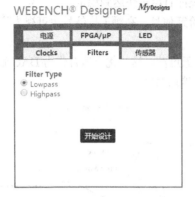

图 4.4.8　WEBENCH Designer 在线设计软件入口

3）参考图 4.4.9，在滤波器设计界面中有非常丰富的选项。如果想自行指定滤波器的阶数，则选择"Pick Filter Response"，例如，选择截止频率为 1000Hz 的二级巴特沃斯滤波器，单电源 5V 供电。单击 Select 可继续下一步设计。

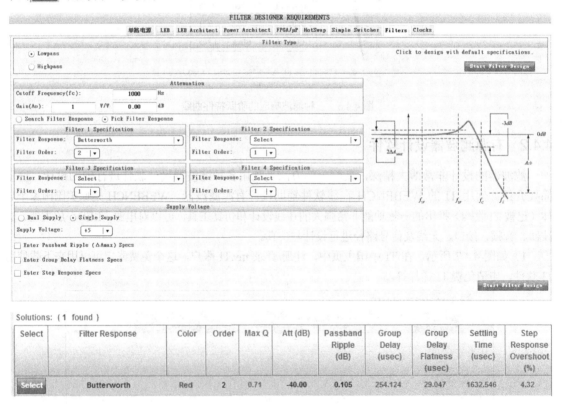

图 4.4.9　滤波器设计界面

图 4.4.10 所示为默认生成的 Sallen-Key 拓扑的二阶有源滤波器，可通过进一步修改更新默认设计。

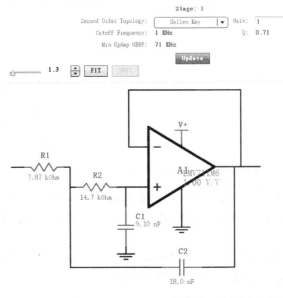

图 4.4.10　Sallen-Key 拓扑的二阶有源滤波器原理图

1）如图 4.4.11 所示，可在电路体积、成本、敏感性方面改变推荐设计的策略，在滤波器设计中就会选择不同的运放。

2）图 4.4.12 所示为运放种类，可直接更改。注意，运放供电为 5V 单电源，这是按实验板有源滤波器（位于超声波模块）的实际供电决定的。

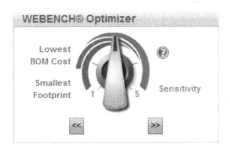

图 4.4.11　推荐设计选项

图 4.4.12　运放和供电选项

3）图 4.4.13 所示可选择电路的拓扑和无源器件的精度，更改后可以单击 Update 更新电路图。

4）如图 4.4.14 所示，可以修改滤波器的响应，提供贝塞尔、巴特沃斯、切比雪夫等几个选项，还可以修改滤波器的阶数。

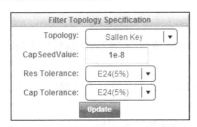

图 4.4.13　电路拓扑和无源器件精度选项

图 4.4.14　滤波器响应和阶数修改

5）图 4.4.15 所示为元器件清单（BOM 表），可以详细查看器件的型号厂家和参考价格。

Bill of Materials							
Part ▲	Manufacturer	Part Number	Price	Value	Footprint	Top Vie	Edit
A1	Texas Instruments	LMV711M6 (Single de...	$0.60 Per Channel:$0.60	N/A	14.0 mm²		Select Alternate Part
C1	MuRata	GRM2195C1H912JA0...	$0.06	9.100nF	6.75 mm²		Select Alternate Part
C2	MuRata	GRM3195C1H333JA0...	$0.10	33.000n	10.920000		Select Alternate Part
R1	Panasonic	ERJ-6GEYJ113V	$0.01	11.000K	6.75 mm²		Select Alternate Part
R2	Panasonic	ERJ-6GEYJ113V	$0.01	11.000K	6.75 mm²		Select Alternate Part
R3	Panasonic	ERJ-6GEYJ562V	$0.01	5.600KC	6.75 mm²		Select Alternate Part

图 4.4.15　参考设计的 BOM 表

如图 4.4.16 所示，更改滤波器拓扑类型为 MFB（Multiple Feedback）类型，并单击 Update。

1）MFB 拓扑的滤波器为反相输入，所以对于单电源供电的运放来说，同相输入端必须提供 V_{CM}，以便将信号整体抬升一个电平。

2）所有单电源供电的运放电路都必须仔细分析输入/输出电压是否满足电源轨的要求，必要时在同相输入端加载共模电压 V_{CM}，V_{CM} 可以使用电阻分压的方法得到。

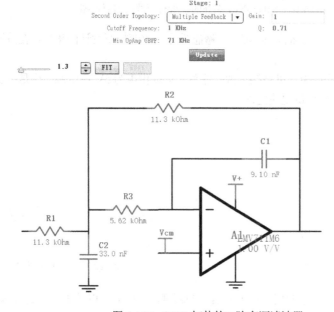

图 4.4.16　MFB 拓扑的二阶有源滤波器

4.4.3　Sallen-Key 滤波器的高频馈通现象

通常推导有源滤波器的幅频相频特性时，都把运放视为理想运放看待，当考虑运放带宽时，不同拓扑的滤波器表现出不同特性。

图 4.4.17 所示为采用同种运放 OPA347 的 Sallen-Key 和 MFB 拓扑的二阶有源低通滤波器的 TINA 仿真原理图。

1）按照图 4.4.17 中的电阻、电容参数，两种滤波器的截止频率均为 660Hz。

2）对图 4.4.17 所示电路进行交流特性仿真，按图 4.4.18 所示设定 AC 传输特性，观察幅频特性（振幅）。

3）在图 4.4.19 所示的交流传输特性中，在低频段（小于 18.22kHz），Sallen-Key 与 MFB 的幅频特性几乎是相同的。但是当频率继续升高时，Sallen-Key 拓扑的低通滤波器反倒变成频率越高，增益越大，表现为高通特性。

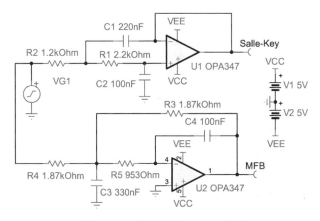

图 4.4.17　有源滤波器 TINA 仿真

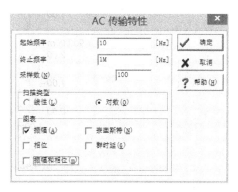

图 4.4.18　交流传输特性参数设定

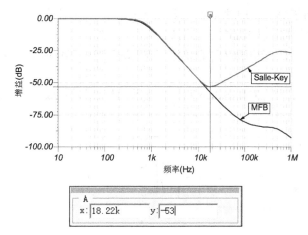

图 4.4.19　OPA347 有源滤波器幅频特性仿真

图 4.4.19 所示的带转折的幅频特性表明，Sallen-Key 拓扑的低通滤波器在高频端会产生高频馈通现象。

1）参考图 4.4.17，Sallen-Key 的输出通道有两条，运放输出和电容 C_1 输出。

2）频率足够高时，C_1 可视为对信号短路，而运放由于带宽限制对信号"断路"，输出信号基本由 C_1 通道提供，最终表现为高通特性。

高频馈通现象导致 Sallen-Key 低通滤波器对"特别"高频的信号反倒束手无策。对图 4.4.17 所示电路进行瞬时现象仿真。

1）信号源设定为 24kHz 的方波信号，占空比 50%，幅值为+2V。

2）按照理论计算，MFB 滤波器输出的应该是负电压，幅值应为–1V。图 4.4.20 较好地验证了理论计算结果，输出电压仅有小幅波动。

3）按理论计算，Sallen-Key 滤波器输出应该是同正电压，幅值应为 1V。但是图 4.4.20 却显示，低通滤波器几乎没能滤除方波信号中的高频部分（上升沿和下降沿）。

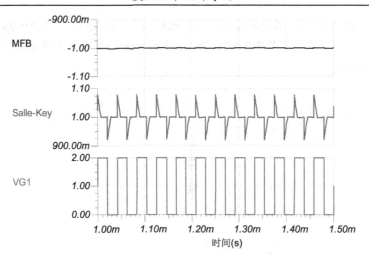

图 4.4.20　高频馈通的瞬时现象仿真波形

4.4.4　运放带宽对滤波器的影响

Sallen-Key 滤波器的高频馈通现象表明，运放带宽对滤波器的性能有影响。本节将通过 TINA 仿真，分析运放带宽对不同拓扑滤波器的影响程度。

选取单位增益带宽仅有 1.2MHz 的"白菜价运放" LM324 和单位增益带宽达 400MHz 的宽带运放 OPA842 作为对比。

1）如图 4.4.21 所示，首先对比 Sallen-Key 拓扑下，两种运放构成的二阶有源低通滤波器的幅频特性。

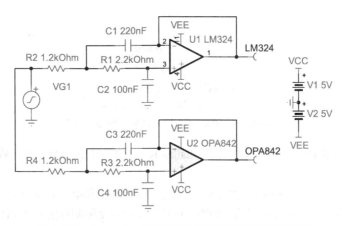

图 4.4.21　Sallen-Key 拓扑下不同带宽运放的仿真原理图

2）在图 4.4.22 所示的幅频特性中，低频段（10kHz 以下），两种运放构成低通滤波器没有任何不同，幅频特性曲线完全重合。

3）高频时，两者的区别开始显现，LM324 滤波器的转折频率仅为 11.54kHz，OPA842 滤波器的转折频率达到了 180kHz。

4）如图 4.4.23 所示，接着对比 MFB 拓扑下，两种运放构成的二阶有源低通滤波器的幅频特性。

5）在图 4.4.24 所示的幅频特性中，在 100kHz 以下频段，两种运放构成低通滤波器的幅频特性曲线都是基本相同的。

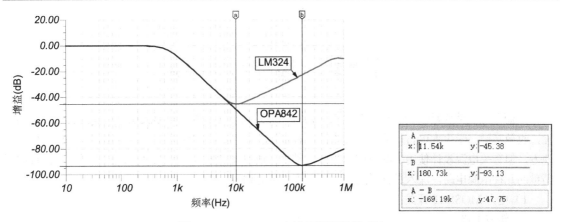

图 4.4.22　Sallen-Key 拓扑下幅频特性对比

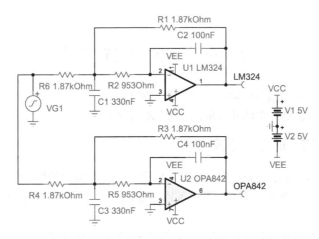

图 4.4.23　MFB 拓扑下不同带宽运放的仿真原理图

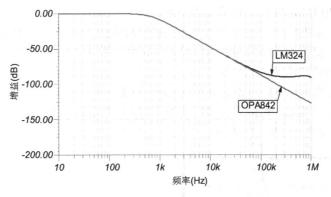

图 4.4.24　Sallen-Key 拓扑下幅频特性对比

　　以上的仿真分析说明，MFB 拓扑对于运放的带宽要求远低于 Sallen-Key 拓扑，所以 MFB 拓扑更加常用。在 TI 公司的应用报告 ZHCA035 中，有关于 MFB 和 Sallen-Key 拓扑应用场合的详细说明，还有 TI 公司另一种滤波器设计软件 FilterPro 的使用说明。

第5章　电源管理

电源是一门博大精深的课程，包含很多内容，电源的以往的教学经验表明，泛泛的讲解主电路原理，收效甚微。学生大可自行从网上搜索到各种电源主电路，主电路拓扑本身也没有多少可供创意的地方，但有关电源设计使用的细节问题却知之甚少。所以本章原则是不求最全，但求最精，只选取最简单的几种电源电路，深入进行讲解，包含以下4部分内容：

1）电力 MOSFET 开关；

2）斩波电路；

3）桥式电路；

4）驱动的隔离。

5.1　电力 MOSFET 开关

在小功率至中等功率的电源电路中，电力 MOSFET 作为开关元器件，性能最为突出。本节将介绍电力 MOSFET 的工作原理、主要性能参数指标及驱动方法。

5.1.1　电力 MOSFET 的工作原理

为了增大导电截面，电力 MOSFET 采用图 5.1.1 所示的垂直导电结构。

1）以 N 管为例，N 型半导体衬底材料上部掺杂出 P 区，控制栅（导电金属）与 P 区之间隔着二氧化硅绝缘层。

2）黑粗线所示的金属导线分别与控制栅、P 掺杂区、N 衬底区相连，构成 MOSFET 的栅极（G）、源极（S）和漏极（D）。

参考图 5.1.1，电力 MOSFET 的工作原理如下。

1）在 GS 之间不加电压的情况下，电流无法从漏极 D 流向源极 S（PN 结反向截止），称为断开状态。

2）任何时候，电流均可从 S 流向 D（PN 结正向导通），所以电力 MOSFET 天生一个寄生二极管，N 型电力 MOSFET 的符号如图 5.1.2 所示。

3）GS 之间加正向电压以后，GS 之间形成电场，生成图 5.1.3 中白色小方块所示的 N 型反型层。

4）继续增大 U_{GS}，当 GS 电压足够高时，N 反型层突破 P 型半导体区域，与衬底 N 型半导体连成整体，DS 之间可以导电，如图 5.1.4 所示。

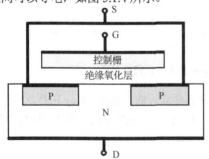

图 5.1.1　电力 MOSFET 原理图　　　　　图 5.1.2　带寄生二极管的 MOSFET 符号

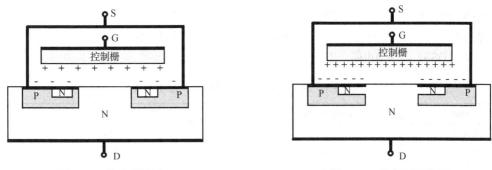

图 5.1.3　生成反型层　　　　　　　　　　　　图 5.1.4　导电沟道形成

如果是 P 型 MOS 管，则情况全部相反。GS 之间加反压，S→D 导通，任何时候 D→S 都导通（寄生二极管）。

5.1.2　导通电阻

如 5.1.1 节所描述，电流由 D 至 S 之间导电原理是单一 N 型半导体导电，所以是电阻导电的性质，这与三极管导通压降 0.7V 的电导调制效应有区别。

图 5.1.5 所示为 TI 公司出品的低 R_{DS} 系列 MOSFET 开关。图中选择 R_{DS} 小于等于 1.7mΩ，筛选出 7 种产品，它们的耐压为 25～40V。

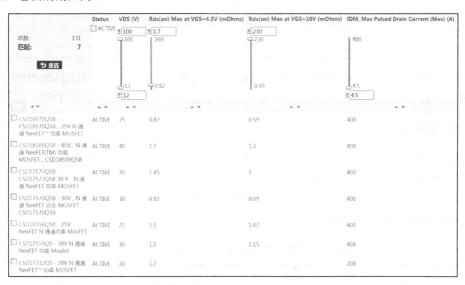

图 5.1.5　低 R_{DS} 系列 MOSFET 开关

由于低耐压下，场效应管的导通电阻 R_{DS} 可以做到非常小（图 5.1.5 所示的 mΩ 级），所以这类 MOSFET 开关特别适用于低压小功率电路。

5.1.3　额定电压

MOSFET 开关的额定电压就是 U_{DS} 的耐压值，高耐压对应高 R_{DS}（高导通损耗），低耐压对应低 R_{DS}。

1）导通电阻 R_{DS} 就是导体导电规律，由导体截面积和厚度决定导通电阻大小。

2）增大厚度会带来耐压值增大，但厚半导体材料也意味着 DS 之间的导通电阻 R_{DS} 增大。

3）综合耐压和导通电阻考量，高电压场合（市电）是否使用 MOSFET 开关，需权衡利弊。

一般 MOSFET 开关有应用于低压的 20～60V 系列产品，也有最高到 500V 应用于市电电压等级的产品。表 5.1.1 所示为国际整流器公司（IR）的 80～300V 的部分 MOSFET 开关产品型号，重点比较耐压值（VBRDSS）与导通电阻（RDS）的对应关系。

表 5.1.1 IR 公司的部分 MOSFET 产品参数表

Part	VBRDSS (V)	RDS(on) Max 10V (mΩ)
IRF3000	300	400.0
IRF7453	250	230.0
IRF7464	200	730.0
IRF7492	200	79.0
IRF7450	200	170.0
IRF7465	150	280.0
IRF7451	150	90.0
IRF7494	150	44.0
IRF7490	100	39.0
IRF7452	100	60.0
IRF7473	100	26.0
IRF7474	100	63.0
IRF7495	100	22.0
IRF7488	80	29.0
IRF7493	80	15.0

从表 5.1.1 可以看出，基本规律就是耐压越高，导通电阻越大。同种耐压值的 MOSFET 开关，根据工艺和设计的不同，导通电阻也可相差几倍，当然与此同时，价格可能也会差几倍。

5.1.4 额定电流

MOSFET 开关的额定电流与导通电阻 R_{DS} 密切相关，可以想象，某封装和散热条件下的 MOSFET 开关，其散热功率就是一定的。导通电阻越大，则额定电流越小。

表 5.1.2 所示为国际整流器公司（IR）的 TO220 封装的部分 MOSFET 开关产品型号的导通电阻（RDS）与额定电流（ID）对照表。

表 5.1.2 IR 公司 TO220 封装 MOSFET 产品参数表

Part	RDS(on) Max 10V (mΩ)	ID @ TA = 25℃ (A)	$P=I*I*R$(W)
IRF3000	400.0	1.6	1.024
IRF7453	230.0	2.2	1.1132
IRF7464	730.0	1.2	1.0512
IRF7492	79.0	3.7	1.08151
IRF7450	170.0	2.5	1.0625
IRF7465	280.0	1.9	1.0108
IRF7451	90.0	3.6	1.1664
IRF7494	44.0	5.2	1.18976
IRF7490	39.0	5.4	1.13724
IRF7452	60.0	4.5	1.215

Part	RDS(on) Max 10V (mΩ)	ID @ TA = 25℃ (A)	$P=I*I*R$(W)
IRF7473	26.0	6.9	1.23786
IRF7474	63.0	4.5	1.27575
IRF7495	22.0	7.3	1.17238
IRF7488	29.0	6.3	1.15101
IRF7493	15.0	9.2	1.2696

对表 5.1.2 进行 $P = I \times I \times R$ 简单计算，可得 TO220 封装的散热功耗大约为 1W，漏极电流 I_D 增大一倍，导通电阻 R_{DS} 必须减小 4 倍。

与电压能够瞬间击穿器件不同，过流损坏器件实际是热累积的过程，所以瞬时电流（脉冲）很大并不一定会损坏器件。所以，MOSFET 开关还有一个漏极脉冲电流 I_{DM}/I_{PEAK} 的参数，一般可达 5～10 倍额定电流 I_D，脉冲持续时间参考具体芯片说明书。图 5.1.6 所示为 TI 公司某系列 MOSFET 开关额定电流参数，Id Max 为通常的额定电流（连续），ID/IPEAK 为额定脉冲电流值。

	CSD17307Q5A	CSD17301Q5A	CSD17302Q5A	CSD17303Q5	CSD17304Q3
VDS（V）	30	30	30	30	3
Logic Level	Yes	Yes	Yes	Yes	Yes
Rds(on)Max@VGS=4.5(mohms)	12.1	3	9	2.6	8.8
ID/IPEAK(Max)(A)	92	181	104	200	88
Id Max@TC=25℃(A)	14	28	16	32	15

图 5.1.6　TI 公司某系列 MOSFET 开关额定电流参数

5.1.5　开关时间

对于半导体开关来说，除了额定电压/电流等所有电子元器件都关心的参数以外，开关时间参数极为重要。越短的开关时间越意味着开关频率可以越高，电路中电感、电容等储能元器件的容量可以减小，变压器的体积也可成倍缩小。高频化是电源技术发展的一个主要方向。

1）电容、电感在电路中起作用的实质是感抗和容抗，都与频率直接相关。

2）变压器的作用相当于吞吐能量的暂存蓄水池，其磁芯需要能够存储半个周期的能量，否则就会磁饱和。频率越高，意味着蓄水池"周转"越快，无须大容量即可满足吞吐需求。

对于 MOSFET 的开关的过程，可以利用 TINA 进行仿真，如图 5.1.7 所示。

3）信号源 VG1 设置为 500kHz 方波，2.5V 幅值。叠加上 2.5V 的直流电源 V_2 后，总的驱动信号 U_P 为 5V 方波脉冲（如图 5.1.9 中 U_P 波形所示）。

4）R_1 为信号源等效内阻，用于模拟控制信号的驱动能力，R_1 越小，驱动能力越强。

5）由于栅极/源极/漏极寄生电容的存在，U_{GS} 的波形不再是完美的方波，而是如图 5.1.9 中 U_{GS} 波形所示的缓慢上升，缓慢下降过程。

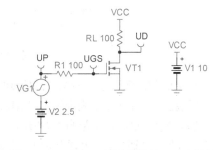

图 5.1.7　MOSFET 开关特性的 TINA 仿真

6）U_D 为漏极电压，通过 $(V_{CC} - U_D)/R_L$ 可以计算出 I_D。

对图 5.1.7 所示的 TINA 原理图进行瞬时现象仿真，仿真起止设定为 1.5～4μs。参考图 5.1.8，在仿真波形图窗口单击"编辑"→"添加更多曲线",得到"后续处理"窗口,在"连线编辑"栏中添加 I_D 的计算式" $(10-U_D(t))/100$ ",单击"创建",创建 I_D 曲线。

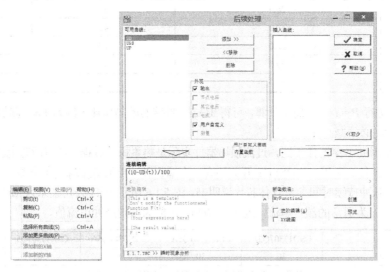

图 5.1.8　利用"后续处理"添加电流 I_D 曲线

图 5.1.9 所示为添加了 I_D 曲线后的 MOSFET 开关过程仿真图。MOSFET 开关的开通时间 t_{on} 由开通延迟时间 $t_{d(on)}$ 和上升时间 t_r 组成,关断时间 t_{off} 由关断延迟时间 $t_{d(off)}$ 和下降时间 t_f 组成。图 5.1.9 中用虚线标注了 $t_0 \sim t_5$ 等 6 个时间点,每段时间均代表了不同的开关过程。

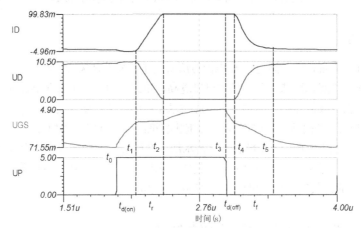

图 5.1.9　MOSFET 开关过程仿真

1) t_0 时刻,驱动电平置高,打算开通 MOSFET 开关。但由于栅极等效电容的存在,栅极电压 U_{GS} 只能缓慢上升,由于 U_{GS} 尚未达到门限电压 $U_{GS(TH)}$,所以 MOSFET 开关尚未开通(U_D 高, I_D 低)。

2) t_1 时刻, U_{GS} 电压达到门限电压,MOSFET 开关开始导通。 $t_0 \sim t_1$ 时间段称为开通延迟时间 $t_{d(on)}$,代表从开始"开通"到"开通开始生效"的延迟。由于漏源之间存在等效电容,从 t_1 时刻开始, U_D 逐渐降低, I_D 逐渐增大。

3) t_2 时刻, U_D 达到最低, I_D 增至最大,MOSFET 开关完成开通过程。 $t_1 \sim t_2$ 时间称为上升时间 t_r ,代表 I_D 电流上升到最大所需的时间。值得一提的是,在 t_r 时间段内, U_{GS} 的电压会由于结电容的"密勒效应"维持不变,称为"密勒平台"。在 t_2 时刻之后, U_{GS} 电压逐渐上升到驱动电压最大值。

4）t_3 时刻，驱动电平置低，打算关断 MOSFET 开关。同样由于栅极等效电容的存在，U_{GS} 只能缓慢降低，在 U_{GS} 尚未降低到门限电压 $U_{GS(TH)}$ 前，MOSFET 开关的导通状态不会有任何改变。

5）t_4 时刻，U_{GS} 电压降低到门限电压，MOSFET 开关开始关断。$t_3 \sim t_4$ 时间段称为开通延迟时间 $t_{d(off)}$，代表从开始"关断"到"关断开始生效"的延迟。

6）t_5 时刻，U_D 达到最高，I_D 减小至最低，MOSFET 开关完成关断过程。$t_4 \sim t_5$ 时间称为下降时间 t_f，代表 I_D 电流下降到最低所需时间。

在 MOSFET 开关的器件说明书中，图 5.1.10 所示参数的优劣决定了开关速度，显然充电电荷越小，开关速度越快。

	PARAMETER	TEST CONDITIONS	MIN	TYP	MAX	UNIT
Q_g	Gate Charge Total(4.5V)			4	5.2	nC
Q_{gd}	Gate Charge Gate to Drain	$V_{DS}=15V, I_D=11A$		1		nC
Q_{gs}	Gate Charge Gate to Source			1.3		nC
$Q_{g(th)}$	Gate Charge at Vth			0.65		nC
Q_{oss}	Output Charge	$V_{DS}=13V, V_{GS}=0V$		7.3		nC

图 5.1.10　某 MOSFET 的充电电荷参数

5.1.6　MOSFET 开关的驱动

MOSFET 开关的驱动属于电力电子技术的范畴。初学者容易走两个极端：

1）想当然地以为 MOSFET 开关处于开关状态，开关波形非常完美地和控制信号一致。

2）不管什么情况，都找最贵、最好的专用驱动芯片来驱动 MOSFET 开关。

任何电力电子开关的驱动能力是否足够，最简单的办法就是搭建图 5.1.11 所示的测试电路，用示波器查看 U_{GS} 和 I_D 的波形是否完美。驱动 MOSFET 开关需要多大的电流呢？这不仅与 MOSFET 开关本身有关，还和电路的开关频率有关。

1）如图 5.1.11 所示，开关频率 1MHz，驱动内阻 200Ω，漏极电流 I_D 还未上升到最大值就开始下降，开关从未达到完全导通（完全导通时，I_D 应接近 100mA）。

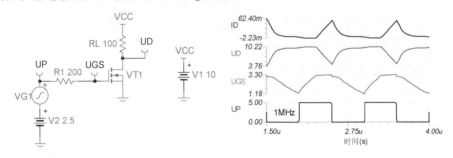

图 5.1.11　高频高内阻驱动仿真

2）如图 5.1.12 所示，开关频率仍为 1MHz，但驱动内阻减小到 10Ω，漏极电流 I_D 基本能保持是方波。但是已经可以看出，I_D 关断"拖尾"电流时间所占周期的比例已很明显，这意味着即使驱动电流极大，开关频率也是有上限的。

3）如图 5.1.13 所示，开关频率减为 100kHz，驱动内阻改为 200Ω，漏极电流 I_D 基本也维持较好的方波。如果不考虑开关损耗、延迟响应等其他因素，这样的驱动也认为是合格的。注意 U_{GS} 的波形并不是完美方波，不仅有上升下降斜率，还可以看到明显的米勒平台。

　　是不是栅极驱动电流越大越好，也就是驱动电路的内阻越小越好呢？这也可能带来问题。如图 5.1.14 所示，对驱动电路进行定量仿真。

　　1）VG$_1$ 为频率 500kHz，幅值 2.5V 的方波，与 2.5V 直流电压 V_2 一起构成方波驱动电路。

　　2）R$_1$ 代表驱动电路内阻，L$_1$ 代表引线寄生电感，C$_1$ 模拟 MOSFET 的栅极电容。

　　3）图 5.1.14 中瞬时仿真波形的起止时间设为 1.5～4μs，可以看出栅极电压 U_{GS} 产生了明显的振荡。

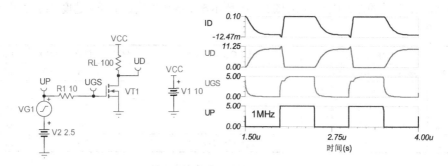

图 5.1.12　高频低内阻驱动仿真

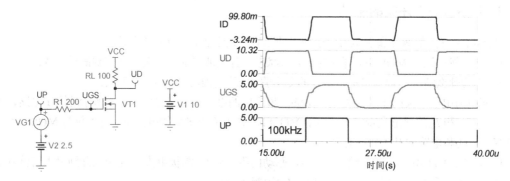

图 5.1.13　低频高内阻驱动仿真

　　4）振荡带来的危害可能是致命的，因为此时 MOSFET 开关的工作状态不再是只有彻底开通或彻底关断两个状态，而会反复进入高阻导通状态，进而由于高损耗发热烧毁。

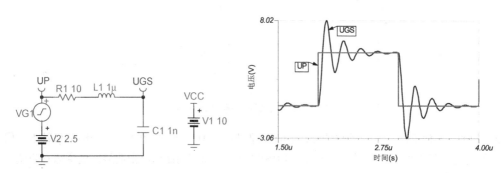

图 5.1.14　栅极驱动电路的欠阻尼振荡仿真

　　振荡产生的原因非常简单，这就是 RLC 电路的欠阻尼振荡。

　　1）导线电感一定存在，所以栅极驱动电路实际是一个 RLC 电路。

2）理论计算表明，当 $R < 2\sqrt{\dfrac{L}{C}}$ 时，称为欠阻尼，振荡一定会发生。有了理论武器的指导，解决问题的方法很简单，使得 $R \geqslant 2\sqrt{\dfrac{L}{C}}$ 即可消除栅极振荡。

3）如图 5.1.15 所示，将 R_1 改为 70Ω 后，振荡消失。

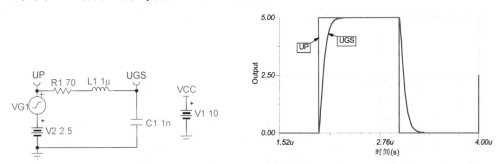

图 5.1.15　栅极驱动电路的过阻尼仿真

4）增加电阻会削弱驱动能力（电流），所以好的驱动电路首先应该尽量减小引线寄生电感。当电感不可减小时，才采用增加电阻的方法。

阻尼的概念在现实生活中也普遍存在，举几个例子帮助大家理解阻尼振荡原理。

1）在空气和水中，拉起的单摆一定会摆过最低点，产生振荡。但是，如果单摆处于极其粘稠的油中，还会振荡吗？这就是过阻尼。

2）我们如果简单用弹簧接在门上做闭门器，那么松手关门时，门一定会重重地撞上门框，这就是欠阻尼振荡。好的闭门器应该做成临界阻尼状态，即不会"欠阻尼"撞击门框，也不会像在"极其粘稠的油"里那样长时间才能关上门。

最后，需要强调的一点是，MOSFET 开关栅极驱动电压一般在±15V 之间，太大或太小都不行。

1）栅极驱动电压必须足以完全开通 MOSFET 开关，否则 MOSFET 开关将等效为一个阻值很大的电阻，其损耗发热短时间内便会烧毁 MOSFET 开关。

2）栅极驱动提供关断负电压可以帮助迅速关断 MOSFET 开关，但无论是驱动正压，还是负压，都不能超过±20V 极限值，否则栅源极之间的二氧化硅绝缘层将会击穿。

5.1.7　同步整流

MOSFET 开关作为开关使用很容易理解，但是其实二极管在电力电子电路中也是开关，当二极管导通时，就相当于开关闭合，当二极管截止时，就相当于开关断开。

1）二极管导通时的管压降，在低压电源电路中是损耗的主要来源，所以一般都使用管压降较低（约 0.5V）的肖特基二极管。

2）当电源电路输出电压非常低，如 2.5V、1.8V 时，肖特基二极管的损耗也将无法接受。

将 MOSFET 当做二极管来使用的方法称为同步整流。图 5.1.16 所示的两个等效，哪个是正确的呢？

1）MOSFET 开关本身寄生了二极管 VD_3，所以通常用途时，MOSFET 开关电流是由 D（漏极）流向 S（源极）。

2）按照电流由 D 流向 S 的通常用法，MOSFET 开关当做二极管使用就应该是 VD_1 所示的方向。但是那样的话，

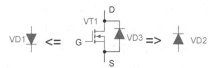

图 5.1.16　同步整流 MOSFET 开关等效电路

由于寄生二极管 VD_3 的存在，MOSFET 开关将是双向均导通，等效为一根导线了。

3）正确的方案是将 MOSFET 开关等效为 VD_2 所示的方向来使用，当 VD_3 "倾向于"要导通时，加载 GS 控制电压，使得电流从 S 流向 D。由于 SD 之间的压降极小（R_{DS} 极小），所以 VD_3 不会导通，MOSFET 开关等效出的二极管也就压降极小了。

通过对图 5.1.16 的分析可知，需要对 MOSFET 开关的 GS 极进行"同步控制"，才能达到"微压降"二极管的效果（否则二极管就变成双向导通了），这也是为什么上述电路称为同步整流的原因。

5.2　斩　波　电　路

对电源的电压、频率等参数进行变换的装置称为变流器。对于交流电,如果想要变换电压,很容易想到用变压器,那么直流电呢?又或者是交流电的频率需要改变呢?

1）在有电力电子开关以前，人们就有"变流"的需求。那时，"变流"是通过电动机加发电机的组合来实现的，称为变流机组。例如，直流电想要变交流电，用直流电驱动直流电动机，再带动交流发电机即可。任何电源通过电动机加发电机的组合，总可以得到另一种电源。

2）变流机组虽然"无敌"且"无赖"，但其弊端是显而易见的，机械装置效率低且噪声大。在电力电子开关诞生以后，变流装置全面进入"静止式变流"时代（与变流机组对应），斩波电路作为最简单的一类静止式变流器，成就了开关电源的霸主地位。

5.2.1　Buck 降压斩波电路

设想这么个场合，某房间仅需要 1kW 的取暖功率，但是手边仅有 2kW 的电暖气，是不是可以通过加一个开关的方法，开关隔几分钟间歇通断，就可以实现 1kW 电暖气的效果？这就是斩波电路最朴素的一种模型，如图 5.2.1 所示。

取暖器那样的"迟滞效应"负载，可以接受电流的断续，但是对于大多数负载，如电灯，是不能使用图 5.2.1 所示的电路的。如何能让电流连续呢？三种常用无源电子元器件中，电感作用就是使电流连续。

1）如图 5.2.2 所示，给负载端串联电感 L 即可保证负载上电流连续。

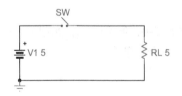

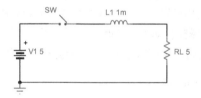

图 5.2.1　最简单的开关斩波电路　　　　　图 5.2.2　负载串联电感的斩波电路

2）图 5.2.3 所示电路中，当 SW 开关断开时，为了达到电感电流必须连续的"规定"，电感将产生高压，高到把 SW 开关击穿为止。因此，有电感的电路需要额外提供电感电流泄放的通路。如图 5.2.3 所示的 VD_1 二极管起到延续电感电流的作用，称为续流二极管（freewheeling diode）。

3）在电力电子主电路中，二极管也是开关的一种（一般可忽略导通压降），所有分析开关的方法都是一样的：开关导通等效为导线，开关断开则擦除该元器件。所以，对于图 5.2.3 原理的分析，就变成分析二极管是否等效为导线了。

4）参考图 5.2.3，当 SW 开关闭合时，二极管 VD_1 承受的是反压，所以擦除 VD_1，此时等效电路如图 5.2.4 所示。电源 V_1 通过电感 L_1 给负载 R_L 供电，电流逐渐增大。

5）参考图 5.2.3，当 SW 断开时，擦除 SW，VD_1 导通，等效为导线，等效电路如图 5.2.5 所示。L_1 上电流逐渐减小，电流能量来源于电感存储的磁场能，而 VD_1 则保证了电感电流能够形成回路。

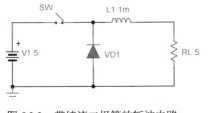

图 5.2.3　带续流二极管的斩波电路

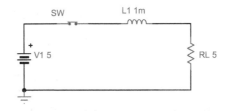

图 5.2.4　开关闭合等效电路

6）在所有输出为电压源的电路中，负载端均会并联大容量的电容，以保证尽量接近电压源的效果。如图 5.2.6 所示，添加输出滤波电容 C_1，并将机械开关 SW 替换成 MOSFET 开关 T_1，就构成了完整的 Buck 斩波电路的主电路。

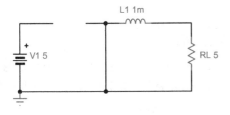

图 5.2.5　开关断开等效电路

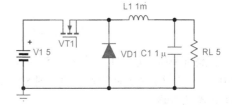

图 5.2.6　完整的 Buck 斩波主电路

当斩波电路中电感电流连续时，输出电压计算有一个简化的方法。

1）稳态时流经电容的平均电流为零。如果一个周期内电容充电比放电多，那么电容上的电压就会上升，这不是稳态；一个周期内电容放电比充电多，那么电容上的电压就会下降，这也不是稳态。

2）真正对斩波电路计算有用的其实是另一个结论：稳态时电感上平均电压为零。为了让读者能够接受这一“结论”，前面用电容来举例子，电感、电容的特性是完全对称的。如果电感上平均电压不为零，电感电流就会上升或下降，这也不是稳态。

3）通过计算开关闭合时电感上电压 U_{L_ON} 和开关断开时电感电压 U_{L_OFF}，就可以很简单地计算出输出电压。

假设斩波电路设计合理，纹波电压较小，输出电压 U_O 基本维持恒压特性。

1）开关闭合时，参考图 5.2.7 所示的参考电压方向，电感上电压 U_{L_ON} 为：

$$U_{L\_ON} = E - U_O \qquad (5.2.1)$$

2）开关断开时，参考图 5.2.8 所示的参考电压方向，电感上电压 U_{L_OFF} 为：

$$U_{L\_OFF} = -U_O \qquad (5.2.2)$$

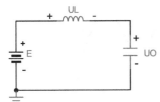
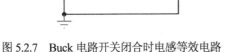

图 5.2.7　Buck 电路开关闭合时电感等效电路

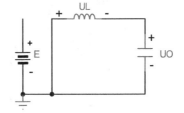

图 5.2.8　Buck 电路开关断开时电感等效电路

3）根据稳态时电感两端电压平均值为零的特性，可推导出式（5.2.3），其中，D 的含义是占空比（duty cycle）。通过式（5.2.4）可知，Buck 电路为降压电路，输出电压（电感电流连续时）正比于开关的占空比。

$$U_{\text{L\_ON}} \times T_{\text{ON}} + U_{\text{L\_OFF}} \times T_{\text{OFF}} = 0 \qquad (5.2.3)$$

$$(E - U_{\text{O}}) \times T_{\text{ON}} + (-U_{\text{O}}) \times T_{\text{OFF}} = 0$$

$$U_{\text{O}} = \frac{T_{\text{ON}}}{T_{\text{ON}} + T_{\text{OFF}}} E = DE \qquad (5.2.4)$$

4）若电感 L 电流不连续，则 T_{OFF} 时间段需要分为两段进行分析。即电感有电流时段 T_{OFF1}，电感电压为 $-U_{\text{O}}$，电感无电流时段 T_{OFF2}，电感电压为 0（此时负载依靠滤波电容供电）。通过式（5.2.5）推导可知，输出电压 U_{O} 值会偏高。

$$U_{\text{L\_ON}} \times T_{\text{ON}} + U_{\text{L\_OFF}} \times T_{\text{OFF1}} + 0 \times T_{\text{OFF2}} = 0$$

$$(E - U_{\text{O}}) \times T_{\text{ON}} + (-U_{\text{O}}) \times T_{\text{OFF1}} = 0$$

$$U_{\text{O}} = \frac{T_{\text{ON}}}{T_{\text{ON}} + T_{\text{OFF1}}} E > \frac{T_{\text{ON}}}{T_{\text{ON}} + T_{\text{OFF1}} + T_{\text{OFF2}}} E = DE \qquad (5.2.5)$$

虽然简单推导输出电压式（5.2.5）时，并不涉及 L、C、f（开关频率）的取值，但在实际 Buck 电路中，L、C、f 并不是随意取值的。图 5.2.9 所示的 TINA 仿真电路将定量分析 Buck 电路中元器件参数对电路的影响。

1）为简单起见，使用了时间开关 SW_1 来模拟 MOSFET 开关，时间开关的占空比设为 0.6，具体开关频率根据仿真需要设定。

2）滤波电容 C_O 串联了电阻 R_{CS}，用于模拟电容的等效串联电阻，虽然 TINA 中电容的等效串联电阻参数可以设定，但这里直接串联电阻来仿真更直观些。

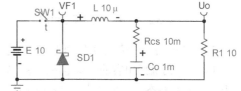

图 5.2.9　Buck 电路的 TINA 仿真

3）使用压降更小的肖特基二极管 SD_1 来替代普通二极管。

首先来仿真滤波电容等效串联电阻 R_{CS} 对输出电压纹波的影响。

1）开关频率保持 1MHz，同时监测二极管阴极电压 VF_1 和输出电压 U_O。

2）VF_1 上电压如果是完美方波，则表示电感电流连续。SW_1 闭合时，VF_1 电压肯定是 10V。但 SW_1 断开时，VF_1 电压只有在电感电流连续时，才会保持接近 0V（忽略 SD_1 的管压降）。

3）如图 5.2.10 所示，VF_1 电压为完美方波，所以电感电流连续。R_{CS} 取值 100mΩ，可以看出 U_O 的纹波电压比较明显。进一步分析可以看出，在 SW_1 闭合阶段，U_O 输出增大；在 SW_1 断开阶段，U_O 输出降低，呈现锯齿状。纹波电压的来源就是锯齿状纹波电流在 R_{CS} 上的压降。

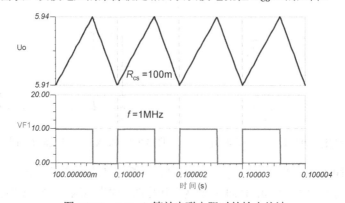

图 5.2.10　100mΩ 等效串联电阻时的输出纹波

4）如图 5.2.11 所示，其他参数均不改变，将 R_{CS} 设为 10mΩ，纹波电压明显降低。从以上分析可以看出，直流电源滤波电容的效果不仅是看电容值的大小，还与电容等效串联电阻直接相关。同种类电容，电容值越大，电容等效串联电阻越小。而同容量钽电容的等效串联电阻要远小于铝电解电容，这是钽电容滤波效果好的根本原因。

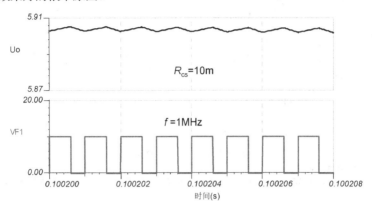

图 5.2.11　10mΩ 等效串联电阻时的输出纹波

无论是图 5.2.10 还是图 5.2.11，VF_1 的波形都是完美方波，这意味着电感电流连续，输出电压值也接近 6V 的理论值。下面来讨论电感电流不连续的情况。

1）如图 5.2.12 所示，将开关频率降为 100kHz，VF_1 的波形不再是完美的方波，这说明电感电流不连续。

2）虽然 R_{CS} 取值 10mΩ，但是纹波电压却和图 5.2.10 中 100mΩ 情况差不多，这是因为开关频率降低了 10 倍，电流起伏时间延长。纹波电流峰值增大，自然纹波电压也增大，基本符合 10 倍的关系。

3）输出电压 U_O 达到了 7.1V，比电感电流连续时理论值 6V 要高，符合前面的分析。

4）图 5.2.12 中，电感电流断续时间段，VF_1 的电压产生了振铃，其趋势是等于 U_O。当电感电流不再变化时，U_L 电压为零，VF_1 电压当然就等于 U_O 了。

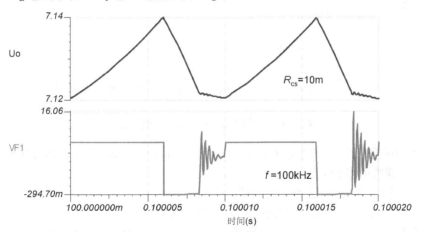

图 5.2.12　开关频率 100kHz 时瞬时仿真波形

5）如图 5.1.13 所示，进一步减小开关频率，电感电流断续的时间更长，可以更明显地看出 U_O 输出电压已达到 9V，偏离 6V 的"理论值"更远。电流断续时间段，VF_1 的电压在经历振铃以后，保持在 9V，直到 SW_1 再次闭合后电压钳位至输入电压 10V。

图 5.2.12 和图 5.2.13 表明,开关频率会影响电感电流是否连续,这是因为电感、滤波电容、负载一定时,电感电流下降率是一定的,开关频率越高,则 SW_1 断开时间越短,电感电流越不易下降到零,从而电流连续。下面的仿真将通过改变电感 L 实现电感电流连续。

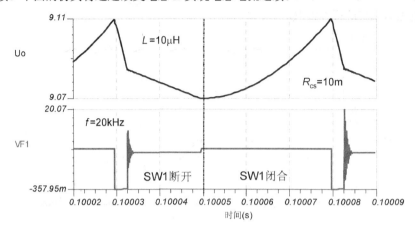

图 5.2.13　开关频率 20kHz 时瞬时现象仿真波形

1)如图 5.2.14 所示,将电感 L 增大到 1mH,维持 20kHz 的开关频率不变。

2)电感电流衰减公式如式(5.2.6)所示,电感量越大,电流衰减速度越小。因此,即使开关频率不高,通过增大电感也可以使电感电流连续。

$$u_{\mathrm{L}} = L\frac{\mathrm{d}i}{\mathrm{d}t} \Rightarrow \frac{\mathrm{d}i}{\mathrm{d}t} = \frac{u_{\mathrm{L}}}{L} = \frac{-u_{\mathrm{O}}}{L} \qquad (5.2.6)$$

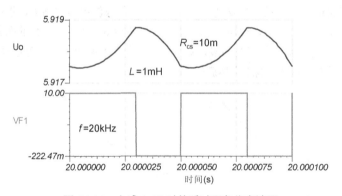

图 5.2.14　电感 1mH 时的瞬时现象仿真波形

总结以上的讨论:虽然一般都希望电感电流是连续的,但是电感量大小、滤波电容、开关频率乃至负载大小都会影响电感电流是否连续。

1)电感值越大,电流衰减越慢,电流越容易连续。

2)开关频率越高,T_{OFF} 绝对时间就越短,电流越容易连续。

3)负载越重(电阻值越小),电感电流初值越大,电流越容易连续。想象极端情况,如果负载断路,电感电流在开关闭合时也将是零,更不要说开关断开了。这一结论留待读者自行仿真。

5.2.2　电荷泵电路

虽然经过诸多定量计算才得到了 Buck 电路的输入/输出电压关系,但总算降压斩波电路的原理不难理解，即电源一会儿供电一会儿停止。在介绍升压电路前，先来看电荷泵电路的原理，获取一些灵感。

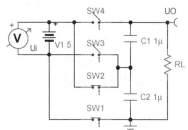

从一个脑筋急转弯的题目可以引出什么是电荷泵。该题目是：如何用一个 5V 电池和两个电容，获得 10V 的电压？答案是两只电容串联，用同一电池分别给两只电容充电就可以得到 10V 电压。

如图 5.2.15 所示，可以用 TINA 对电荷泵进行仿真，电源 V_1 通过时间开关分时给 C_1 和 C_2 进行充电。

图 5.2.15　电荷泵升压电路

1）为了避免复杂的驱动控制，仿真时使用了时间开关 $SW_1 \sim$ SW_4 来控制充电。SW_1 和 SW_2 为一组开关，负责给 C_2 充电；SW_3 和 SW_4 为一组开关，负责给 C_1 充电。

2）时间控制开关的设定参数如图 5.2.16 所示，控制周期 200ns，两组开关互补导通 90ns，留有 10ns 的"死区时间"。

图 5.2.16　时间开关设定参数

3）由 5V 电源给两只电容充电，如果不考虑负载影响，结果将是每只电容的充电电压均为 5V，输出电压 U_O 为 10V。由于负载会泄放电容上的电荷，形成锯齿状的放电曲线。图 5.2.17 所示为 10Ω 负载和 1Ω 负载时的实际输出电压 U_O 的波形，负载越重，锯齿越明显，"恒压"效果就越差。

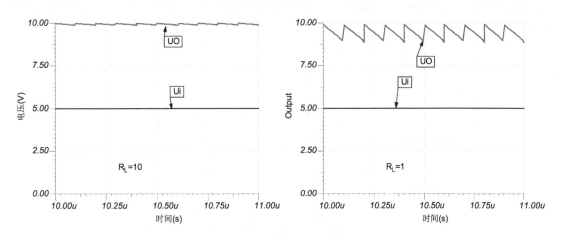

图 5.2.17　不同负载下的输出波形

如果增加开关数目和电容数目，可以很容易获得三倍或更多倍数的电压输出，也可以如图 5.2.18 那样获得负电压。

1）图 5.2.18 中各时间开关的设定参数与图 5.2.16 所示相同。SW_1 和 SW_2 负责为 C_{fly} 电容充上左正右负的电压，SW_3 和 SW_4 负责将 C_{fly} 的电荷搬运到 C_1 上，形成下正上负的电压 U_O。

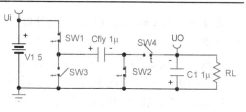

图 5.2.18　反压型电荷泵电路

2）电荷泵电路的输出不能接过重的负载，一般集成电荷泵电源芯片输出电流都在 100mA 以下。图 5.2.19 所示为反压型电荷泵电路不同负载时输出电压 U_O 的波形。

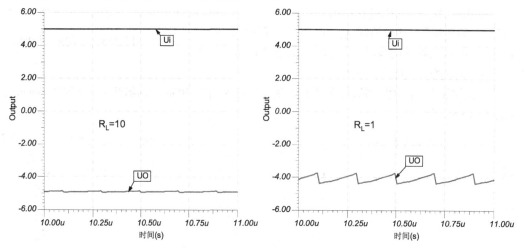

图 5.2.19　不同负载时的反压型电荷泵输出波形

电荷泵电路原理虽然看似简单，但是开关的数目多，驱动麻烦（在 5.4 节会具体讲解高侧驱动问题），一般只在集成电源芯片中使用。

5.2.3　Boost 升压斩波电路

电荷泵电路虽然不能输出较大电流，但电荷泵中的电容给了我们有益的启发，即电容短时间充电即可维持住电压。图 5.2.20 所示的电路是构成 Boost 升压斩波电路的基本原理之一：峰值电压采样保持电路。

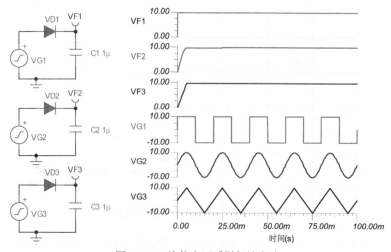

图 5.2.20　峰值电压采样保持电路

1）如图 5.2.20 所示，分别用方波、正弦波、三角波通过二极管给电容充电，无论电源是何种波形，电容上总是保持电压峰值。

2）图 5.2.21 所示为峰值电压保持电路带上负载以后的情况，负载越重，电压衰减越快。如需得到良好的峰值电压保持效果，则 RC 时间常数应远大于输入信号重复周期。

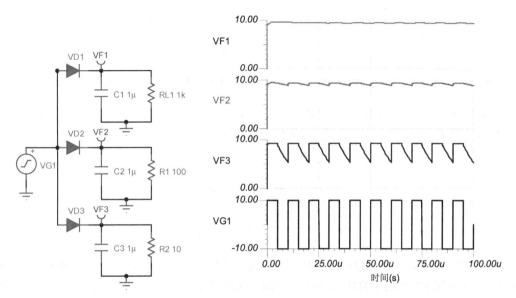

图 5.2.21　负载对峰值电压保持电路的影响

对于 Boost 升压电路来说，有了峰值电压保持电路，下一步就是如何获得短时间的高压了。三大基本元器件中，电阻只能分压（降压），电容的特性是维持电压不变，只有电感可以产生高压。生活中经常能看到电感产生高压的例子，如各种开关、插头产生的电火花。

1）如图 5.2.22 所示，开关 SW_1 闭合时，电感 L_1 上有电流流过，当断开 SW_1 时，电感电流突降为零，这是不被允许的。于是 L_1 上产生与 V_1 相同方向的电压，试图维持电流不变。SW_1 如果是半导体开关，将会被轻易击穿，如果 SW_1 是机械开关，那么 L_1 上的高压将把空气击穿导电，于是电火花就产生了。

2）通常电火花都是有害的，电火花的温度足以局部熔化金属触点，但是如果把电感高压（图 5.2.22）用"峰值电压保持电路"（图 5.2.20）给提取出来，就成为图 5.2.23 所示的 Boost 升压斩波电路了。

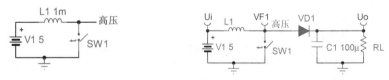

图 5.2.22　电感产生高压的电路　　　　　　图 5.2.23　Boost 升压斩波电路

利用稳态时，电感端电压平均值为零的特性，同样可以很容易得出 Boost 电路的输入/输出电压关系式。

1）开关闭合时，Boost 等效电路如图 5.2.24 所示（注意图中各电压的正方向），此阶段的电感电压表达式为：

$$u_{LON} = U_I \qquad\qquad (5.2.7)$$

2）一般分析电力电子电路原理时，均忽略二极管导通压降，所以开关断开时，Boost 等效电路如图 5.2.25 所示，此阶段的电感电压表达式为：

$$u_{\text{LOFF}} = U_I - U_O \tag{5.2.8}$$

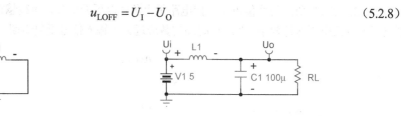

图 5.2.24　开关闭合时 Boost 等效电路　　　　图 5.2.25　开关断开时 Boost 等效电路

3）根据电感端电压平均值为零，可得式（5.2.9），式中 D 为占空比（duty）。由于 D 小于等于 1，所以 Boost 电路为升压电路，占空比越大，输出电压越高。

$$u_{\text{LON}} \times T_{\text{ON}} + u_{\text{LOFF}} \times T_{\text{OFF}} = 0$$

$$U_I \times T_{\text{ON}} + (U_I - U_O) \times T_{\text{OFF}} = 0$$

$$U_O = \frac{T_{\text{ON}} + T_{\text{OFF}}}{T_{\text{OFF}}} \times U_I = \frac{1}{1-D} \times U_I \tag{5.2.9}$$

仅懂得式（5.2.9）是无法正确设计和使用 Boost 电路的。下面分别从负载轻重、电感大小、开关频率几方面来对图 5.2.25 所示的 Boost 电路进行瞬时现象仿真。仿真时间段均选取 1s 以后，显示电路完全稳定后的波形。

大电感轻负载。与 Buck 电路类似，大电感总是能保证电感电流连续。图 5.2.26 所示为 1mH 电感、1kΩ 负载时的 Boost 电路瞬时现象仿真，开关频率 50kHz、占空比 60%。

1）当电感 L_1 电流连续时，开关 SW_1 的电压波形 VF_1 将是方波。开关闭合，VF_1 电压为零；开关断开后，二极管 VD_1 导通，VF_1 电压将比 U_O 电压高出一个二极管的管压降。图 5.2.26 中，开关断开后，VF_1 电压为 12.54V，比 U_O 电压 11.95V 高出约 0.6V，正好是 VD_1 的管压降。

2）SW_1 闭合时，电感 L_1 储能，负载由 C_1 供电，电压下降；SW_1 断开时，电感 L_1 储向负载供电并对 C_1 充电，U_O 电压上升；由于负载很轻（R_L 为 1kΩ），所以 U_O 的纹波非常小（约 2mV$_{\text{PP}}$）。C_1 等效串联电阻对输出纹波的影响可自行仿真分析。

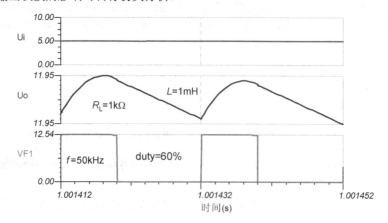

图 5.2.26　大电感轻负载下 Boost 电路瞬时现象仿真

3）输出电压的理论值计算如式（5.2.10）所示，为 12.5V，误差主要由二极管 VD_1 的管压降引起。因为式（5.2.10）推导时将 VD_1 导通看成无压降的导线，考虑 VD_1 有 0.6V 的管压降（普通二极管），修正后的 U_O 理论值是 11.9V，与仿真值非常接近。

$$U_O = \frac{1}{1-D} \times U_I = \frac{1}{1-0.6} \times 5 = 12.5V \tag{5.2.10}$$

图 5.2.27 所示为大电感重负载情况下的瞬时现象仿真波形。输出电压出现很大的纹波（约为 $1.5V_{PP}$）。

1）虽然电感电流连续，但由于 Boost 电路负载端（包括滤波电容和负载）电流不连续，所以当电感不对负载端供电时，负载的电流完全来自滤波电容。

2）负载的轻重严重影响输出电压的纹波，简单说就是负载越重，纹波越大。

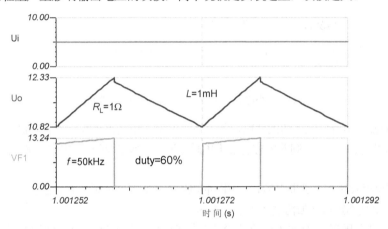

图 5.2.27　大电感重负载下 Boost 电路瞬时现象仿真

3）如图 5.2.28 所示，增大输出滤波电容 C_1 可以减小输出电压纹波。总地来说，就是 RC 时间常数越大，纹波电压越小。

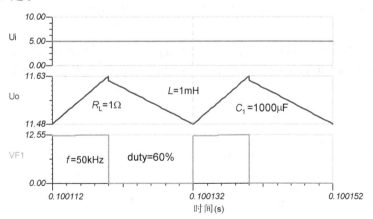

图 5.2.28　大电容重负载下 Boost 电路瞬时现象仿真

电感的大小不影响纹波。如图 5.2.29 所示，将电感减小为 10μH，电容 C_1 维持 100μF，纹波与电感量 1mH 时的情况差不多（约为 1.5V）。

1）分析这一现象原因时，只需考虑开关 SW_1 闭合以后即可。这时的电路完全是 RC 放电，与电感 L 无关，RC 时间常数决定 U_O 衰减的速率，SW_1 闭合多长时间，U_O 就会相应衰减一定的电压。

　　2）电感对"RC 负载"起作用的时间是开关 SW_1 断开阶段，稳态时电容电压 U_O 放掉多少，就会被电感充上多少，所以只要放电曲线"样子"确定了，充电的"样子"也就确定了。因此，锯齿状纹波的大小与电感关系不大。

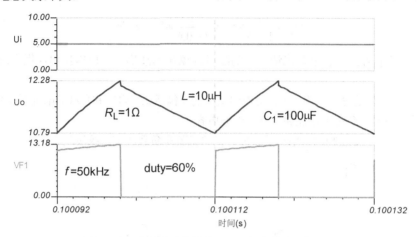

图 5.2.29　小电感重负载下 Boost 电路瞬时现象仿真

　　前面的分析都是电感电流连续的情况，无论是大电感，还是重负载，都可以保证电感电流连续。当轻负载时，如果电感不够大，则非常容易发生电感电流不连续的情况。如图 5.2.30 所示，负载为 $1kΩ$，电感减小到 $10μH$。

　　1）首先，可以观察到开关断开阶段，VF_1 的电压不再总是"跟随"U_O 变化，当二极管 VD 不导通时，VF_1 电压将是不定值（振荡之后趋近于 V_1）。

　　2）U_O 的输出电压远高于 11.9V 的理论值。与 Buck 电路电感电流不连续时推导的过程类似，T_{OFF} 将由两段时间组成，电感有电流时间段 T_{OFF1} 和电感无电流时间段 T_{OFF2}，式（5.2.9）修正为式（5.2.11）。

$$U_O = \frac{T_{ON} + T_{OFF1}}{T_{OFF1}} \times U_I = \left(1 + \frac{T_{ON}}{T_{OFF1}}\right) \times U_I \tag{5.2.11}$$

　　3）根据图 5.2.30 上的估计读数，T_{ON} 时间约为 T_{OFF1} 的 7 倍，所以根据式（5.2.11）输出电压应为 40V，这与仿真结果也大致吻合（误差来源于式（5.2.10）忽略了 VF_1 的振荡电压）。

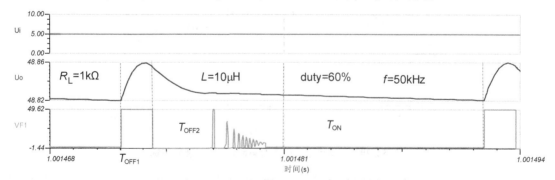

图 5.2.30　小电感轻负载下 Boost 电路瞬时现象仿真

　　当负载为空载时，T_{OFF2} 将远大于 T_{OFF1}，此时 U_O 将会产生意外高压，击穿滤波电容等低耐压器件。所以，Boost 电路不能空载使用，至少应接一个大阻值的"假负载"。

由于电路中感抗与容抗才是实质起作用的物理量，所以提高开关频率总能解决"手头有点紧"的难题（电感或电容不够大）。如图 5.2.31 所示，将开关频率提高到 2MHz 以后，虽然电感 L 只有 $10\mu H$，滤波电容 C_1 只有 $100\mu F$，但是电感电流连续，输出电压纹波也非常小。

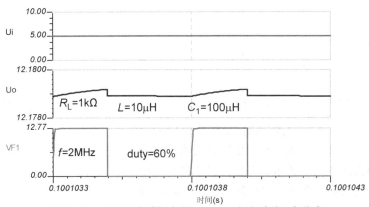

图 5.2.31　高频小电感轻负载下 Boost 电路瞬时现象仿真

5.2.4　升降压斩波电路

学完了降压电路和升压电路，就该轮到升降压电路了。每个读者都会有这样的想法，Buck 电路和 Boost 电路前后级联不就是既能降压又能升压的电路了吗？确实升降压电路也称为 Buck-Boost 电路，但煞有其事地推导如何将 Buck 和 Boost 级联电路化简为升降压电路，就属于"误人子弟"了。升降压电路其实是由 Boost 电路单独演化而来的，和 Buck 电路并无关系。

在分析 Boost 电路原理时，用到了图 5.2.32 所示的高压产生电路与峰值电压保持电路。

1）开关 SW_1 断开时，U_L 的电压方向是帮助 V_1 维持电流，所以与 V_1 方向相同。也就是从 AB 两点引出电压肯定是升压的（比 V_1 高）。将 AB 分别与 EF 对接，就顺理成章地构成了 Boost 升压电路。

图 5.2.32　高压产生电路与峰值电压保持电路

2）如果不从 AB 将电压取出，而是直接提取电感上的电压，就不一定是升压电路了。如图 5.2.33 所示，将峰值电压采样电路竖着放置，拟将 CE 相连、AF 相连。

3）进一步分析发现，当 SW_1 断开后，电感电流方向是从 C 至 A。如图 5.2.33 那样连接，VD_1 二极管会挡住电感对 C_1 充电。所以，峰值电压保持电路的方向应镜像一下，如图 5.2.34 所示。

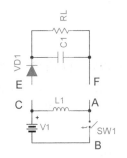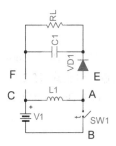

图 5.2.33　升降压电路雏形 1　　　　图 5.2.34　升降压电路雏形 2

4）将图 5.2.34 所示电路 FC 相连、AE 相连，并"放倒"，就得到图 5.2.35 所示的电路。

5）为了使输入/输出电压能够"共地"，对图 5.2.35 所示电路做一些调整，将 SW$_1$ 和 VD$_1$ 都挪到上面。对于开关 SW$_1$ 来说，是控制电源的阴极还是阳极，是没有分别的。而 VD$_1$ 二极管挪到上面，则要相应调换方向。

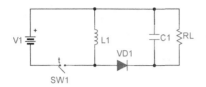

图 5.2.35　升降压电路雏形 3

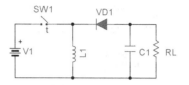

图 5.2.36　升降压电路雏形 4

对输入/输出电压和地进行标注以后，最终得到了图 5.2.37 所示的 Buck-Boost 升降压电路。这个电路是否真的能升压还不知道，根据图 5.2.37 所示的正方向可以列出电感上电压的表达式，通过对电感电压的计算，可求出输入/输出电压的关系。

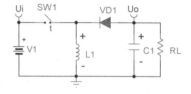

图 5.2.37　Buck-Boost 升降压电路

1）开关闭合时，Buck-Boost 电路等效电路如图 5.2.38 所示，电感电压表达式为：

$$u_{\text{LON}} = U_{\text{I}} \tag{5.2.12}$$

2）开关断开时，Buck-Boost 电路等效电路如图 5.2.39 所示，电感电压表达式为：

$$u_{\text{LOFF}} = U_{\text{O}} \tag{5.2.13}$$

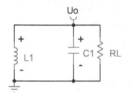

图 5.2.38　开关闭合时 Buck-Boost 电路的等效电路　　　图 5.2.39　开关断开时 Buck-Boost 电路的等效电路

3）根据稳态电流连续时，电感两端电压平均值为零，可得式（5.2.14），输出电压由开关通断时间比决定，可升压可降压，而且是负压输出。

$$u_{\text{LON}} \times T_{\text{ON}} + u_{\text{LOFF}} \times T_{\text{OFF}} = 0$$
$$U_{\text{I}} \times T_{\text{ON}} + U_{\text{O}} \times T_{\text{OFF}} = 0$$
$$U_{\text{O}} = -\frac{T_{\text{ON}}}{T_{\text{OFF}}} \times U_{\text{I}} \tag{5.2.14}$$

刚才从理论计算上验证了 Buck-Boost 电路的特性，定性讲原理也可以加以说明。

1）Boost 电路的输出电压式（5.2.11）进行变换可得式（5.2.15），由两部分组成：U_{I} 及 U_{L}。升降压电路取自 U_{L}，所以 Buck-Boost 电路 U_{O} 表达式就应该是式（5.2.15）的形式。

$$U_{\text{O}} = \frac{T_{\text{ON}} + T_{\text{OFF}}}{T_{\text{OFF}}} \times U_{\text{I}} = U_{\text{I}} + \frac{T_{\text{ON}}}{T_{\text{OFF}}} U_{\text{I}} \tag{5.2.15}$$

2）对图 5.2.39 电路分析，开关断开以后，电感 L 电流应为自上而下，对应就是给滤波电容充下正上负的电压，所以输出电压 U_{O} 为负压就不足为奇了。

　　Buck-Boost 升降压电路取自 Boost 电路，所以它也不能工作在空载情况。有关电感量、开关频率、滤波电容、负载轻重的讨论读者，可仿照 Buck 和 Boost 电路，自行利用 TINA 仿真进行研究。

5.2.5　Cuk 斩波电路

　　在电源电路设计中，输入电流和输出电流是否连续是判断电路优劣的一个指标。如果输入电流连续，意味着 U_I 端功率因数较高，对上级电源的谐波干扰小；而输出电流连续，则意味着 U_O 端的输出纹波小，电压稳定。

　　1）Buck 电路的输出电流连续，但输入电流不连续。负载端直接与电感串联，电感电流没有其他支路，则意味着输出电流连续。

　　2）Boost 电路的输入电流连续，但输出电流不连续。U_I 端直接与电感串联，电感电流没有其他支路，则意味着输入电流连续。

　　3）Buck-Boost 电路的输入/输出电流均不连续。

　　有一种斩波电路可以同时做到输入/输出电流均连续，它就是传说中的 Cuk 电路。下面试图"还原"Cuk 电路的设计过程。

　　1）Boost 电路的输入电流是连续的，所以 Cuk 电路的输入部分应该是类似图 5.2.40 所示的电路（Boost 的输入部分）。

　　2）Buck 电路的输出电流是连续的，所以 Cuk 电路的输出部分应该是类似图 5.2.41 所示的电路（Buck 的输出部分）。根据二极管的方向来判断，图 5.2.41(a) 是正压输出，图 5.2.41(b) 是负压输出，也就是 Cuk 电路可能是正压输出，也可能是反压输出。

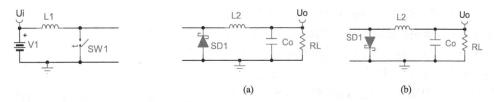

	(a)	(b)

图 5.2.40　输入电流连续的斩波电路单元　　　　图 5.2.41　输出电流连续的斩波电路单元

　　先假定 Cuk 电路是正压输出的，将图 5.2.40 和图 5.2.41 进行组合，电感 L_1 和 L_2 之间简单导线直连就得到了图 5.2.42 所示的电路。

　　1）稍加分析图 5.2.42 就会发现问题。由于稳态时电感 L_1 和 L_2 电压平均值均为零，所以导线直连意味着输入电压 U_I 与输出电压 U_O 将相等，这样的电路没有变压功能，显然是行不通的，L_1 到 L_2 之间必须有压差。

　　2）三种基本元器件中，电感连接的效果和导线一样，电阻连接将会直接带来功耗，只有电容可以实现输入/输出之间形成压差。

　　仍假定 Cuk 电路是正压输出，利用电容连接图 5.2.40 和图 5.2.41，于是就有了图 5.2.43 所示的 Cuk 电路雏形。

　　1）对图 5.2.43 进行分析，开关 SW_1 闭合和断开时，C_1 上的电流方向肯定是一左一右（要么反过来），否则单向电流时，C_1 上电压不可能稳定。

　　2）SW_1 开关闭合时，L_1 电流一定是自左向右，所以开关断开时，L_1 电流仍会保持自左向右，C_1 的电流在开关断开时电流方向也是自左向右。因此，当开关闭合时，C_1 电流应该是自右向左。C_1、SW_1、S_{D1} 形成的电流网孔，流过逆时针电流将是短路，所以图 5.2.43 所示电路也有问题。

现在只能假定 Cuk 电路是负压输出，将图 5.2.40 和图 5.2.41 结合以后得到图 5.2.44 所示的电路，这就是 Cuk 电路。分析复杂电力电子电路的工作原理时，牢牢记住开关闭合就是导线、开关断开就可抹掉这一原则。

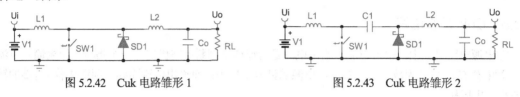

图 5.2.42　Cuk 电路雏形 1　　　　　　　　　图 5.2.43　Cuk 电路雏形 2

1) SW_1 开关闭合时，SW_1 替换为导线，S_{D1} 抹掉，Cuk 电路的等效电路如图 5.2.45 所示。V_1 和 L_1 构成一个电压回路，实际电流一定为顺时针方向；C_1、L_2 和负载（C_O 和 R_L）构成另一个电压回路，实际电流方向一定为逆时针（原因在图 5.2.45 电路中分析过，C_1 电流此时必须是逆时针）。

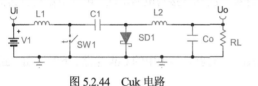 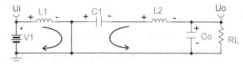

图 5.2.44　Cuk 电路　　　　　　　图 5.2.45　开关闭合时的 Cuk 电路等效电路

2) 开关闭合时，根据图 5.2.45 所示的各元器件电压正方向，可以分别列出 L_1 和 L_2 电压的表达式（5.2.16）。注意，比起前面介绍的三种电路，Cuk 电路计算多出一个电感的电压方程，同时也多出一个电容电压的未知数。

$$\begin{cases} u_{L1ON} = U_I \\ u_{L2ON} = -u_{C1} - U_O \end{cases} \tag{5.2.16}$$

3) SW_1 开关断开时，SW_1 抹掉，S_{D1} 替换为导线，Cuk 电路的等效电路如图 5.2.46 所示。V_1、L_1 和 C_1 构成一个电压回路，实际电流一定为顺时针方向（L_1 电流方向不会变）；L_2 和负载（C_O 和 R_L）构成另一个电压回路，实际电流方向一定为逆时针（L_2 电流方向不会变）。

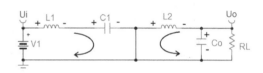

图 5.2.46　开关断开时的 Cuk 电路等效电路

4) 开关断开时，根据图 5.2.46 所示的各元器件电压正方向，可以分别列出 L_1 和 L_2 电压的表达式（5.2.17）。

$$\begin{cases} u_{L1OFF} = U_I - u_{C1} \\ u_{L2OFF} = -U_O \end{cases} \tag{5.2.17}$$

5) 对 L_1 和 L_2 分别计算电压平均值，可得一个二元一次方程组，求解得到式（5.2.18）。结果表明，Cuk 电路为负压输出电路，可升压可降压。

$$\begin{cases} u_{L1ON} \times T_{ON} + u_{L1OFF} \times T_{OFF} = 0 \\ u_{L2ON} \times T_{ON} + u_{L2OFF} \times T_{OFF} = 0 \end{cases}$$

$$\begin{cases} U_I \times T_{ON} + (U_I - u_{C1}) \times T_{OFF} = 0 \\ (-u_C - U_O) \times T_{ON} + (-U_O) \times T_{OFF} = 0 \end{cases}$$

$$\begin{cases} U_O = -\dfrac{T_{ON}}{T_{OFF}} \times U_I \\ u_C = \left(1 + \dfrac{T_{ON}}{T_{OFF}}\right) \times U_I \end{cases} \tag{5.2.18}$$

Cuk 中有关电感量、开关频率、滤波电容、负载轻重的仿真，读者自行利用 TINA 仿真进行研究。值得一提的是，Cuk 电路在理论上非常完美，但由于电路复杂，参数比较难设定，最常用的斩波电路还是 Buck、Boos、Buck-Boost 三种。

5.2.6　Sepic 和 Zeta 斩波电路

Cuk 电路是反压输出，前面分析过正压输出难以做到输入/输出电流均连续。在基本斩波电路中，还有 Sepic 和 Zeta 两种拓扑，可以做到正压输出，但仅能保证一个电流连续。Sepic 电路为输入电流连续，Zeta 为输出电流连续。

根据 Buck-Boost 电路的负面设计经验，输入电流不连续的单元如图 5.2.47 所示，输出电流不连续的单元如图 5.2.48 所示，其中，输出负压的是图(a)，输出正压的是图(b)。

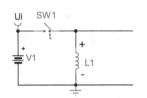 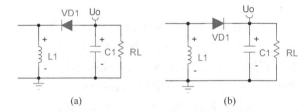

图 5.2.47　输入电流不连续的斩波电路单元　　　　图 5.2.48　输出电流不连续的斩波电路单元

将输入电流连续的图 5.2.40 单元与输出电流不连续的图 5.2.48 单元用电容连接起来，就构成了 Sepic 电路，如图 5.2.49 所示。像 Cuk 电路那样，列 L_1 和 L_2 电压方程组可以计算出 Speic 电路的输出电压 U_O，它与 Cuk 电路 U_O 表达式仅有正负号的区别，本书不再推导。

将输入电流不连续的图 5.2.47 单元与输出电流连续的图 5.2.41 单元用电容连接起来，就构成了 Zeta 电路，如图 5.2.50 所示。Zeta 电路输出电压 U_O 表达式与 Sepic 电路相同，本书也不再推导。

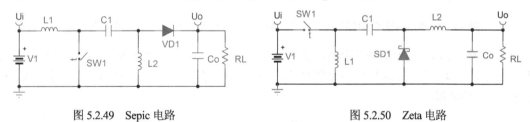

图 5.2.49　Sepic 电路　　　　　　　　　　　　图 5.2.50　Zeta 电路

5.2.7　电流可逆斩波电路

在 5.2.3 节讲过，Buck-Boost 电路其实名不副实，它并不是真的由 Buck 电路和 Boost 电路组合变化得来的。其实真的存在另一种斩波电路是货真价实结合 Buck 和 Boost 两者的原理的，但是它的名字却被叫做"电流可逆斩波电路|"。

图 5.2.51 所示的电路就是电流可逆斩波电路，它的负载一般是直流电机或电源。由于旋转中的直流电机可以视为一个电源，所以接下来的电路中一律用电池来代替电机符号。

1）对电流可逆斩波电路来说，V_1 电压高而 V_2 电压低，但两者究竟谁是电源谁是负载，则要"看情况"，这也是电流可逆斩波电路名称的由来。

2）如果 V_2 是实际电池，则该电路可以实现 V_1 降压后对 V_2 进行充电，或者是 V_2 升压后对 V_1 充电。

3）如果 V_2 是直流电机，则该电路可以实现电源 V_1 驱动 V_2 电机的电路，或者是 V_2 电机减速并将能量回馈电源 V_1。

图 5.2.51 所示的电流可逆斩波电路原理可以这样简单分析。

1）VD$_1$ 和 VD$_2$ 为场效应管 VT$_1$ 和 VT$_2$ 寄生的二极管，即使不控制 VT$_1$ 和 VT$_2$ 的通断，两个二极管仍然会"自动"工作。

2）如果彻底放弃控制 VT$_2$，将 VT$_2$ 抹掉（VD$_2$ 保留），那么构成普通降压斩波电路，L$_1$ 电流就是自左向右的，当然电感电流可能连续或是断续。

3）如果彻底放弃控制 VT$_1$，将 VT$_1$ 抹掉（VD$_1$ 保留），那么构成普通升压斩波电路，L$_1$ 电流就是自左向右的，当然电感电流可能连续或是断续。

4）实际还可以让 VT$_1$ 和 VT$_2$ 互补导通，这样在一个周期中，电路将一部分时间工作于 Buck 电路状态，剩下时间工作于 Boost 电路状态。

下面对以上提及的三种工作方式进行仿真，首先简化电路并设定具体的电路参数，得到图 5.2.52 所示电路。

1）将 VT$_1$ 和 VT$_2$ 代表的 MOSFET 开关替换为时间控制开关，以便简化控制电路。

2）在电感 L$_1$ 处增加一个电流探头 AM$_1$，以便分析电路工作过程。（注：在实际开关电源设计中，如果能用高带宽的示波器电流探头去直接观测电流信号，将会事半功倍。不过不幸的是，高带宽电流探头价格是万元起步，学生在学校一般实验室难得见到。）

2）将二极管改为快恢复二极管 1N4148（默认二极管型号是 1N1183）。

3）滤波电容 C$_1$ 和 C$_2$ 改为 10μF。

4）V$_1$ 电压设为 10V，V$_2$ 电压设为 5V，并各增加 10Ω 内阻 R$_1$ 和 R$_2$。

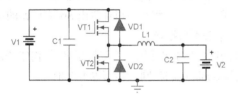 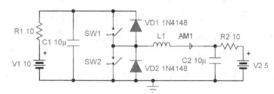

图 5.2.51　电流可逆斩波电路　　　图 5.2.52　电流可逆斩波电路工作状态仿真电路图

采用图 5.2.53 所示的时间开关参数，将开关周期设为 50μs，SW$_1$ 的占空比为 50%，SW$_2$ 保持断开，这样就可以得到纯 Buck 电路控制方式。瞬时现象仿真时长设为 1～1.1ms，可得图 5.2.54 所示的电感电流波形。

图 5.2.53　电流可逆斩波电路 Buck 工作状态的时间控制开关设定

1）1～1.025ms，这是开关 SW$_1$ 闭合区间，此时电感电流近似线性上升，电流通路是 V$_1$→SW$_1$→L$_1$→负载→GND，符合 Buck 电路运行特征。

2）1.025～1.05ms，这是开关 SW$_1$ 断开区间。仿真结果表明，电感电流发生了断续。前半段电感电流近似线性下降，电流通路是 VD$_2$→L$_1$→负载→GND；在后半段电流下降到 0 以后，由于 VD$_2$ 不能反向导通，所以电流保持为零，符合 Buck 电路运行特征。

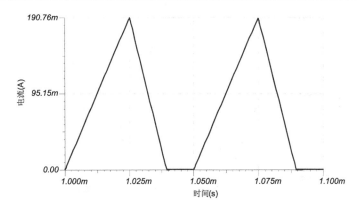

图 5.2.54 电流可逆斩波电路 Buck 工作状态电感电流波形

前面为什么我们要将默认的普通整流 1N1183 二极管换成快恢复的 1N4148 呢？如果对图 5.2.55 电路进行与之前一样的参数仿真，得到的电流波形将会如图 5.2.56 所示，发现了吗？电感电流有一丁点反向了！原因请自行分析（提示：复习 3.1.3 节和 3.1.4 节的知识）。

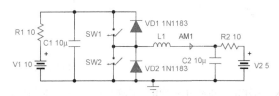

图 5.2.55 使用普通二极管的电流可逆斩波电路工作状态仿真电路图

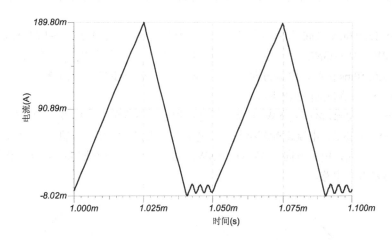

图 5.2.56 使用普通二极管的电流可逆斩波电路 Buck 工作状态电感电流波形

将 SW$_1$ 和 SW$_2$ 的设置参数对调，就可以得到纯 Boost 电路控制方式。同样瞬时现象仿真时长设为 1～1.1ms，可得图 5.2.57 所示的电感电流波形。电感电流也是断续的，分析过程与 Buck 类似，就不详细展开了。

采用图 5.2.58 所示的时间开关参数，SW$_1$ 和 SW$_2$ 互补导通，这样就可以得到"电流可逆"控制方式。瞬时现象仿真时长设为 1～1.1ms，并将坐标上下限改为对称（–130～130mA），可得图 5.2.59 所示的电感电流波形。

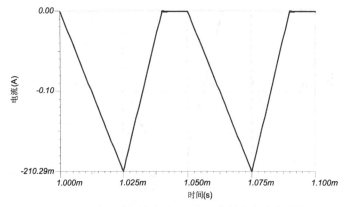

图 5.2.57　电流可逆斩波电路 Boost 工作状态电感电流波形

图 5.2.58　电流可逆斩波电路"电流可逆"工作状态的时间控制开关设定

1）由于 SW_1 和 SW_2 开关互补导通，不存在二极管不能反向流电流的问题了，所以电感电流是连续的。

2）1.0000～1.0250ms 区间是 SW_1 导通，但工作状况分两部分。1.0000～1.0125ms 区间，电流方向是 $V_2 \rightarrow L_1 \rightarrow SW_1 \rightarrow V_1 \rightarrow GND$，电流逐渐减小到零，电路工作状态为以 V_2 为电源、V_1 为负载的升压电路。1.0125～1.0250ms 区间，电流方向是 $V_1 \rightarrow SW_1 \rightarrow L_1 \rightarrow V_2 \rightarrow GND$，电流逐渐增大，电路工作状态为以 V_1 为电源、V_2 为负载的降压电路。

3）1.0250～1.0500mS 区间是 SW_2 导通，工作状况也分两部分。1.0250～1.0375ms 区间，电流方向是 $SW_2 \rightarrow L_1 \rightarrow V_2 \rightarrow GND$，电流逐渐减小到零，电路工作状态为以 V_1 为电源、V_2 为负载的降压电路。1.0375～1.0500mS 区间，电流方向是 $V_2 \rightarrow L_1 \rightarrow SW_2 \rightarrow GND$，电流逐渐增大，电路工作状态为以 V_2 为电源、V_1 为负载的升压电路。

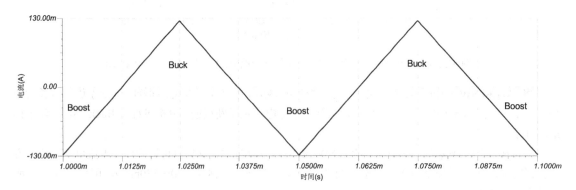

图 5.2.59　电流可逆斩波电路"电流可逆"工作状态电感电流波形

　　图 5.2.58 的参数设定仅为说明原理，实际不会将 SW_1 和 SW_2 的占空比设为 50%，那样电流成了拉锯战，两个电池互相充、放电。将占空比改变，可得到实际电流可逆斩波电路的工作状态。

　　1）将 SW_1 占空比设为 75%，互补导通的 SW_2 占空比设为 25%，电流仿真结果如图 5.2.60 所示。在 Buck 工作模式下，电流不会降到零，所以电路工作状态一直都是 Buck，从原理上此时仅靠 VD2 的续流作用即可，SW_2 的导通起到的效果实际是"同步整流"，降低导通压降，减小损耗的效果。

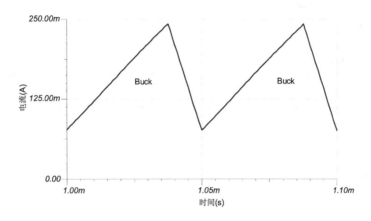

图 5.2.60　75%占空比下电流可逆斩波电路电流仿真波形

　　2）将 SW_1 占空比设为 60%，互补导通的 SW_2 占空比设为 40%，电流仿真结果如图 5.2.61 所示。此时，电路主要工作在 Buck 状态，少数时候在 Boost 状态。总体上可认为是 V_1 对 V_2 充电。同样，开关互补导通，实际短路掉了二极管，起到"同步整流"的效果。

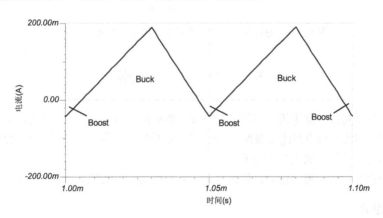

图 5.2.61　60%占空比下电流可逆斩波电路电流仿真波形

　　3）将 SW_1 占空比设为 40%，互补导通的 SW_2 占空比设为 60%，电流仿真结果如图 5.2.62 所示。此时，电路主要工作在 Boost 状态，少数时候在 Buck 状态。总体上可认为是 V_2 对 V_1 充电。同样，开关互补导通，起到"同步整流"的效果。

　　4）将 SW_1 占空比设为 25%，互补导通的 SW_2 占空比设为 75%，电流仿真结果如图 5.2.63 所示。此时，电路完全工作在 Boost 状态，V_2 升压后对 V_1 充电。

　　5）注意，由于在"电流可逆"控制方式下，二极管可以是"双向导通的"，所以让 SW_1 和 SW_2 互补导通就能实现"同步整流"的效果。其他电路要实现同步整流，例如，纯 Buck 电路就没这么简单，SW_2 在续流电流降到零时，就必须关断了，控制要复杂得多。

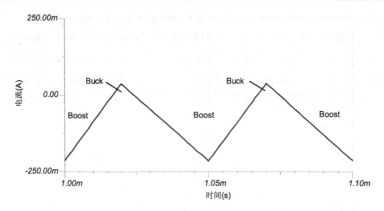

图 5.2.62　40%占空比下电流可逆斩波电路电流仿真波形

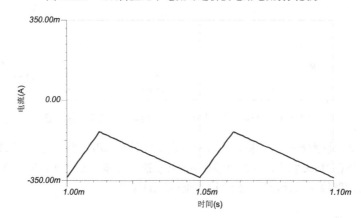

图 5.2.63　25%占空比下电流可逆斩波电路电流仿真波形

5.3　桥式电路

前面介绍的斩波电路（除电流可逆斩波电路外）都坚持只用一个开关，这是因为电力电子开关不仅本身比较值钱（相比电路中其他元器件），而且还不好伺候（需要驱动控制）。如果是花钱买大电感、大电容，只不过是多花钱，放上就能用了。

当负载需要改变电压电流方向时，就需要多开关的桥式电源电路了。

5.3.1　全桥电路

全桥电路也叫 H 桥电路，它的用途非常广泛，其根本之处就在于可以对负载加载正负电压（电流）。

1）用于驱动直流电机时，可以实现电机正反转，改变开关占空比就可以调速。

2）用于驱动扬声器时，就是效率极高的 D 类功放。

3）如图 5.3.1 所示，对角线开关交替工作可以输出交流电，此时的全桥电路称为逆变电路，也就是从直流电得到交流电。如果开关的占空比按正弦规律变化，输出则可等效出正弦交流电。

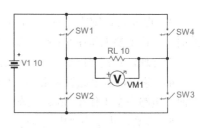

图 5.3.1　全桥电路

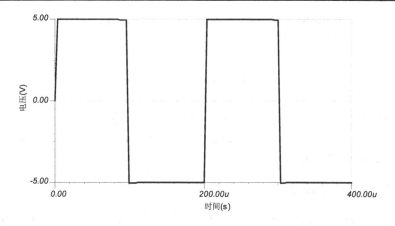

图 5.3.2　全桥电路逆变工作模式瞬时现象仿真

4）同一桥臂的两个开关（如 SW$_1$ 和 SW$_2$）不能同时导通，否则电源会发生短路。由于电力半导体开关从收到控制信号到真正关断需要一定的时间，所以 SW$_1$ 和 SW$_2$ 的控制信号必须预留出保证两只开关均关断的时间，这个最短所需时间称为死区时间（dead time）。不同类型的开关所需的死区时间不同，MOSFET 开关关断时间一般为几微秒至数十微秒。

5.3.2　半桥电路

全桥电路的原理很好理解，但有时不需要 4 个开关也可以实现逆变电路。如图 5.3.3 所示，用两个大容量电容取代 H 桥的两个开关，就构成了半桥电路。

1）由于 C$_1$ 和 C$_2$ 电容值很大，所以可以认为它们的电压在一个周期内几乎不变，按 V$_1$ 电压 10V 计算，C$_1$ 和 C$_2$ 电压应该保持 5V。

2）SW$_1$ 导通时（SW$_2$ 断开），R$_L$ 与 C$_1$ 并联，被加载了右正左负的 5V 电压；SW$_2$ 导通时（SW$_1$ 断开），R$_L$ 与 C$_2$ 并联，被加载了左正右负的 5V 电压；负载 R$_L$ 上形成的交流电压如图 5.3.4 所示，注意，半桥电路输出电压只有全桥电路的一半。

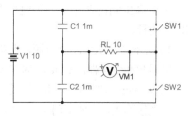

图 5.3.3　半桥电路

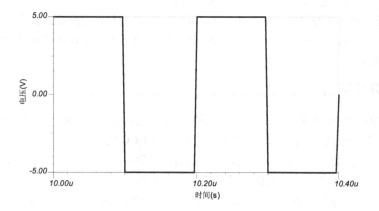

图 5.3.4　半桥逆变电路瞬时现象仿真

3）半桥电路与全桥电路一样，可以使用占空比变化的 SPWM 来控制，从而输出正弦波电压。与全桥电路不同的是，半桥电路的两个开关必须对称互补工作，否则 C_1 和 C_2 电压将不再平衡，电路的工作状态就完全不同，读者可自行仿真。

5.4 驱动的隔离

电力半导体开关的驱动电路主要有两个作用，5.1.6 节实际讲解了其中一个作用，那就是驱动电路必须提供足够的功率去快速通断开关。本节将讲解驱动电路的另一个作用——隔离，内容主要包含为什么需要隔离，以及隔离的方法。

5.4.1 驱动电平的浮动现象

本节将通过分析桥式电路驱动电平的浮动现象，帮助读者理解为什么驱动需要隔离。如图 5.4.1 所示，将全桥电路中的开关全部换成了实际的 N 沟道增强性 MOSFET，直流电压 PV_{CC} 取 100V。

1）VT_2 和 VT_3 驱动很好办，只需要在 E 和 F 上加载几伏的控制电压即可，VT_2 和 VT_3 称为低压侧桥臂。

2）想要驱动 VT_1，必须在 AC 之间加载几伏的电压，这里就暂定 5V 好了。VT_4 的情况与 VT_1 类似，下面只讨论 VT_1。

3）假定开关特性完全一致，C 点电压在 4 个开关均不导通时，电压将是 50V（VT_1 和 VT_2 的绝缘电阻相等，各承受一半电压）。这意味着 A 点驱动电压要给上 55V 才行。

4）当 VT_1 导通时，C 点电压将上升到 100V，这时 A 点驱动电压得 105V。由于 C 点电压浮动，处于高压侧桥臂的 MOSFET 将很难驱动。

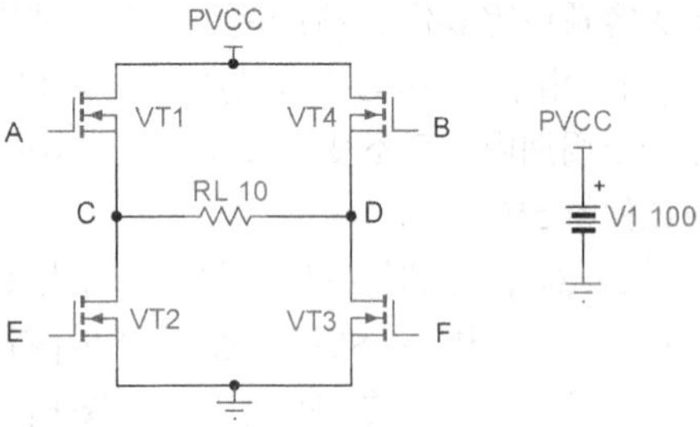

类似高压侧桥臂这种开关电平浮动的驱动方案大体有以下几种。

1）对于高电压大功率电源，或者是不惜工本的情况，可以采用脉冲变压器隔离或光耦隔离的方案。

2）脉冲变压器的原理并不复杂，但脉冲变压器并无成品可直接购买，需要专门定制。由于涉及磁性元器件选取、匝数比计算等复杂知识，篇幅限制，本书不涉及。

3）光耦隔离的原理也很简单，只强调一点，真正的光耦隔离需要使用隔离电源供电，可参考 4.3.6 节隔离放大器的供电电源设计原理。

图 5.4.1 N-MOSFET 构成的全桥电路

4）在中小功率电路中使用更广泛的是两种低成本的方案，自举升压驱动和 P 型管驱动，下面的小节分别进行讲解。

5.4.2 自举升压驱动

当电源电路中有两个开关，构成高低压侧桥臂，并且控制方法是轮流导通时，就可以使用原理上非常巧妙的自举升压驱动芯片，如图 5.4.2 所示的 TI 公司 UCC27200A 驱动芯片。

1）VT_1 和 VT_2 构成一对半桥，VT_2 为低压侧桥臂，驱动毫无压力。VT_1 的源极接在芯片的 HS 端，随着 VT_2 的通断，V_{HS} 电平将高低起伏，因此 VT_1 难以驱动。

2）在芯片内部，低压侧驱动单元的电源直接是 12V 控制电源 V_{DD} 供电；高压侧驱动单元的电源 HV_{CC} 则是由自举升压电容 C 所提供，且它的"地"是 V_{HS}。

3）由于 C 的电平是随 VT_1 的源极（V_{HS}）浮动的，所以高压侧驱动单元输出的驱动信号 HO 也会自动浮动电平，从而解决 VT_1 驱动问题，这也就是自举升压驱动名称的由来。

如何保证 C 上始终有电呢？答案在 $V_{DD}{\rightarrow}VD{\rightarrow}C{\rightarrow}VT_2{\rightarrow}GND$ 所构成的充电回路上。

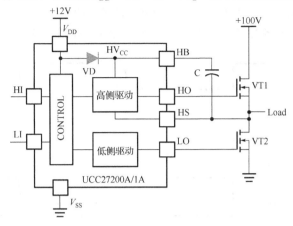

图 5.4.2　UCC27200A 自举升压驱动简化的原理框图

1）当 VT_2 导通时，V_{HS} 电压降到 0，C 可被 V_{DD} 充 12V 电压。

2）当 VT_2 断开时，V_{HS} 电压升高，HV_{CC} 同步升高，由于 VD 反向截止，C 不会对 V_{DD} 漏电，C 两端的电压保持 12V。

3）由于 C 上储能始终是有限的，会被高压侧驱动电路用掉电荷，所以低压侧开关 VT_2 需要周期性导通（顺便）给 C 充电。并且，电路刚启动时，也必须先开通 VT_2（以便给 C 充上电），而后才能去控制 VT_1。

本书 5.2.6 节的电流可逆斩波电路的"电流可逆"工作状态下，两只开关互补导通，便可以使用自举升压驱动芯片进行驱动。常用的自举升压驱动芯片还有 IR 公司的 IR2110，它与 UCC27200A 的主要区别是自举升压二极管 VD 没有集成在芯片内部，注意要选取快恢复二极管。

5.4.3　P 型管驱动

对不满足自举升压驱动原理的小功率开关电路来说，例如，如图 5.4.3 所示的 Buck 斩波电路，VT_1 的源极电位 VF_1 是浮动的，也存在难以驱动的问题，此时如果采用光耦或脉冲变压器去隔离，肯定不是经济合理的。

有一种简单方案是使用 P 型电力电子开关来解决电压浮动问题。如图 5.4.4 所示，将桥式电路的高压侧桥臂开关换成 PMOS 管。

1）对于 VT_1 和 VT_4 来说，栅极电压低于 PV_{CC} 时，开关导通；栅极电压等于 PV_{CC} 时，开关断开。栅极所需的控制电压不再是浮动的。

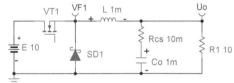

图 5.4.3　Buck 电路的开关

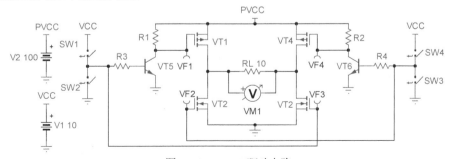

图 5.4.4　PMOS 驱动电路

2）利用三极管（或场效应管）VT_5 和 VT_6 构成的反相器电路，可将 VT_1 和 VT_4 栅极控制电压变换为低压控制，注意 VT_5 和 VT_6 需为高耐压的三极管或场效应管。

3）图 5.4.5 所示为瞬时现象仿真波形，注意观察 4 个 MOSFET 开关的栅极控制电压波形。

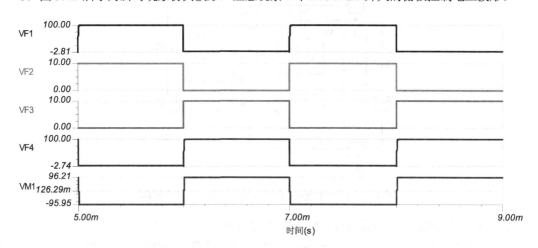

图 5.4.5　PMOS 构成的 H 桥电路的瞬时现象仿真

为了加快关断速度，实际 PMOS 的驱动还额外用开关管取代了电阻 R_1 和 R_2，以加快栅极电容的充电过程，图 5.4.4 所示的驱动电路用于低速场合和作为原理性说明，是可行的。

第 6 章　单片机编程基础知识

在单片机的入门学习中，我们不可避免地会养成三个习惯：只会用最简单的 C 语句，命名规则不合潮流，自娱自乐写全部代码。这当然不是什么坏事，一开始就追求高大上只会在门口徘徊不前，但一味偷懒光想着移植代码结果，就以为入门了，其实又出门了。

本章内容叫编程基础知识，并不是指入门的基础知识，而是帮助读者去适应主流的编程规则和方法。学完本章以后，最高纲领是能写出主流的单片机代码，最低纲领是希望能看懂配套实验板的用户例程。

6.1　C99 数据类型

在 C 语言的 C98 规范中，对数据类型的定义是存在缺陷的，比如 int 型数据，在不同单片机平台上所指代的位数是完全不同的。这就会给代码的移植造成不必要的麻烦。

C99 规范解决了这个问题，将数据的极性和位数明确地用数据类型名标示出来。

1）最新版本的 CCS 已经包含支持 C99 变量的头文件"stdint.h"，本书只列出头文件的片段，完整的头文件可以查看 CCS。

2）没有"stdint.h"时，也可以用"typedef"的方法，定义出符合规范且便于修改移植的变量类型。

```
#ifndef _STDINT_H_
#define _STDINT_H_
/*7.18.1.1 Exact-width integer types*/
    typedef   signed char        int8_t;
    typedef unsigned char        uint8_t;
    typedef            int        int16_t;
    typedef unsigned int         uint16_t;
    typedef            long       int32_t;
    typedef unsigned long        uint32_t;
    typedef        long long      int64_t;
    typedef unsigned long long    uint64_t;
...
```

3）以往通常自行使用宏定义的方法定义布尔型数据。现在布尔型数据也是 C99 规范中新增的内容，被命名为"_Bool"，CCS 中提供了"stdbool.h"头文件来针对 bool 布尔数据类定义。

6.2　匈牙利命名法

由于变量只在声明语句中包含数据类型的信息，在后续使用中，去专门查看变量类型是件非常无趣的事情，整型和浮点型还好，如果是指针、函数指针、结构体变量没有提示，就更加麻烦了。

1）编写复杂程序时，我们总是给各种变量的命名加上一些前缀，这样就能在阅读程序时立刻知道该变量类型了。

2）匈牙利命名法是计算机程序设计中的一种变量命名规则，借助 TI 的一份技术文档（编号 ZHCA533A）来学习与单片机编程相关的匈牙利前缀表示法。

3）该 TI 文档的名称是《将软件项目从 StellarisWare® 迁移到 TivaWare™》上，主要内容就是说以前库用的是 C98 规范，随着处理器构架越来越复杂，迫切需要改成 C99 规范。

4）图 6.2.1 和图 6.2.2 的内容直接从文档中截取。从图 6.2.1 中可以看出，之前的 StellarisWare 库中也使用了匈牙利前缀命名法，只不过数据类型的名称用的是"老款"的。新的命名法带数字，更直观和通用。

StellarisWare 类型	之前的前缀	TivaWare 类型	新前缀	示例
tBoolean	b	bool	b	bFoo
字符型[1]	c	字符型	C	cFoo
字符型[2]	c	int8_t	i8	i8Foo
短整型	s	int16_1	i16	i16Foo
长整型	I	int32_1	i32	i32Foo
超长整型	II	int64_1	i64	i64Foo
无符号字符（unsigned char）	uc	uint8_t	ui8	ui8Foo
无符号短整型	us	uint16_1	ui16	ui16Foo
无符号长整型	uI	uint32_1	ui32	ui32Foo
无符号超长整型	uII	uint64_1	ui64	ui64Foo

图 6.2.1　StellarisWare 和 TivaWare 中使用的数据类型

5）图 6.2.2 所示的"复杂"类型的命名方法更为重要，如果说图 6.2.1 中的类型前缀对阅读程序还影响不大的话，要是不懂图 6.2.2 的命名规则，基本上看代码就很困难了。

类型	前缀	示例
指针	p<prefix>	pcFoo, pui32Foo
typedef	t	tFoo
枚举值	e	eFoo
函数指针	pfn	pfnFoo
结构变量	s	sFoo
函数指针	u	uFoo
枚举值	i	iFoo
数组	p<prefix>	pcFoo[], pui32Foo[]
指针到指针或二维数组	pp<prefix>	ppcFoo[], ppui32Foo[]

图 6.2.2　Tivaware 中被改变的匈牙利前缀表示法

6.3　C 语言高级编程

本节内容是回忆开科普 C 语言学习中的一些盲点。虽然用简单的 C 语言就能够实现很多编程，但是总用简单语句写程序的坏处就是看不懂厂商提供的库函数，也无法与主流编程人员进行技术交流。在见多识广以后，最终初学者会发现那些看似复杂的编程语句不光是为了显摆，而是确定方便好用。

注：本节内容为了便于对比讲解，暂不采用匈牙利命名法。

6.3.1　结构体

结构体是非常有用的一种数据结构，各种库函数中大量包含结构体，是十分有必要掌握的 C 语言知识点。并且结构体的知识并不难懂，一招学会，终身受用。

1．结构体与数组

在简单的 C 语言中，与结构体比较接近的是数组，我们来看看两者的相同点。如图 6.3.1 所示，有两个矩形，每个矩形由对角（左上和右下）的两个点坐标加以确定，而每个点包含 *x* 和 *y* 坐标。用数组和结构体都可以描述这两个矩形。

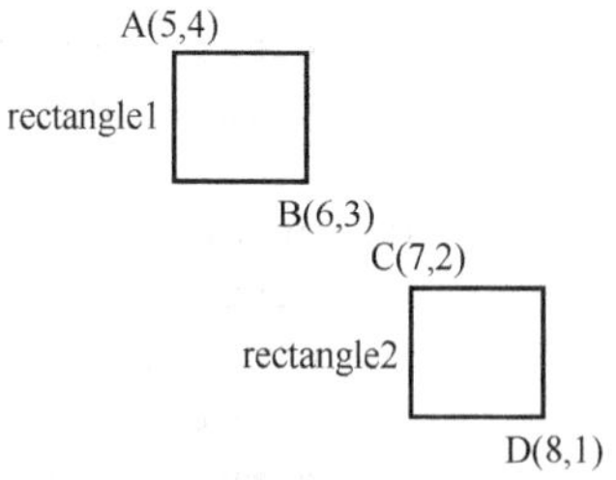

1）使用数组来描述这两个矩形的话，需要一个三维数组。一般说来，人脑思维操作二维数组就需要费一点事了，而三维数组中各成员的含义几乎就无法想象了。

图 6.3.1　定义两个矩形

```c
uint8_t rectangle[2][2][2];
rectangle[0][0][0] = 5;
rectangle[0][0][1] = 4;
rectangle[0][1][0] = 6;
rectangle[0][1][1] = 3;
rectangle[1][0][0] = 7;
rectangle[1][0][1] = 2;
rectangle[1][1][0] = 8;
rectangle[1][1][1] = 1;
```

2）如果用结构体来描述的话，先定义一个坐标点的结构体 point，再由结构体成员 point 去定义矩形的结构体 rectangle。结构体的代码即使不加解释，结构体的各成员含义也是比较清晰易懂的。

```c
struct point{
    int8_t x;
    int8_t y;
};
struct rectangle{
    struct point UpLeft;
    struct point DownRight;
} rectangle[2];
rectangle[0].UpLeft.x = 5;
rectangle[0].UpLeft.y =  4;
rectangle[0].DownRight.x =  6;
rectangle[0].DownRight.y =  3;
rectangle[1].UpLeft.x =  7;
rectangle[1].UpLeft.y = 2;
rectangle[1].DownRight.x =  8;
rectangle[1].DownRight.y =  1;
```

3）在本例中，数组与结构体都可以正确描述图 6.3.1 中定义的两个矩形，但是两者的清晰明了程度相距甚远。随便拿出一个数据"rectangle[0][1][1]"，难以想象这是图中的哪个点，而 rectangle[0].DownRight.y 则可以清晰地标示出是右下角的 y 坐标值。

2. 复杂成员的结构体

如果说描述图 6.3.1 还可以用数组的话，定义包含学生学号、姓名、性别、多科目分数的成绩单就无法使用数组了，因为同一数组中成员的数据类型必须是一样的。这时结构体的优点就体现出来了。

```c
struct course{
    float    Chinese;
    float    English;
    float    Mathematics;
};
struct Student{
    uint16_t        number;        //学号
    uint8_t         name[20];      //姓名
    _Bool           sex;           //性别
    struct course   grade1;        //分数结构体
    struct Student  *next;         //链表尾指针
};
struct Student Student[2]={0};
struct Student *pStudent;
pStudent = Student;
Student[1].sex = true;
pStudent->grade1.Mathematics = 95.5;
```

1）任何你能够想象的数据类型都可以作为结构体的成员，包括指针、结构体指针、函数指针。

2）结构体也可以有指针（pStudent），并且可以通过"->"运算符操作结构体成员。

3）结构体中最后一个成员是一个结构体指针，它可以指向 Student 同类型的结构体，作为链表尾指针使用。链表的内容本书例程不太涉及，有兴趣可自行复习 C 语言。

3. 结构体的其他定义方法

除了前面的结构体定义方法以外，视结构体使用的频繁程度，还有两种定义方法。

1）一次性使用，不标明结构体名，直接生成结构体变量。下面的程序代码中生成了三个看似相同的结构体变量 p1、p2 和 p3，其中 p2 直接初始化了数值。

2）p2 和 p1 同时声明，是同类型结构体，所以可以直接等号赋值，这比数组要方便（数组不能整个数组同时等号赋值）。

3）p3 和 p2 看似一样，但是是两种类型的结构体，不能够等号赋值。所以，不标明结构体名的方法只适合一次性声明结构体变量。

```c
struct{
    int x;
    int y;
} p1,p2={2,3};
struct{
    int x;
    int y;
```

```
} p3;
p1 = p2;
//p3 = p2;
```

4）当频繁使用某结构体时，可以考虑用 typedef 给予"名分"变成类型，摆脱 struct 这个关键词。注意定义类型 sPoint 时要专心，不能一心二用再同时声明该类型的变量 p1 和 p2，只能另起一行语句声明变量。此时，sPoint 与 int、char 等数据类型就是平等的了。

```
typedef struct {
    int x;
    int y;
} sPoint;
sPoint p1,p2 = {2,3};
p1 = p2;
```

6.3.2　联合体

联合体与结构体的声明方法，对成员的访问方法也非常类似。联合体可以用于"构造"数据。

1．联合体与结构体的区别

为了说明结构体和联合体的区别，编写一段代码在计算机的 C 编译器下运行。

```
uint8_t        c;
uint16_t            i;
struct{
    uint8_t c;
    uint16_t    i;
}s;
union{
    uint8_t        c;
    uint16_ti;
}u;
u.i = 0xFFFF;
u.c = 0x01;
printf("Length of c:%d\n",sizeof(c));
printf("Length of i:%d\n",sizeof(i));
printf("Length of s:%d\n",sizeof(s));
printf("Length of u:%d\n",sizeof(u));
printf("u.i=%x\n",u.i);
printf("u.c=%x\n",u.c);
```

1）前面说了，结构体类似数组，每个成员都是独占存储空间的，并且是依次排列。

2）结构体的长度是各成员长度之和，然后再"对齐"，所以上面代码中结构体 s 的长度是 4 字节，而不是 3 字节。有关"对齐"的知识参见专业的 C 语言书籍。

3）联合体则是各成员共享存储空间，长度取最长的成员（也要考虑"对齐"），所以联合体 u 的长度是 2 字节。

4）由于共享空间，所以先到先得。联合体成员 i 先赋值 0xFFFF，成员 c 后赋值 0x01，c 不受任何影响，而 i 的低 8 位则被 c 改变，c 的值 0xFF01 变得没有实际含义了。

一般是不会让联合体的成员混用的，需要"想办法"记住最后使用的那个成员。

2. 联合体的应用

在单片机应用中，常利用联合体去构造拼接各种数据。例如，一个 16 位的 ADC 采样，获得的数据可能是先获得高 8 位数据，再获得低 8 位数据，虽然有很多方法可以实现数据的"拼接"，但是使用联合体无疑是高大上的一种。以下代码在 C 编译器下执行。

```c
union{
    struct{
        uint8_t Low8Data;
        uint8_t Hight8Data;
    }s;
    uint16_t Data_16;
}u;
u.s.Low8Data = 1;
u.s.Hight8Data = 255;
printf("Data_16 is:%x\n",u.Data_16);
```

联合体还可以方便地实现对结构体的连续赋值。将数组和结构体作为联合体成员，对数组进行赋值的同时，就实现了对联合体的赋值。

1）wav 格式的音频文件中，最开始的 44 字节存储了文件格式、采样率、声道数等信息，使用结构体 wave_t 来描述可增强代码的可读性。

2）当从存储卡中连续地将 wav 文件头（44 字节）读取出来时，如果每次对结构体内部具体成员进行写操作，代码将会非常烦琐。

3）定义一个联合体，利用数组 wavInfo[44]与结构体 wave_t 共享存储空间这一特点，仅需连续写 wavInfo[ ]就可完成"取出"wav 文件头的目的。

```c
//wav 音频文件格式 （共 44 字节）
typedef union {
    uint8_t wavInfo[44];
    struct {
        uint8_t riff[4];         //资源交换文件标志(4 Byte)
        uint32_t size;           //从下个地址开始到文件结尾的字节数(4 Byte)
        uint8_t wave_flag[4];    //"wave"文件标识(4 Byte)
        uint8_t fmt[4];          //波形格式标识(4 Byte "fmt ")
        uint32_t fmt_len;        //过滤字节(一般为 00000010H)(4 Byte)
        uint16_t tag;            //格式种类，值为 1 时，表示 PCM 线性编码(2 Byte)
        uint16_t channels;       //通道数，单声道为 1，双声道为 2 (2 Byte)
        uint32_t samp_freq;      //采样频率(4 Byte)
        uint32_t byte_rate;      //数据传输率 （每秒字节=采样频率×每次采样大小）
                                 // (4 Byte)
        uint16_t block_align;    //块对齐字节数 = channles * bit_samp / 8 (2 Byte)
        uint16_t bit_samp;       //bits per sample (样本数据位数，又称量化位数)
                                 // (2 Byte)
        uint8_t data_flag[4];    //数据标识符   (4 Byte)
        uint32_t  length;        //采样数据总数  (4 Byte)
    } wave_t;
} waveFormat;
```

6.3.3 枚举

在 C 语言编程中,常量通常需要用 define 的方法赋予可读性。枚举的用途与 define 类似,用于给予常量名称,并且可以简化代码长度。此外,使用枚举作为函数的返回值,也是非常高效和方便的。

在单片机编程中,有很多带返回值的函数并不是真返回数据,而是返回操作的结果,如操作成功、操作失败、失败原因等。虽然可以用无符号整型变量来表示各种返回值情况,但是这显然没有使用枚举变量直观。

1)枚举变量 FRESULT 中,"F"的含义是文件系统(File system)的缩写,该变量专门用于声明文件系统中库函数(file fuction)的返回值(result)。

2)返回值 FR_OK 代表操作成功,枚举值实际是 0,"FR"是"File Fuction Result"的缩写。

3)FR_DISK_ERR 到 FR_TOO_MANY_OPEN_FILES 的枚举值分别为 1～18,代表了文件系统函数操作失败的 18 种情况,可读性非常好。

```
/*File function return code (FRESULT)*/
typedef enum {
    FR_OK = 0,              /*(0) Succeeded*/
    FR_DISK_ERR,            /*(1) A hard error occured in the low level disk I/O layer*/
    FR_INT_ERR,             /*(2) Assertion failed*/
    FR_NOT_READY,           /*(3) The physical drive cannot work*/
    FR_NO_FILE,             /*(4) Could not find the file*/
    FR_NO_PATH,             /*(5) Could not find the path*/
    FR_INVALID_NAME,        /*(6) The path name format is invalid*/
    FR_DENIED,              /*(7) Acces denied due to prohibited access or ...*/
    FR_EXIST,               /*(8) Acces denied due to prohibited access*/
    FR_INVALID_OBJECT,      /*(9) The file/directory object is invalid*/
    FR_WRITE_PROTECTED,     /*(10) The physical drive is write protected*/
    FR_INVALID_DRIVE,       /*(11) The logical drive number is invalid*/
    FR_NOT_ENABLED,         /*(12) The volume has no work area*/
    FR_NO_FILESYSTEM,       /*(13) There is no valid FAT volume on the physical drive*/
    FR_MKFS_ABORTED,        /*(14) The f_mkfs() aborted due to any parameter error*/
    FR_TIMEOUT,             /*(15) Could not get a grant ... within defined period*/
    FR_LOCKED,              /*(16) The operation is rejected according to the file ...*/
    FR_NOT_ENOUGH_CORE,     /*(17) LFN working buffer could not be allocated*/
    FR_TOO_MANY_OPEN_FILES  /*(18) Number of open files > _FS_SHARE*/
} FRESULT;
```

6.3.4 指针

指针是 C 语言的精髓,就像中断在单片机编程中意义一样重大,但是指针也是 C 语言学习的难点,大多数人刚学 C 语言时,对于指针的态度是存在偏见的,打个形象的比方:

1)我们出国旅游,看到商品标价 x 日元,总会第一时间换算回人民币值多少钱,尽量避免用日元去思考问题。这里日元就好比指针,人民币就好比变量,两者虽然能兑换,但是我们更熟悉、更愿意使用人民币。

2)而如果商品标价是美元,很多人就可以不经换算得出商品大概价值。并且,美元更加流行通用。其实指针的地位差不多就是美元，我们闭门造车的时候，也许可以尽量避免使用指针，但是要想和别人交流，各种指针几乎就相当于英语和美元的地位了。

1. 指针的含义

指针占不占存储空间？若占，不同指针占空间一样大吗？各多大？

1）指针变量占存储空间，存的是地址，地址线的位数都是一样大的，所以指针变量本身是"一样大"的。

2）不同处理器地址不一样大，计算机的 C 编译器上的地址是 32 位，占 4 字节。以下代码在 C 编译器下执行。

```
uint8_t *p1;
uint16_t    *p2;
double   *p3;
void     *p4;
printf("Size of p1:%d    value of p1:%8x\n",sizeof(p1),p1);
printf("Size of p2:%d    value of p2:%8x\n",sizeof(p2),p2);
printf("Size of p3:%d    value of p3:%8x\n",sizeof(p3),p3);
printf("Size of p4:%d    value of p4:%8x\n",sizeof(p4),p4);
```

```
Size of p1:4    value of p1:7ffde000
Size of p2:4    value of p2: 401388
Size of p3:4    value of p3: 4013ee
Size of p4:4    value of p4: 28ff48
```

指针既然都一样"大"，为什么还需要指明指针变量类型？

1）指针相当于门牌号，门牌号尺寸都是一样大的。但是不同门牌代表的"建筑物"可差别大了，比如街边一栋两层小楼就可以有一个门牌号，而一所占地几千亩的大学也只有一个门牌号。

2）我们设立门牌号的目的不是观赏，而是将来"按牌索骥"对"建筑物"进行操作，如果不声明门牌号所代表的"地盘"大小，就会导致把隔壁邻居的家产也抢夺了，或者是明明有几千亩地，却只"访问"了几百平方。以下代码在 C 编译器下执行。

```
uint8_t     *p1;
uint16_t    *p2;
uint32_t    *p3;
uint8_t temp[4]={0xAB,0xCD,0xEF,1};
p1 = temp;
p2 = temp;
p3 = temp;
printf("*p1:%x\n",*p1);
printf("*p2:%x\n",*p2);
printf("*p3:%x\n",*p3);
```

```
*p1:ab
*p2:cdab
*p3:1efcdab
请按任意键继续....
```

2. 指针参数

函数中参数的目的是交换"值"，"值"可以是数据值（变量），也可以是地址值（指针）。使用地址值作为参数有很多特殊好处。

1）即使是带返回值的函数，也只能返回一个变量。当函数中需要得到多个结果（改写多个变量）时，光用返回值是不够的。

2）初学者往往会避免使用指针，而采用函数中操作全局变量的方式来达到目的。先不说滥用全局变量的坏处，对于预先编写的库函数来说，不可能未卜先知地去使用全局变量。

3）函数的形参中，使用指针来取代常规变量，则可实现对变量本身的操作。简单说，任何场合都可以用指针代替变量。

举一个利用 SPI 接收数据帧的例子。

1）函数 SPI_readFrame 的目的是通过硬件 SPI 接收 size 字节一帧数据，并存储到首地址为 pBuffer 的存储空间里去。

2）待接收数据有多长预先是不知道的，但只要指明待存储空间的首地址，即可完成对数据的存储。

```
/*************************************************************************/
 * @brief   Read a frame of bytes via SPI
 * @param   pBuffer Place to store the received bytes
 * @param   size Indicator of how many bytes to receive
 * @return  None
 *************************************************************************/
void SPI_readFrame(uint8_t *pBuffer, uint16_t size)
{
    UCB0IFG &= ~UCRXIFG;                        //确保 RXIFG 标志位已清除
    while (size--){
        while (!(UCB0IFG & UCTXIFG)) ;         //等待发送完毕
        UCB0TXBUF = 0xff;                       //写入任意数
        while (!(UCB0IFG & UCRXIFG)) ;         //等待 RX 缓存满
        *pBuffer++ = UCB0RXBUF;
    }
}
```

3. 指针的指针

当函数需要改写数据时，需要用指针来传参，当函数需要改写指针本身时，就必须使用指针的指针来传递参数了。以下程序在 C 编译器中运行。

1）函数 fun1 的目的是将 1024 字节的内存起始地址给指针 ptr，但是实际执行完后 ptr 的值仍然是 0（NULL）。这个原因就像是函数不能改变形参变量的值一样。

2）解决的方法也类似，那就是用指针代替变量本身。fun2 操作的是 ptr 的地址，所以能够改写 ptr 的值。

3）正如前面所描述，所有指针本身的大小都是一样的（门牌大小一样）。

```
char* ptr = NULL;
char** pptr= &ptr;
fun1(char* ptr){
    ptr = malloc(1024);
}
fun2(char** pptr){
    *pptr = malloc(1024);
}
int main(void){
printf("Size of ptr:%d \n",sizeof(ptr));
printf("Size of pptr:%d\n",sizeof(pptr));
fun1(ptr);
printf("After fun1,value of ptr:%8x\n",ptr);
fun2(pptr);
printf("After fun2,value of ptr:%8x\n",ptr);
}
```

```
Size of ptr:4
Size of pptr:4
After fun1,value of ptr:        0
After fun2,value of ptr: 4d3638
```

4. 函数的指针

指针不仅可以指向变量，还可以指向函数的首地址，继而用于操作函数、复制函数。在本书的用户实验例程中，使用以函数指针为成员的结构体，来增强代码的可读性。

1）在复杂程序中，结构体可以将归属于同一"主人"的各成员统一"命名"，增强程序的条理性、可读性。

2）用户实验例程中，十几个演示任务都包含类似的函数，例如，graph 函数用于绘制显示界面，begin 函数用户初始化寄存器等。

3）调用 Sub[ui8Task_Status].pfnDemoGraph( )可以很清晰地表达程序意图，那就是调用对应演示任务的显示界面函数。

```
typedef struct{
    uint8_t ui8Task_Num;
    void (*pfnDemoGraph)();
    void (*pfnDemoBegin)();
...
} Subject;
const Subject Sub[11]={
    {MENU,(*Null),(*Null),(*Null),(*Null)},   //预留备用
    {TASK1,(*DC_Motor_Graph),(*DC_Motor_Begin),(*DC_Motor_Main),(*DC_Motor_Quit)},
...
    {TASK10,(*Music_Graph),(*Music_Begin),(*Music_Main),(*Music_Quit)},
};
...
Sub[ui8Task_Status].pfnDemoGraph();              //初始化 Demo 显示界面
Sub[ui8Task_Status].pfnDemoBegin();              //初始化 Demo 例程中的各种配置
```

第 7 章　综合实验平台设计

7.1　概　　述

虽然仿真软件极大地方便了模拟电路知识的学习，但适当的硬件设计和实验也有助于理论知识的巩固。综合实验平台涵盖从信号链、电源到电机控制的诸多方面，同时发挥单片机在人机交互方面的优势，生动有趣地学习模拟技术和单片机知识。

1）在信号链方面，针对超声波、麦克风、压力应变三种传感器的微弱信号，分别采用通用运放电路、三极管放大电路和仪表放大器电路进行处理，全面学习模拟信号调理的知识。对于常见的数字类传感器信号、红外类传感器信号、有源滤波器、信号极性变换，也专门设计了实验。

2）在电源管理方面，设计了最常用的两种斩波电路——Buck 斩波电路和 Boost 斩波电路。两个斩波电路分别使用集成芯片和分立 MOSFET 元器件来构造，在功能上也分别为电流输出与电压输出，尽可能地学习电源管理的各方面知识。

3）在电机控制方面，在有限大小的实验平台开发板上，精心设计了直流电机测速反馈控制单元与步进电机开环控制的实验单元。

4）综合实验部分选取了基于数控微电流源的晶体管图示仪，学习模拟仪表的设计知识。

如图 7.1.1 所示，实验板分为独立的 6 个模块设计，包括一个核心板和 5 个外围模拟实验板。

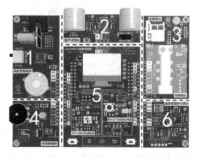

图 7.1.1　分模块化设计的模拟实验平台

1）实验板分割为互相独立的 6 块，5 块外围模块通过对插跳线与核心板相连。

2）5 号核心板提供了 COG 显示、机械/触摸按键、Buck、Boost、DAC 输出等功能。

3）1 号板为电机控制模块，提供步进电机、直流电机实验。

4）2 号板为超声波模块，提供超声波测距实验功能、有源滤波器实验功能。

5）3 号板为音频/称重模块，提供音频录放和电子称实验功能。

6）4 号板为传感器模块，提供光敏电阻背光控制、红外遥控、三轴加速度传感器实验功能。

7）6 号板为晶体管图示仪模块，提供了晶体管图示仪的实验功能。

独立模块设计有很多优点，首先外围模拟模块的模拟信号、数字信号均直接预留出了探测点。其次，外围模块不仅可供 LaunchPad 使用，还可以接插其他单片机开发板。

7.2　开关跳线及兼容性说明

实验板在设计上尽量避免复杂的开关跳线，最终板上无法避免地采用了三处开关跳线：

1）兼容 5529LP 和 M4LP 的比较器 IO；

2）选择电机驱动输出给直流电机或步进电机；

3）选择 DAC 的输出给播放器单元或晶体管图示仪单元。

7.2.1　LaunchPad 单片机开发板兼容

模拟实验平台扩展板按照图 7.2.1 所示的 TI 官方 LaunchPad BoostPack 标准规范进行设计，理论上兼容全部的 LaunchPad 的单片机开发板。

1）MSP-EXP430G2 单片机开发板的 BoostPack 仅有 20 引脚，所以无法兼容模拟实验平台扩展板。

2）LaunchPad BoostPack 标准规范中，缺乏对单片机片内比较器输入 IO 的说明。模拟实验平台中，只有超声波单元使用了比较器，所以不同 LaunchPad 的单片机开发板仅在这一功能上需要增加跳线选择。

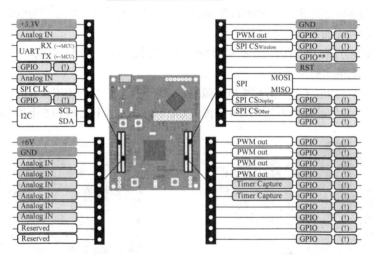

图 7.2.1　TI LaunchPad BoostPack 标准规范

3）如无特别说明，本书默认 IO 标注为 MSP-EXP430F5529LP（以下简称 5529LP）。图 7.2.2 所示为 LaunchPad BoostPack 标准规范下 5529LP 和 EK-TM4C123GXL（以下简称 M4LP）的 IO 对照表，其他类型的 LaunchPad 可根据 BoostPack 标准规范换算为对应 IO。

模拟实验平台针对 5529LP 和 M4LP 设计了比较器 IO 兼容跳线，如图 7.2.3 所示。

对于 5529LP 来说，P6.5 为比较器输入引脚，而对于 M4LP，则是 PC 引脚，两者不在 LaunchPad BoostPack 的同一位置，所以需要使用跳线。

1）跳线的位置在创新平台的背面，插好特定的 LaunchPad 之后，就无须再调整。

2）由于实验板用上了全部 LaunchPad 剩余 IO，受比较器 IO 跳线影响，另一 IO 也需要同步调整，那就是音频模块中 D 类功放 TPA2005d1 的 ShutDown 引脚，所以"兼容跳线"为"双刀双掷"设计。

如果使用的 LaunchPad 单片机开发板既不是 5529LP，也不是 M4LP，如图 7.2.4 所示，可将超声波板的 Rx 引脚直接由杜邦线连接到合适的 MCU 比较器 IO 上。

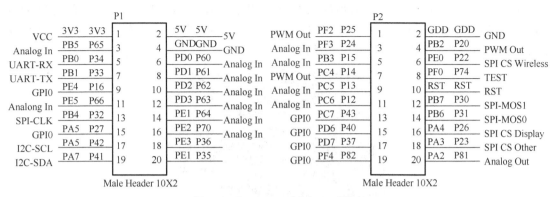

图 7.2.2   BoostPack 标准 IO 对照表

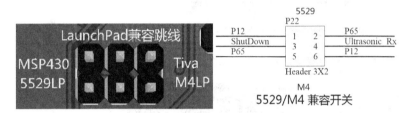

图 7.2.3   比较器 IO 兼容跳线

图 7.2.4   超声波板信号 IO 引脚

7.2.2   电机选择开关

步进电机驱动需要双 H 桥,而直流电机驱动只需要单 H 桥。实验板上显然没有必要单独再为直流电机增加驱动芯片,通过开关使用步进电机的双 H 桥中的一路输出即可,如图 7.2.5 所示。

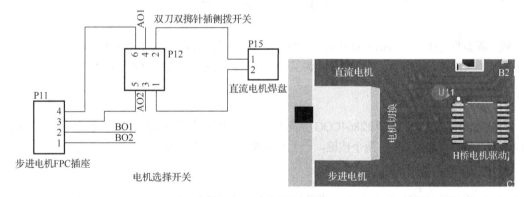

图 7.2.5   电机选择开关

7.2.3   DAC 输出及蓝牙兼容开关

一般单片机内部都没有集成 DAC 功能,所以在实验板的核心板上扩展了一个 12 位串行 DAC 芯片(DAC7311)。DAC 芯片仅有单路输出,而外围模块中有两个实验单元需要用到模拟输出:

1)音频单元中,需要单片机控制 DAC 输出模拟音频信号来播放音乐;

2)晶体管图示仪中,DAC 控制 HowLand 压控电流源,提供晶体管阶梯基极电流。

实验板可再插选配件 CC256x 低功耗蓝牙模块（采用兼容 LaunchPad BoostPack 引脚）进行再次扩展，如图 7.2.6 所示。实验板 P1.6 引脚所接的红外输入信号（传感器模块）与蓝牙板的 BoostPack 对应引脚冲突，所以在使用蓝牙模块时，P1.6 需要与红外板断开。

图 7.2.6　插上蓝牙模块的实验板

综合 DAC 和蓝牙需要，采用了一个双刀双掷贴片开关，如图 7.2.7 所示。

图 7.2.7　DAC 输出及蓝牙兼容开关

7.3　核　心　板

核心板负责直接与 LaunchPad 相连，将单片机 IO 中继到外围的 5 个模块上。此外，核心板还提供了显示、按键等人机交互功能、斩波电源实验功能及扩展出一个 12 位的 DAC 供外围模块使用。

7.3.1　人机交互单元

人机交互单元由一个微型 12864COG 点阵屏、两个机械/触摸兼容按键和一个拨盘电位器组成。拨盘电位器通常负责选择菜单，两个按键，一个负责确认，一个负责取消。

1. COG 点阵显示屏

COG 点阵屏的分辨率为 128×64，硬件连接原理图如图 7.3.1 所示，共占用 5 个 GPIO。

1）图 7.3.1 中 C_{11}、C_{12}、R_{16}、C_{14} 为说明书中标准电路配置，无须深究。

2）R_{13} 为背光 LED 的限流电阻，背光控制由 PNP 三极管实现，三极管的基极 COG_BKLED 端同时连接 P_{34} 和光敏电阻电路（光敏电阻位于传感器板）。当 P_{34} 设为高阻时，背光亮度将由光敏电阻控制。当 P_{34} 设为输出时，背光将由 P_{34} 直接控制。

3）背光控制三极管使用 NPN 和 PNP 均可，而且一般设计中，应尽量采用特性更好的 NPN 三极管来设计。实验板中，为了全面学习三极管放大电路的知识，特意使用了不常用的 PNP 管，而 NPN 三极管的应用将在音频模块中出现。特别指出，图 7.3.1 所示电路中的 PNP 三极管能工作在截止（背光完全不亮）、饱和（背光最亮）和放大（背光亮度受控于光敏电阻接收的光强）三种状态，并非简单的背光开关作用。

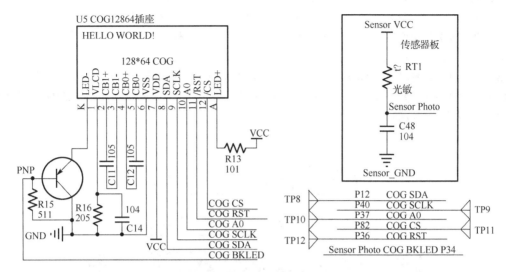

图 7.3.1   点阵式液晶原理图

4）为方便学习调试，全部 5 个控制 IO 均引出了测试点（$TP_8 \sim TP_{12}$），测试点位于屏幕的右侧，如图 7.3.2 所示。

COG 点阵液晶内部的主控芯片为 ST7567，采用类似 SPI 协议的串行接口控制，本身不带字库，其控制引脚如表 7.3.1 所示。

1）COG_RST 引脚作上电复位用途，正常工作以后无须控制，但是频繁进行仿真调试时，宜使用 IO 控制复位。节省一个 IO 口，使用阻容复位电路会带来极大不便，因为仿真器能复位单片机，却不能复位 COG 屏幕。

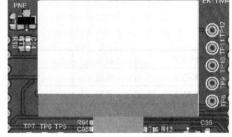

图 7.3.2   COG 屏控制 IO 的测试点

2）COG_CS 是片选信号，每次数据或指令通信完毕，需要拉低拉高一次。

3）COG_A0 是数据命令选择端，低电平表示传输的是数据，高电平表示传输的是命令。

4）COG_SCLK 是时钟线，上升沿有效。

5）COG_SDA 为数据线，只能写，不能读，无法读取 COG 内部显存数据。所以单片机必须另外用 1KB 的 RAM 来"映射"COG 内部的显存，否则就会由于"记性不好"，无法按像素点操作屏幕显示。

表 7.3.1   COG 屏控制引脚列表

信号名称	功能	5529LP 引脚	M4LP 引脚	IO 描述
COG_RST	复位	P36	PE3	GPIO
COG_CS	片选	P43	PC7	GPIO
COG_A0	数据/命令选择	P40	PD6	GPIO
COG_SCLK	时钟	P37	PD7	GPIO
COG_SDA	数据	P82	PF4	GPIO

12864COG 点阵屏的具体控制时序参见 ST7567 说明书和附录 C 的内容。

2. 按键

核心板占用两个 IO 来充当功能选择按键，这样可以保证快速操作。

1）配合 COG 屏幕显示时，一般可将 KEY_1 作为"确认"，KEY_2 作为"取消"。

2）机械按键和触摸按键公用 IO 口。MSP430 和 TivaM4 系列单片机均有内部可编程上下拉电阻，作为机械按键时，无须外接元器件。

3）作为触摸按键时，5529LP 的 IO 具有振荡功能，无须外接电阻，即可用振荡测频法实现触摸识别。M4LP 的 IO 需要外接 R_{80}，用阻容充放电法来识别按键。为了兼容所有 LaunchPad，默认采用阻容充放电法来识别按键。

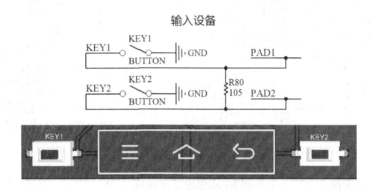

图 7.3.3　按键电路

表 7.3.2　按键控制引脚列表

信号名称	功能	5529LP 引脚	M4LP 引脚	IO 描述
KEY1	按键	P26	PC7	振荡 IO/GPIO
KEY2	按键	P23	PE3	振荡 IO/GPIO

如图 7.3.4 所示，人手指接近金属会使金属对地的电容值增大，想办法测出电容值发生的变化，就能判断按键被按下。

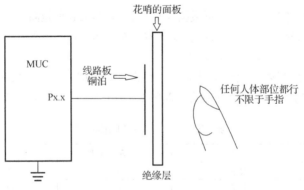

图 7.3.4　电容触摸原理

有些单片机的 IO 专门为电容触摸用途添加了振荡器单元，这些 IO 外接"电容"就能产生方波振荡，触摸按键识别的过程实际就变成了测频的过程。各种单片机开启振荡功能的具体代码这里不详细讨论，只讲一般的测量振荡频率原理。

1）任何 RC 类的振荡，其振荡频率都是随 C 的增大增大，而振荡频率 f 的增大降低的。设定合适的频率门限值，就可以判断是否有按键。电容触摸按键的门限值与多种因素有关，不用理论计算，用仿真器调试实测即可。

2）如图 7.3.5 所示，测量频率需要用到两个定时器，性能相对较差的定时器用于产生中断节拍，主定时器用于频率计数。将电容振荡信号设定为主定时器的"时钟源"（也就是将定时器作为计数器使用）。

3）在节拍定时中断子函数里，按图 7.3.5 所示完成计数器读取，清零重新开始，根据门限判断按键等操作。

4）将判断好的按键 1/0 值存入 TouchKEY 变量，即可随时"取用"，这时就和普通按键用起来无差异了。

只具备中断功能的 IO 也可以实现触摸按键的识别。在识别 KEY₁ 时，将 IO₂ 设定为输出方波，将 IO₁ 设定为中断输入，则可等效为图 7.3.6 所示的 TINA 仿真原理图。

图 7.3.5　定时器测频原理　　　　　　　图 7.3.6　电容触摸 TINA 等效电路

1）IO2 等效为信号发生器，触摸按键等效为电容，IO1 等效为电压测试点。

2）图 7.3.7 所示为 TINA 仿真波形，t_1 时刻 IO₂ 置低，t_2 时刻 IO₁ 检测到下降沿中断。假设单片机 IO 的高、低电平电压分别为 V_{CC} 和 GND，假设 IO 下降沿中断识别门限为 $0.5V_{CC}$，则可以计算出这段时长为：

$$t_f = t_1 - t_2 = RC \ln \frac{\text{GND} - V_{CC}}{\text{GND} - 0.5V_{CC}} = \ln 2 RC \approx 0.69RC \quad (7.3.1)$$

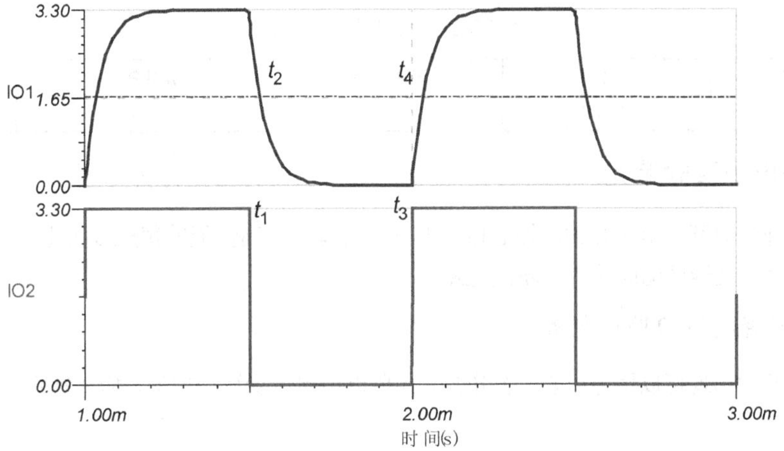

图 7.3.7　RC 充放电 TINA 仿真波形

3）式（7.3.1）表明，放电时长与触摸电容 C 成正比，与具体 V_{CC} 值无关。用定时器/计数器测量出 t_f 的时长，即可识别触摸按键。

4）同理，选择测量充电时长 t_3-t_4 也能实现电容触摸识别。由于 GND 较 V_{CC} 稳定，一般选择测量放电过程更为准确。

5）IO_2 产生方波的周期需要远大于 RC 时间常数，以便最终充放电电压能近似等于 V_{CC} 和 GND。

3．ADC 拨盘电位器

在仪器仪表的菜单控制中，在做增减、上下、左右等操作时，旋钮的操作手感要明显好于按键。实现上述功能的元器件叫数字编码器，供手动操作的数字编码器一般采用机械触点方式，用于测速场合的采用光电开关方式（7.3.6 节将具体介绍）。

编码器的价格普遍昂贵，实验板上采用了轮盘电位器充当编码器"滚轮"使用，如图 7.3.8 所示。

1）使用单片机 ADC 对电位器电压进行采样，就可以得出相应的键值，原理和使用都非常简单。R_{48} 和 R_{49} 用于限定电位器输出电压的范围，以适应 ADC 对采样电压的要求。

2）与通常的"增量式编码器"不同，ADC 轮盘电位器的方案更像是"绝对值编码器"，读者若有兴趣，可以查询两者的区别。

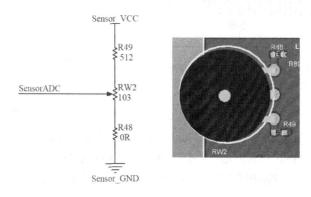

图 7.3.8　轮盘电位器

3）ADC 轮盘电位器涉及的单片机 IO 如表 7.3.3 所示。

表 7.3.3　按键控制引脚列表

信号名称	功能	5529LP 引脚	M4LP 引脚	IO 描述
Dial_ADC	电压测量	P64	PE1	ADC

7.3.2　开关电源实验单元

为了更好地学习开关电源知识，核心板上的开关电源既有高性能的集成开关电源芯片的降压斩波电路，也有由分立元器件构成的升压斩波电路。

1．BUCK 降压 LED 驱动电路

任何电路的输出均可以用电压表测到电压，均可以用电流表测得电流，那么到底该算成是电流源？还是电压源呢？

1）改变负载，如果负载电压基本不变，那就是输出电压。

2）改变负载，如果输出电流基本不变，那就是输出电流。

3）改变负载，如果电流、电压都变化很大，那就别当电源看待，仅视为信号即可。

如图 7.3.9 和图 7.3.10 所示的 BUCK 电路，FB 所接位置不同，输出情况不同。

1）TPS62260 为 TI 推出的 BUCK 控制器，内部已集成了开关和续流二极管。其中，续流二极管使用 MOSFET 同步整流实现，以提高效率。

2）TPS62260 内部的 V_{ref} 为 0.6V，所以无论何种接法，反馈的最终效果都是 VFB=V_{ref}=0.6V。

3）图 7.3.9 所示的接法，在忽略 I_{FB} 的条件下（R_1 加上 R_2 小于 1MΩ），可得输出电压为 1.2V，与负载"无关"，所以这属于恒压输出。

4）图 7.3.10 所示的接法，R_1 上的电压为 0.6V，只要反馈稳定正常，无论负载 R_L "电阻"多大，都可以计算出负载电流为 6mA，所以这是恒流输出。

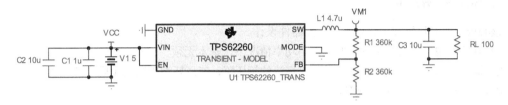

图 7.3.9　电压反馈的 BUCK 电路

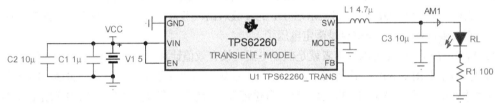

图 7.3.10　电流反馈的 BUCK 电路

驱动 LED 需要恒流模式，那如何引入数字调光呢？如图 7.3.11 所示。

1）R_5 电阻很小，R_1 和 R_2 的引入基本不影响 R_5 节点的对地电阻。

2）DIMM_PWM 信号经 R_{99} 和 C_{99} 滤波后，可以等效为一个幅值可调的直流电平，与 V_{R5} 做加法共同构成 V_{FB}。

3）V_{FB} 是一定的，DIMM_PWM 占空比增加，则 V_{R5} 就要降低，LED 亮度就会降低，反之亦然。

4）按图 7.3.11 所示接法，当 DIMM_PWM 占空比为 0 时，V_{R5} 将等于 V_{FB}，LED 电流为 600mV/20Ω=30mA。

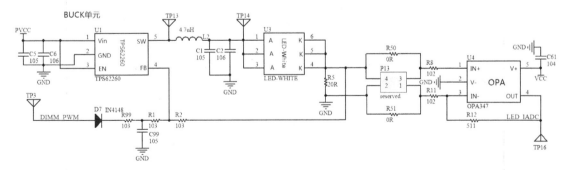

图 7.3.11　数字调光电路

图 7.3.11 所示电路中还引入了低侧电流检测电路。

1）R_{50}、R_{51} 默认焊接 0Ω 电阻，将低侧电流检测电路引入核心板。也可拆除 R_{50} 和 R_{51} 后，通过 P_{13} 接线将 U_4 运放电路挪作他用。P_{13} 兼做测试点用途。

2）U_4 构成同相放大电路，由于 R_5 端电压最高为 600mV，所以同相放大电路的放大倍数仅取 1.5 倍，以适应 ADC 量程。在通常的检流电路中，R_5 电压都很小，这时放大倍数应相应增大。

BUCK 降压 LED 调光电路涉及的 IO 如表 7.3.4 所示。

表 7.3.4　调光控制 IO 列表

信号名称	功能	5529LP 引脚	M4LP 引脚	IO 描述
DIMM_PWM	LED 调光	P20	PB2	PWM OUT

2. BOOST 升压电路

核心板上的升压斩波电路采用分立元器件设计。

1）升压斩波电路的开关管在低侧，小功率情况下，基本无须"驱动"。

2）输出电压越低的电路越"在乎"二极管的管压降，降压斩波电路使用同步整流的情况较普遍，而升压电路一般采用肖特基二极管即可。

对于低压开关电路，使用 MOSFET 作为开关是不二选择，因为耐压低的 MOSFET 可以做到导通压降非常低。TI 公司推出的 CSD 系列 MOSFET 都是极低 R_{DS} 的，非常适合斩波电路用途。

图 7.3.12 所示为 CSD1730x 系列 MOSFET 的参数对比，考查 MOSFET，我们关心的参数如下。

1）漏源耐压 VDS，这个就算是额定电压了。

2）漏极电流 ID 和 IPEAK，前者就是额定电流，按有效值计算，后者是一定脉宽的峰值电流。

3）导通电阻 RDS(on)，如果前面的额定电压、额定电流等参数是"身份证"的话，RDS 这个参数就是"毕业证"。是个 MOSFET，就会有"身份证"，但是身价有多高，是由 RDS 决定的。导通电阻越小越好，例如，1A 的电流流过 $10m\Omega$ 的电阻，产生的压降不过是 10mV，远小于一个 PN 结的管压降。

4）与控制有关的参数有 VGSTH，这决定了开启 MOSFET 所需要的电压，图 7.3.12 所示开启电压门限值为 1V 多，这意味着单片机的 3.3V 输出也许就能有效"驱动"该 MOSFET。能否驱动 MOSFET，不仅与门限电压有关，还和开关频率、栅极电容有关。容量越大（栅极电容）、开关频率越高的 MOSFET，越需大电流驱动。

	CSD17302Q5A	CSD17301Q5A	CSD17303Q5	CSD17304Q3	CSD17305Q5A	CSD17306Q5A	CSD17307Q5A
VDS (V)	30	30	30	30	30	30	30
Rds(on) Max @ VGS=4.5V (mOhms)	9	3.0	2.6	8.8	2.6	4.2	12.1
ID / IPEAK (Max) (A)	104	181	200	88	181	155	92
Id Max@TC=25℃ (A)	16	28	32	15	29	24	14
QG Typ (nC)	5.4	19	18	5.1	14.1	11.8	4
Configuration	Single	Single	Single	Single	Single	Single	Single
Package	SON5x6	SON5x6	SON5x6	SON3x3	SON5x6	SON5x6	SON5x6
Rating	Catalog	Catalog	Catalog	Catalog	Catalog	Catalog	Catalog
Approx. Price (US$)	0.32	1ku	0.60	1ku	0.65	1ku	0.32	1ku	0.49	1ku	0.44	1ku	0.30	1ku
QGD Typ (nC)	1.2	4.3	4	1.1	3	2.4	1
RDS(on) Typ at VGS=4.5V (mOhm)	7.3	2.3	2	6.9	2.8	3.3	9.7
VGS (V)	10	10	10	10	10	10	10
VGSTH Typ (V)	1.2	1.1	1.1	1.3	1.1	1.1	1.3
	样片	样片	样片	样片	样片	样片	样片

图 7.3.12　MOSFET 的主要参数

设计核心板时，考虑到 BOOST 电路不能空载输出，所以加了一个指示灯负载，也方便观察 BOOST 电路是否有输出。但是调试过程中却忽视了一个问题，编程代码会损坏硬件，如图 7.3.13 所示。

1）由单片机的 IO 输出的 PWM 控制 BOOST 电路的输出电压。如果 PWM 持续高电平，后果将是电感烧毁。

2）由于实验板实验内容丰富，再小心的编程者也可能忘记将 PWM 所在 IO 妥善处理，所以 BOOST 实验电路烧毁几乎在所难免。

3）有两个方案可解决问题。方案一是在电感前端串联自恢复保险丝 FUSE，这样可以避免电感烧毁，但是不能避免闻到点"糊味"。方案二是电感前端加上机械触点按键 SW，用手按上 BOOST 电路才被供电。默认采取第二种方案，即仅预留 FUSE 焊盘。

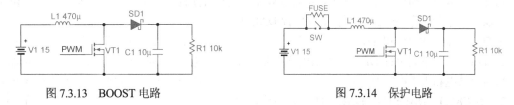

图 7.3.13 BOOST 电路　　　　　　　　　图 7.3.14 保护电路

核心板上的 BOOST 电路如图 7.3.15 所示。

1）BOOST 电路输出电压为 HV_{CC}，负载为晶体管图示单元的待测晶体管集电极。

2）默认使用按键作为保护电路，确定使用 BOOST 电路时，才按下按键，松手即断电。

3）VD_8 为额外引入的二极管，目的是当 SW 突然断开时，给电感电流提供续流回路，避免产生"高压"。

4）电感值 L_1 与 PWM 开关频率有关，频率高，则电感低，具体可根据示波器实测开关电压波形来设计。

5）二极管 VD_1 选择肖特基二极管 1N5819，导通压降虽不如同步整流 MOSFET 那么低，但是比普通二极管还是要好一些的。

6）滤波电容选择了 35V 耐压的 10μF 钽电容和 0.1μF 瓷片电容的组合。在大部分电路中，均使用的是瓷片电容，因为它的性能最好。但是达到 10μF 耐压高的瓷片电容非常昂贵，这里退而求其次，选了钽电容。

7）LED_1 和 R_{10} 即作为假负载使用避免 BOOST 空载高压，又可以作为 BOOST 输出指示，一举两得。

8）栅极电阻 R_7 在实验板上默认焊接了 10kΩ。虽然栅极电阻越小驱动效果越好，但是在合适的开关频率下，即使 10kΩ 的 R_7 依然能可靠驱动 MOSFET，实验时，可更换 R_7 及改变开关频率，以实验5.1.5 节的 MOSFET 驱动知识。

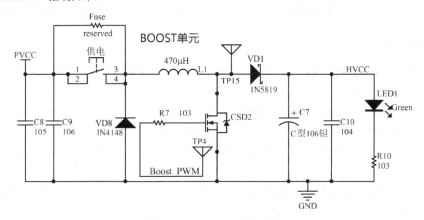

图 7.3.15 BOOST 升压电路

BOOST 升压电路所涉及的 IO 如表 7.3.5 所示。

表 7.3.5　BOOST 电路 IO 列表

信号名称	功能	5529LP 引脚	M4LP 引脚	IO 描述
BOOST_PWM	调压	P24	PF3	PWM OUT

7.3.3　DAC 单元

虽然大部分单片机中都不带 DAC，但是 DAC 却是非常有用及有趣的元器件，因为只有模拟输出，人才可以"切身"感受。核心板使用 12 位串行 DAC 的型号是 DAC7311，基于 SPI 协议控制。

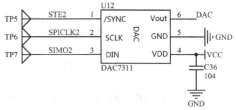

1）DACxx11 系列串行 DAC 的外部电路都非常简单，只需要供电和去耦电容即可。

2）DAC8411、DAC8311、DAC7311 的位数分别为 16、14、12 位，针对 DAC8411 的程序代码可直接兼容后两个，它们的基准电压直接使用 VCC。

图 7.3.16　12 位串行 DAC

3）表 7.3.6 所示为 DAC7311 所使用的处理器 IO，均为普通 GPIO，也就是 DAC 是用软件 SPI 协议控制的，而且是单向通信，只需主发从收。

表 7.3.6　DAC 控制引脚列表

信号名称	功能	5529LP 引脚	M4LP 引脚	IO 描述
STE2	片选使能	P15	PB3	GPIO
SPICLK2	串行时钟	P66	PE5	GPIO
SIMO2	数据线	P22	PE0	GPIO

实验板上有两个模块需要 DAC，分别是播放器的模拟信号输入和晶体管图示仪中压控电流源的压控端，使用拨挡开关进行选择，在前面的小节已有说明。

7.4　超　声　波　板

超声波收发单元将学习使用运放来实现微弱模拟信号放大的方法。超声波测距单元包括超声波发射和接收两个部分，前者需要驱动超声波发射探头，后者需要放大超声波接收探头的信号。

7.4.1　超声波发射

常见的超声波探头有图 7.4.1 所示的两种外形，左边的是室内使用的普通型，右边是防水型，多用于倒车雷达等室外用途。

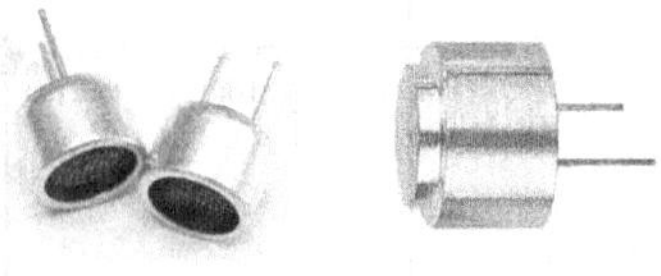

1）非防水型的超声波发射探头驱动电压需要 10V 以上，而防水型的驱动电压则需高达 60V，需要用到专门的变压器进行升压。室外用途必须使用防水型，否则超声波探头会很快报废失效。

图 7.4.1　超声波探头

2）无论是普通型还是防水型，都可做成分体式的一收一发，或者是收发一体式。一体式使用时需分时复用，就像 IO 口的原理一样，可以作为输出口，也可以作为输入口。

基于驱动电压和价格等方面的考虑，实验板上使用的是非防水的分体式超声波探头，型号为 TCT40-16R/T。

1）16 的含义是探头直径 16mm，R/T 代表收/发，40 代表中心频率 40kHz。

2）人耳的听力范围是 20Hz～20kHz，超过 20kHz 就是超声波，人耳就听不到了。使用超声波测距的原因当然很明显，谁也不希望能听到噪声。

超声波探头的发射驱动波形如图 7.4.2 所示。

1）一方面，超声波探头的振子在 40kHz 激励下最"敏感"，驱动超声波发射探头需要使用 40kHz 的交流电。另一方面，我们需要探知特定的反射回波，持续发射 40kHz 超声波将持续接收回波，毫无意义。

2）如图所示，在 t_1 时刻发射若干（如 8 个）超声波的脉冲串后，应停止发射，然后等待回波。t_2 时刻接收到回波，就可以知道探测距离如式（7.4.1）所示，其中 340 为 25℃时的声速，除以 2 是因为声波走了一个来回。

$$S = \frac{340 \times (t_2 - t_1)}{2} \tag{7.4.1}$$

3）下一次发射脉冲串的时刻只要保证在 t_2 之后就行，可以是周期性发射，也可以按需发射，这个根据编程需要而定。

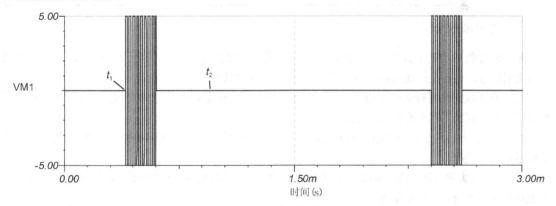

图 7.4.2　超声波发射波形

对于实验板来说，板上最高供电电压为 5V（USB 供电），无法提供驱动超声波发射探头所需的 10V 以上峰峰值电压。

1）仅针对特定元器件所需的电压，一般不优先考虑增加电源。

2）提供 10V 左右的超声波驱动通常有两种解决方案，一个是用 RS232 电平转换芯片获得"高压"脉冲，另一个是用数字反相器芯片实现倍压。

3）前者获得的电压高，后者的芯片成本低。实验板上选择的是反相器。

图 7.4.3 所示为实验板所使用的六反相器 74LS04 的原理图。

1）一共使用 5 个反相器，逻辑很容易就能分析清楚，实质相当于 74LS04 两组图腾柱输出构成了 H 桥（参考 4.3.7 节图 4.3.32）。

2）BC 并联、DE 并联的目的是增大驱动能力。

3）反相器输出是图腾柱输出，R_{70} 和 R_{71} 两个上拉电阻并不改变高低电平的逻辑，但是可以提高输出电压（高电平可达到电源轨）。

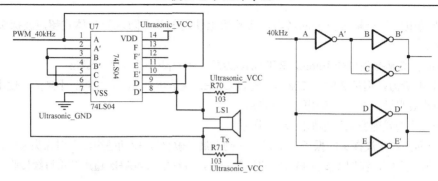

图 7.4.3　反相器驱动

4）反相器的供电为 5V，40kHz 的单片机输入信号为 3.3V 电平，可以有效驱动反相器。引入反相器后，输出电压差变为±5V，可以驱动超声波发射探头。

5）40kHz 信号的单片机编程一般使用定时器的 PWM 输出功能，涉及引脚如表 7.4.1 所示。

表 7.4.1　按键控制引脚列表

信号名称	功能	5529LP 引脚	M4LP 引脚	IO 描述
PWM_40kHz	40kHz 驱动信号	P25	PF2	定时器 PWM 输出

7.4.2　超声波接收

超声波接收从功能上分为 3 个部分，首先是得把超声波接收探头的信号给"弄出来"，其次是放大该微弱信号，最后是用比较器将信号"数字化"，以便单片机处理计算距离。

超声波接收探头可视为电阻值随声信号变化的电阻，既然运放的同相放大和反相放大均可放大模拟信号，两者到底用起来有什么区别呢？

1）同相放大适用于需要高阻抗输入的场合，但是它无法给传感器电阻提供"激励"，简单说，就是传感器上没通电。

2）反相放大输入阻抗低，但是传感器能供上电，所以超声波接收只能用反相放大器，这时把超声波接收探头当成可变电阻就行了。

图 7.4.4 所示为用于超声波接收探头的两级反相放大器电路，特别注意运放为单电源供电。

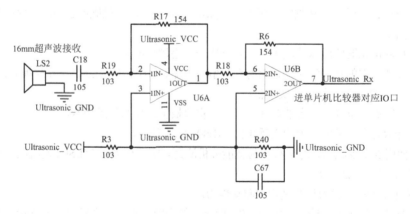

图 7.4.4　超声波接收放大电路

1）单电源供电意味着运放必须将输入信号抬升一个直流电平，R_3 和 R_{40} 在运放的同相输入端产

生 $0.5V_{CC}$ 的直流电压，注意 C_{67} 的稳压作用。结合 C_{18} 的作用（参考 4.1.4 节图 4.1.22 相关内容），输入信号的将被抬升 $0.5V_{CC}$。

2）每一级的放大倍数选择为 15 倍，极限放大倍数取决于信号频率和所用运放的种类，40kHz 频率的 15 倍放大，一般通用运放也能承受。

对实验板上的电路进行 TINA 仿真，使用的原理图如图 7.4.5 所示。

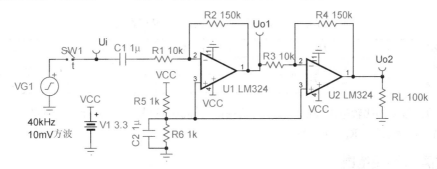

图 7.4.5 超声波接收的 TINA 仿真

利用时间开关 SW_1，生成 8 个 10mV 幅值的等效超声波接收信号 u_I。

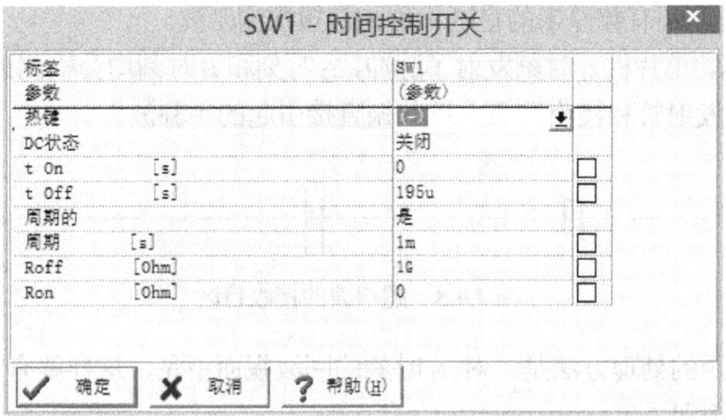

图 7.4.6 时间开关配置参数

1）放大电路部分的仿真波形如图 7.4.7 所示，经过一级放大以后，输出波形 U_{O1} 幅值变为 1.72–1.57=0.15V，放大系数 15 倍，直流偏移约为(1.72+1.57)/2 ≈ 1.65V。

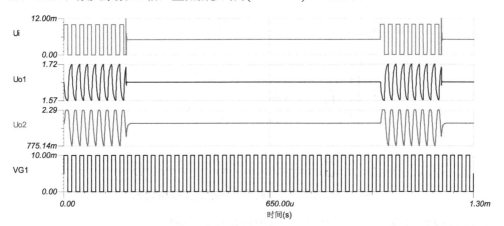

图 7.4.7 超声波接收信号放大波形

2）经过两级放大后，输出波形 U_{O2} 幅值变为 2.29–0.78=1.51V。

图 7.4.7 所示的 U_{O2} 信号单片机是无法识别的，需要使用模拟比较器变成 1/0 数字信号再供单片机测量时间间隔。实验板上使用单片机片内集成的比较器来实现这一功能。

1）不同 LaunchPad 板的比较器引脚位置没有做统一规范处理，所以必须引入跳线来选择。

2）如表 7.4.2 所示，单片机兼容开关负责两组 IO 的切换。

表 7.4.2　超声波接收和音频功放关断引脚列表

信号名称	功能	5529LP 引脚	M4LP 引脚	IO 描述
Ultrasonic_Rx	超声波接收信号	P65	PC6	模拟比较器输入
ShutDown	音频功放关断控制	P12	PB5	GPIO

3）模拟比较器的比较电压阈值，按单片机内部可提供的参考电压来设计，必要时可调整图 7.4.5 中放大电路的直流偏置（R_3 和 R_4 分压）。

7.4.3　超声波测距范围

超声波发射功率决定了能探测多远的距离，当然进一步增大接收信号的放大倍数，也能在一定程度上增加距离，但是还是不如加大发射驱动电压效果好。

一般超声波测距电路还有数厘米的盲区，称为最短探测距离。

1）如图 7.4.8 所示，单片机 t_1 时刻发射了脉冲，t_2 时刻和 t_3 时刻均会检测到回波。t_3 是真正的障碍物反射回波，t_2 是因为发射管和接收管靠太近共振直接引起的"驻波"。

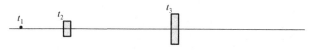

图 7.4.8　超声波的接收盲区

2）一般超声波测距的处理方法是，对 t_2 时刻的回波视而不见，这样就有了探测盲区，即比 t_2 更"近"的障碍物就无法识别了。

有没有办法可以消除探测盲区呢？图 7.4.9 所示为障碍物不同远近的几种回波示意图。任何一种固定比较器阈值都无法同时在 3 种情况下，准确识别出 t_3 时间点。阈值电压过高，将探测不到远处的回波（图(c)）；阈值电压过低，将无法区分出驻波和近处回波。

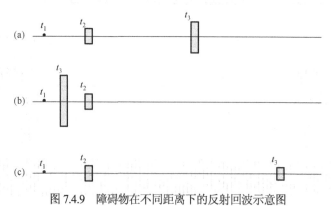

图 7.4.9　障碍物在不同距离下的反射回波示意图

1）图(a)代表障碍物不远不近的情况，驻波的幅值不如反射波。

2）图(b)代表障碍物距离很近，反射波的幅值更大了。

3）图(c)的情况，障碍物离得很远，驻波幅值要高于反射波了。

真正解决问题的办法是做出图 7.4.10 所示那样的可变比较器阈值线。

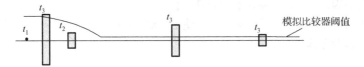

图 7.4.10　消除探测盲区的阈值曲线

1）图 7.4.10 所示的阈值曲线，一开始阈值很高，驻波之后才降低到正常值。

2）驻波范围内，比较器阈值很高，障碍物如果真的很近，则反射波幅值就会很大，能被检测到。

3）超过驻波范围以后，比较器阈值恢复到正常水平，以实现远处微弱反射波的探测。

实现渐变阈值电压的方法有很多，这里抛砖引玉给出一种纯模拟电路方法。

1）图 7.4.11 所示的 TINA 仿真原理图，u_1 实际就是单片机发出的超声波驱动信号，时间开关参数设定与图 7.4.6 所示一致。

2）R_1、R_2 和 C_1 为正常情况下（不考虑盲区检测）的比较器阈值电压。

3）将 u_1 经过二极管加载到阈值电压上，即可实现可变阈值电压，即阈值电压开始高，后来低。

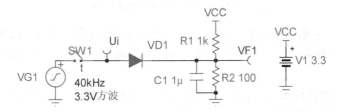

图 7.4.11　渐变阈值电压电路

4）图 7.4.12 所示为 TINA 仿真波形，最终阈值电压由 R_1 和 R_2 分压决定，阈值衰减速率可通过改变 C_1 或 R_1 和 R_2 阻值来实现。

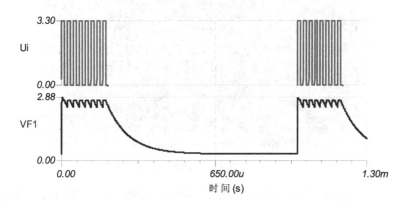

图 7.4.12　渐变阈值电压电路 TINA 仿真

实验板上的超声波驱动电压仅达到超声波探头的下限，所以探测距离不远。比较器的阈值直接使用 MCU 内部比较器集成的固定电压，所以也不具备盲区监测的功能。

7.4.4 放大电路的自激振荡实例

自激振荡是运放电路中经常发生的现象，本节将给出实验板设计过程中实际出现的一例自激振荡现象，并针对振荡原因进行分析，给出解决办法。

在图 7.4.13 所示电路中，C_{67} 是后加的。在使用 LM324 作为运放时，一切正常。换成 LMP7704 以后，电路产生了自激振荡。

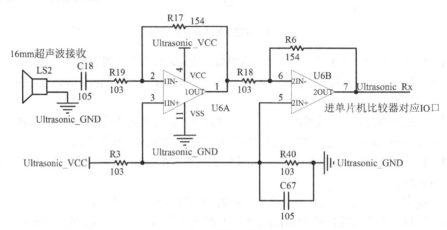

图 7.4.13　超声波接收放大电路

图 7.4.14～图 7.4.16 所示为不带 C_{67} 时的波形。模拟通道 1 接使用 LMP7704 的电路板，模拟通道 2 接使用 LM324 的电路板，数字通道是单片机输出的超声波发射信号（8 个 40kHz 的脉冲），两块板子公用该信号。

1）图 7.4.14 中，两路模拟通道接放大器的输入信号。LMP7704 电路已经发生了自激振荡，LM324 电路则基本看不出超声波接收信号，因为太微弱。

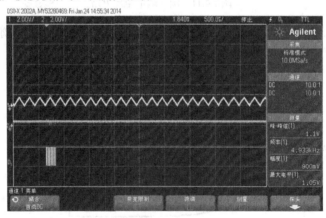

图 7.4.14　进入第一级放大器的信号

2）图 7.4.15 中，两路模拟信号接的都是第一级反相放大的输出。LMP7704 电路已经自激振荡达到饱和，LM324 电路的超声波接收信号已经可以看到一点端倪。

3）图 7.4.16 中，两路模拟信号接的都是第二级反相放大的输出。LMP7704 电路继续饱和，LM324 电路的超声波接收信号已经放大到合理幅值（根据障碍物远近不同，也会饱和）。t_1～t_2 的时间间隔就是超声波来回所花的时间，这就是测距的原理。

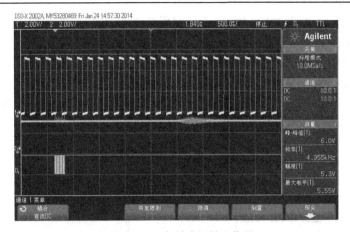

图 7.4.15　一级放大器输出信号

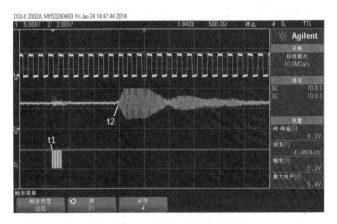

图 7.4.16　二级放大器输出信号

为什么同样的电路板，使用 LM324 没有发生振荡，而使用 LMP7704 时发生了振荡呢？

1）原因是两个运放的带宽不同，LM324 为 1.2MHz，LMP7704 为 2.5MHz。自激信号在 LM324 上增益小于 1，而在 LMP7704 上增益大于 1。

2）一般来说，LM324 和 LMP7704 都属于低带宽的通用运放，出现一个自激一个不自激的情况是比较罕见的，但是对于高带宽的运放，自激振荡情况就容易发生得多了。所以，慎用高速运放。

3）很多方法可以消除自激振荡，最基本的就是相位补偿，给反馈电阻上并联电容。

本例中产生自激的来源比较特殊，是由于设计不当造成的。

1）运放的同相端引入了 $0.5V_{CC}$ 的直流偏置电压。电路中，V_{CC} 和 GND 是最容易被干扰的，可以理解为数字干扰或多或少都会拉高拉低 V_{CC} 和 GND，于是干扰信号就由同相输入端进入了运放。

2）解决的办法很简单，给 R_{40} 并联电容 C_{67}，稳定同相输入端的直流电位（交流阻抗为 0，接地）。

7.4.5　有源滤波电路

超声波模块上富余了两个运放，针对这些运放，设计了两个有源滤波器电路的附加电路，以更完整地学习运放的应用。

实验板上的超声波单元运放 U_{6C} 和 U_{6D} 分别被设计为 Sallen-Key 拓扑和 MFB 拓扑的低通滤波器，默认配置为 660Hz 截止频率。

1）待滤波信号为 MCU 的 PWM 输出信号，可用查表法输出各种等效 PWM 波形，例如查询正弦表以输出等效正弦波。注意等效波形的频率应远低于滤波器截止频率。

2）MFB 拓扑中，需要在运放同相端提供共模电压 V_{cm}，V_{cm} 由电阻 R_3 和 R_{40} 分压得到，C_{67} 起到减小 V_{cm} 内阻的作用。C_{94} 负责将单极性 PWM 变为双极性。

3）由于 PWM 信号中包含大量高频成分，所以可以很容易观察到 Sallen-Key 滤波器的高频馈通现象，结合示波器探头补偿原理（附录 A.5），加深对频率和带宽的理解。

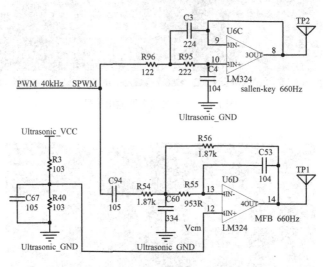

图 7.4.17　有源滤波电路

7.5　音频称重板

音频和称重是两个功能上无关联的实验单元，但由于音频和称重都是极其易受干扰的模拟信号处理，基于独立模拟供电的考虑设计在了同一模块上。除了单独使用线性稳压电源供电外，还尽可能采取隔离措施，如图 7.5.1 所示。

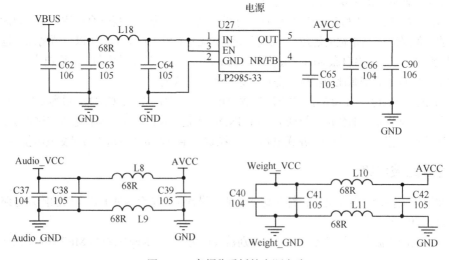

图 7.5.1　音频称重板的电源电路

1）音频称重板的主要干扰来源是存储数字音频数据的 TF 卡。

2）V_{BUS} 及 V_{CC} 电源直接供应 TF 卡电路。模拟电源 AV_{CC} 则经过一级线性稳压电源 L2985-33 进行隔离。

3）模拟电源再经过磁珠隔离，分为音频电源 Aduio_V_{CC}、音频地 Audio_GND、称重电源 Weight_V_{CC} 和称重地 Weight_GND。

7.5.1　驻极体录音

声音属于非电量模拟信号，需要由话筒才能变成电信号。与"纸上谈兵"的信号发生器不同，大多数"传感器"并不如信号发生器那样供电就出波形。

1）对于多数传感器，都可以当成是一个可变电阻（也有等效为可变电容的），受外界"刺激"以后电阻值会发生改变。

2）如图 7.5.2 所示将传感器与阻值合适的电阻 R 串联后接 V_{CC}，就可以输出电信号。

3）一般来说，这样得到的电信号是非常微弱的，需要进一步放大才能给后续电路使用。

图 7.5.3 所示是驻极体话筒放大电路，采用三极管进行信号放大。表 7.5.1 所示为涉及的处理器 IO。

1）R_{101} 和 R_{102} 是 0Ω 跳线电阻，只接一个。无论焊接哪一个电阻，三极管均构成共射放大电路。

2）R_{26} 与 MK_1 驻极体话筒（俗称咪头）串联，它们的分压值就是声音电信号。信号经 C_{30} 隔直耦合进入共射放大电路。

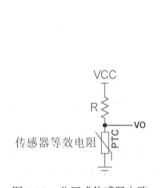

图 7.5.2　分压式传感器电路

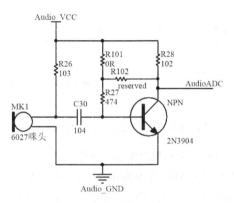

图 7.5.3　驻极体话筒放大电路

表 7.5.1　录音电路引脚列表

信号名称	功能	5529LP 引脚	M4LP 引脚	IO 描述
AudioADC	ADC 采样	P60	PD0	ADC 输入

使用 R_{101} 和 R_{102} 跳线两种接法的电路网络搜索均能找到。如果电路参数设置得当，放大电路不饱和，则两个电路的区别不大。

先讨论接 R_{101} 的情况，图 7.5.3 所示共射放大电路与前面介绍的共射放大电路偏置略有不同，缺少基极对地分压电阻。

1）即使没有基极对地电阻的分压作用，基极仍会有电压，也就是 0.7V 的 U_{be}，于是 C_{30} 上仍然会充上 0.7V 的电压。

2）C_{30} 滤除输入信号全部直流分量后，会将纯交流输入抬升 0.7V。这样岂不是信号负半周都不能产生 i_b？

3）如图 7.5.4 所示，在这种情况下，u_{BE} 得使用图(a)所示的伏安特性曲线，而不是图(b)。如果基极电压变化很小（略低于 0.7V），基极电流是不会突然消失的，而是减小一点而已。

4）采用图 7.5.3 所示电路的场合都是输入信号微弱，需要高倍放大的场合。

5）静态时，三极管基极电流如式（7.5.1）所示，这意味着 R_{27} 的取值必须很大，否则集电极电流肯定饱和了。

$$i_B = \frac{V_{CC} - 0.7}{R_{27}} \qquad (7.5.1)$$

6）另一方面说，R_{27} 的取值可以很大，因为 R_{27} 只提供基极电流，并不提供分压计算的电阻值（参见 3.4.8 节图 3.4.15 中 R_1 和 R_2 的取值）。

如果接跳线电阻 R_{102}，情况略有不同：

1）静态时，两者没什么区别，基极偏置电流几乎一样大；

2）考查交流信号时，R_{102} 使 R_{27} 构成了负反馈电路；

3）当集电极输出电压升高时，基极电位也会升高，导致集电极输出电压降低。反之亦然；

4）负反馈引入可以在一定程度上改善音质，防止放大电路饱和。

可以用 TINA 仿真来看两者的区别，顺便对负反馈加深认识。图 7.5.5 所示为驻极体放大电路的 TINA 仿真电路。

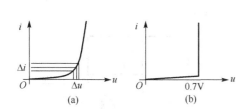

图 7.5.4　U_{BE} 等效伏安特性曲线

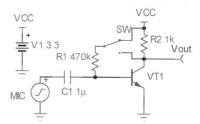

图 7.5.5　驻极体放大电路的 TINA 仿真

1）使用单刀双掷开关 SW 来选择是否带反馈，SW 上接无反馈，下接有反馈。

2）信号源 MIC 等效为驻极体话筒的微弱信号，取 10mV 幅值，R_2 取 1kΩ。图 7.5.6(a)所示为不带负反馈的仿真波形图，图 7.5.6(b)所示为带负反馈时的情况。带负反馈时的放大倍数略小于不带反馈时的情况。

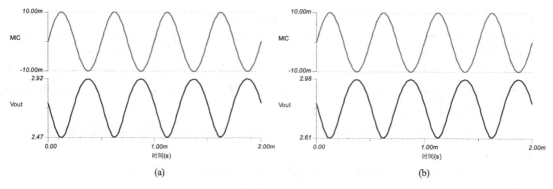

图 7.5.6　驻极体话筒电路的 TINA 仿真

3）将 R_2 电阻改为 10kΩ，增大共射放大电路的放大倍数。图 7.5.7 所示为仿真波形，图 7.5.7(a)是不带负反馈的，图 7.5.7(b)是带负反馈的。

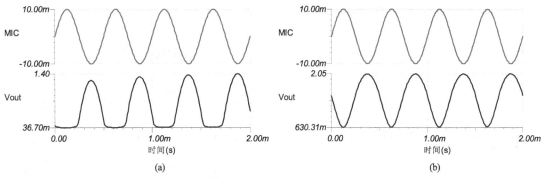

图 7.5.7　驻极体话筒电路饱和时的 TINA 仿真

7.5.2　数字音频存储

经三极管放大后的音频信号,进入单片机的 ADC 采样,采样信号使用 TF 卡(MicroSD 卡)来存储。图 7.5.8 所示为 TF 卡槽电路,使用 SPI 协议控制。

1)TF 卡也就是 micro-SD 卡,有两种工作模式: SD 模式和 SPI 模式。使用单片机来控制 SD 卡一般用 SPI 模式。

2)推荐使用 FatFS 文件系统来操作 SD 卡,参考附录 D 的内容。

3)表 7.5.2 所示为处理器 IO 列表,对于 5529 和 M4 均使用的是硬件 SPI。

图 7.5.8　TF 卡电路

表 7.5.2　COG 屏控制引脚列表

信号名称	功能	5529LP 引脚	M4LP 引脚	IO 描述
STE	片选使能	P33	PB1	GPIO
SIMO	从收主发数据线	P30	PB7	硬件 SPI 接口
SPICLK	时钟线	P32	PB4	硬件 SPI 接口
SOMI	从发主收数据线	P31	PB6	硬件 SPI 接口

7.5.3　电源线耦合干扰实例

在图 7.5.9 所示的实验板初稿原理图中,录音电路与 TF 卡电路公用了电源与地。结果录音回放后发现存在特定频率的噪声。

1)在录音电路中,驻极体话筒信号经三极管放大后由 ADC 进行采样,这属于模拟电路。

2)ADC 采样后的信号将写入 TF 卡中,这属于数字信号。

3)绝大多数数字信号对模拟信号的干扰都是通过电源线/地线引入的。

4)图 7.5.10 所示的模拟通道为 ADC 待采样音频信号,此时环境基本无声音。$D_0 \sim D_2$ 所示的数字通道连接的是 TF 卡的 CLK、SIMO、SOMI 引脚。可以很明显看出数字信号对模拟信号的干扰。

实验板采取了两个措施消除数字干扰(参考图 7.5.1)。

1)录音电路的模拟电源采用 LDO 独立供电,与单片机电源电路隔离开来。而 TF 卡电路供电使用单片机电源。

2）录音电路的模拟地与 TF 卡的数字地用磁珠隔离。

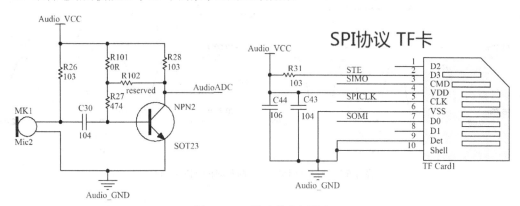

图 7.5.9　不恰当的电源供电

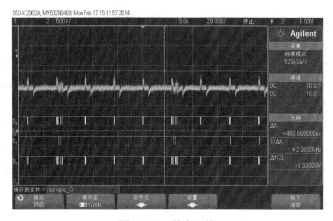

图 7.5.10　数字干扰

7.5.4　数字音频播放

音频播放电路包括从 TF 卡读取数字音频数据，利用 DAC 输出模拟音频，使用音频功放驱动扬声器。

实验板上使用的就是 D 类功放，其基本原理就是 PWM 等效原理。

1）模拟音频信号与三角波比较后，可得到"信号级"的 PWM 信号（无法驱动重负载），这个信号将用于控制场效应管的开通与关断。

2）上场效应管导通时，输出 V_{CC}，下场效应管导通时，输出 $-V_{SS}$，这样 PWM 信号就被"复制"出来。但此时的信号内阻几乎为 0，具备驱动扬声器能力。

3）经 LC 低通滤波以后，模拟波形被还原，驱动扬声器发声。

相比于其他类型功放，D 类功放的效率最高（理论上可接近 100%，实际可超过 90%），所以适用于电池供电的便携设备，如手机、MP3 等。

1）场效应管工作在开关状态，无论带什么负载，都仅有开关损耗，这是与其他几类功放最大的区别。

2）低通滤波器环节只能采用 LC 滤波。D 类功放的输出滤波器是不适合用 RC 或运放构成的，那样会重新引入无法承受的额外功耗。

图 7.5.12 所示为实验板上所使用的 TPA2005 D 类功放，Aduio_IN 来源于实验板上的 DAC 输出。

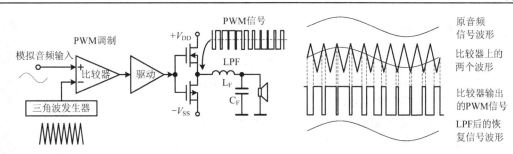

图 7.5.11 D 类功放原理图

1）DAC 输出信号首先经过 R_{93}、C_{93} 组成的低通滤波器滤波后进入功放芯片。

2）对于集成 D 类功放来说，滤波器是主要外部元器件。但是 TPA2005 内部集成了 LFP，外部可不接滤波器。

3）图中 L_6、L_7、C_{31}、C_{35} 为芯片说明书中的一个标准参考设计，实际 C_{31} 和 C_{35} 不焊元器件。L_6 和 L_7 用 0Ω 电阻代替。

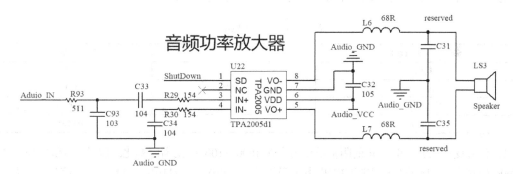

图 7.5.12 TPA2005 功放电路

4）图 7.5.13 所示为 TPA2005 的内部原理框图，输入端由一个差动放大器组成，内部电阻值为 150kΩ，按音频板原理图中单端输入来使用，根据取值放大倍数为两倍。

5）C_{33} 为音频应用中必需的隔直电容，直流分量输出到扬声器上会损坏扬声器。C_{34} 电容与 C_{33} 对称，保证同相和反相输入阻抗一致。

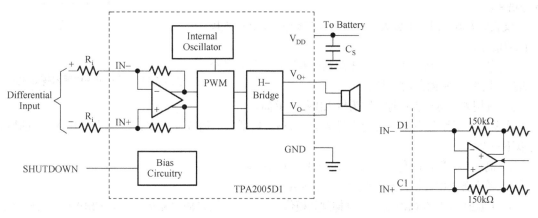

图 7.5.13 TPA2005 内部原理框图

7.5.5　称重传感器电路

在播放器单元我们用三极管放大驻极体话筒信号，在超声波单元用普通运放放大超声波信号，本节将介绍另一种传感器，它的特殊性将引入另一种放大器。

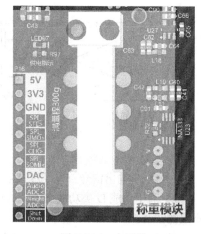

正如麦克风电路和超声波电路那样，大多数情况下，传感器总可以认为是一个可变电阻。实验板上使用了一个压力传感器配合有机玻璃托盘构成了图 7.5.14 所示的电子称。

压力传感器参数如表 7.5.3 所示。

1）表 7.5.3 中表明传感器满量程 300g，正常电阻值 1kΩ。

2）输出灵敏度 1mV/V 的含义是满压力量程时，输出电压改变 0.1%。

图 7.5.14　电子称

根据以上信息，可以画出该压力传感器的等效电路。图 7.5.15 所示的压力传感器输出信号可以说是最难"对付"的一种模拟信号。

表 7.5.3　压力传感器参数

参数（Technical）	单位（Unit）	数值（data）
量程	g	300
输出灵敏度	mV/V	1.0±0.15
输入阻抗	Ω	1000±5
输出阻抗	Ω	1000±5

1）信号变化微弱：电阻 R 的阻值随压力会在 1000～1002Ω 范围内变化。假设 V_{CC} 供电为 3.3V，按 300g 量程计算，1g 重量所引起的输出电压变化只有 3.3mV/300=11μV，如此微弱的信号起码要放大百倍以上才能有效采样。

2）共模信号大：虽然差模信号极其微弱（11μV/g），但是共模信号高达 1.65V，要分辨出 1g 的信号，两者差 15 万倍，放大电路需要极高的 CMRR。

3）信号内阻高：传感器的等效内阻 1kΩ，这意味着 VO 端即使带 1MΩ 负载，也会引起千分之一数量级的误差，影响 g 分辨率。

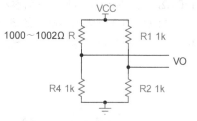

仪表放大器专门用于放大高内阻、高共模电压、微弱差模电压的信号。

1）使用普通运放，由于外部电阻精度有限，会导致整个"减法"电路的 CMRR 变得很低。

图 7.5.15　压力应变传感器等效电路

2）使用差分运放也不行，因为输入阻抗不够高。

实验板上所用仪表放大器的型号为 INA333，典型的三运放仪表放大器。选择 INA333 的原因有以下三个。

1）高放大倍数，最高 1000 倍，足以放大压力桥微弱信号。

2）单电源供电，符合实验板用途且能简化电源要求。

3）100dB 以上的 CMRR，足以抑制共模信号。注意，这是做"减法"后的 CMRR，与普通运放不接外部电阻的 CMRR 不是一个概念。

音频称重板上的仪表放大器电路如图 7.5.17 所示。

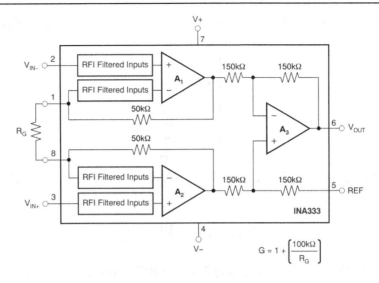

图 7.5.16　INA333 内部结构图

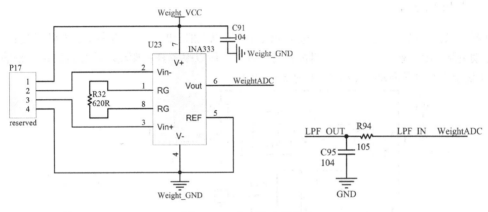

图 7.5.17　仪表放大器电路

1）根据 R_{32} 的取值，差模放大倍数约为 162 倍。如果称重传感器的输出参数发生改变，可以相应替换 R_{32} 的阻值，得到其他放大倍数。

2）仪表放大器输出信号经 R_{94} 和 C_{95} 低通滤波后，进入单片机的 ADC 中进行采样，表 7.5.4 所示为涉及的引脚 IO。

表 7.5.4　称重传感器引脚列表

信号名称	功能	5529LP 引脚	M4LP 引脚	IO 描述
LPF_OUT	称重传感器信号测量	P61	PD1	ADC 输入

每个称重传感器的参数都是有差别的，称盘的重量也不一样，供电电压也会有所差别，更不用提仪表放大器上的 R_g 电阻的误差了。谁也没有精力去校准每块实验板的参数，那么究竟如何保证测量精度呢？自校准编程是解决此类问题的通常做法。

1）首先，找到一种标准重量的物品，这里选 1 元硬币，手头都有，且重量比较准确，约为 6g。

2）运行校准程序时，首先得出不放物品的 ADC 采样值，比如是 m，存入内存。

3）然后放上 1 元硬币，ADC 采样值为 n，存入内存。

4）根据线性方程 $y=ax+b$，y 为实际重量，x 为 ADC 采样值，则根据两次 ADC 采样，可得式（7.5.2），求解可得式（7.5.3），将 a 和 b 存入内存。

$$\begin{cases} 0 = a \cdot m + b \\ 6 = a \cdot n + b \end{cases} \tag{7.5.2}$$

$$\begin{cases} a = \dfrac{6}{n-m} \\ b = -\dfrac{6m}{n-m} \end{cases} \tag{7.5.3}$$

5）以后对于任何物品，进行 ADC 采样后，代入公式就知道实际重量了，无须计较电路中的具体参数误差。

7.6　电　机　板

电机板上的电机单元包含步进电机和直流电机，分别代表两种电机的控制方法：步进电机的开环控制与直流电机的反馈控制。

7.6.1　双 H 桥驱动

H 桥可以在单电源供电下给负载提供正负电流，所以大部分的直流电机和步进电机都采用 H 桥来作为驱动电路。由于驱动两相步进电机需要两个 H 桥，所以很多 H 桥驱动芯片都做成双 H 桥的结构。图 7.6.1 所示为双 H 桥驱动 DRV8833 的内部结构图。

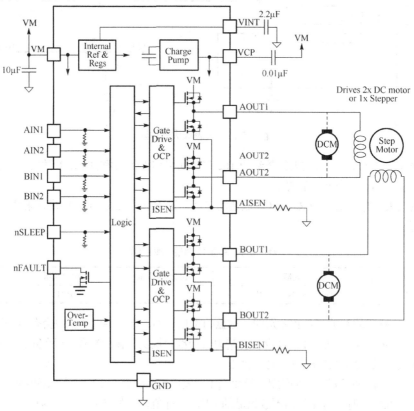

图 7.6.1　DRV8833 内部结构

1）两个 H 桥是完全独立的，可以接两个直流电机或一个两相步进电机。

2）VM、VINT、VCP 按要求外接相应电容。

3）nSLEEP 是节能控制引脚，可以由单片机 IO 拉低，以休眠节能。

4）nFAULT 是故障输出引脚，低电平表示出现了过流或超温故障。实际可接单片机 IO 以便处理故障，或者接三极管电路控制蜂鸣器或 LED 报警。

5）两个 xISEN 引脚可以接检流电阻，也可直接接地。接检流电阻时，会启动内部的过流保护，即 RISEN 上电压超过 200mV 时，引发过流保护。

实验板上双 H 桥驱动原理图如图 7.6.2 所示。

1）默认接为不休眠（nSLEEP 接高），不检测电流（AISEN 和 BISEN 直接接地），不报警（nFAULT 断路）。

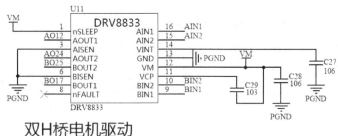

图 7.6.2　双 H 桥驱动电路

2）H 桥驱动使用的 IO 如表 7.6.1 所示。

表 7.6.1　电机单元 IO 列表

信号名称	功能	5529LP 引脚	M4LP 引脚	IO 描述
AIN1	H 驱动输入	P14	PC4	PWM_OUT
AIN2	H 驱动输入	P13	PC5	PWM OUT
BIN1	H 驱动输入	P81	PA2	GPIO
BIN2	H 驱动输入	P35	PF1	GPIO

步进电机和直流电机要用开关来切换使用，如图 7.6.3 所示。

1）步进电机需要用到全部 4 个输出 $AO_1/AO_2/BO_1/BO_2$，其中，BO_1 和 BO_2 固定接在步进电机上。

2）直流电机用到 AO_1 和 AO_2 输出，直流电机实验编程时注意，BO_1 和 BO_2 应该无输出。

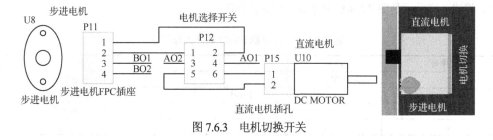

图 7.6.3　电机切换开关

7.6.2　直流电机控制

表 7.6.2 列出了 H 桥驱动直流电机时的输入/输出逻辑，正转和反转好理解。对照图 7.6.4 所示的电流走向，就明白为什么输出高阻 zz 时是快速衰减，低电平 LL 输出是慢速衰减了。

表 7.6.2　H 桥驱动的输入输出逻辑

xIN1	xIN2	xOUT1	xOUT2	功能
0	0	z	z	快速衰减
0	1	L	H	反转
1	0	H	L	正转
1	1	L	L	慢速衰减

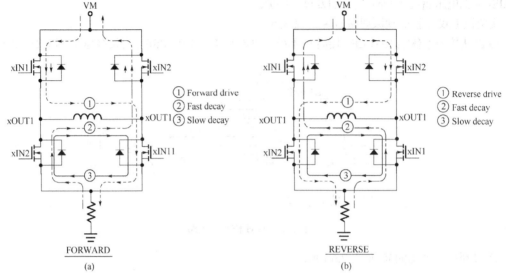

图 7.6.4　H 桥工作电流

1）场效应管全部关断时（输出 zz），电机线圈的漏感电流遵循通道②经由二极管和 VM 续流，所以电流衰减快。

2）低侧场效应管导通时（输出 LL），电机线圈的漏感电流遵循通道③经由二极管和 MOSFET 的小环路续流，理想情况电流无衰减，所以称为慢衰减模式。

根据 H 桥的逻辑，在控制直流电机时，可以采用表 7.6.3 所列的方案进行控制。

1）模式 1 实际就是图 7.6.4(a)中电流 1 和 2 交替进行。

2）模式 2 实际就是图 7.6.4(a)中电流 1 和 3 交替进行。

3）模式 3 实际就是图 7.6.4(b)中电流 1 和 2 交替进行。

4）模式 4 实际就是图 7.6.4(b)中电流 1 和 3 交替进行。

表 7.6.3　直流电机 PWM 调速工作模式

模式序号	xIN1	xIN2	功能
1	PWM	0	正转，快速衰减
2	1	PWM	正转，慢速衰减
3	0	PWM	反转，快速衰减
4	PWM	1	反转，慢速衰减

7.6.3　光电测速

直流电机是调速性能最好的电机之一，只要改变驱动电压就能调速。伺服电机也是直流电机，只不过结构做成细长条状以减小转动惯量，便于控制。

直流电机控制的第一步是测速，以计算位置。实现这一目标的器件是（正交）光电编码器，如图 7.6.5 所示。

1）机械编码器用于旋钮等场合，受不了电机这么高的速度（机械触点很快会报销）。

2）光电编码器刻度盘有两圈开孔（或两个码盘）Ⅰ 和Ⅱ，两组孔距错开 90°（正交），对应两个感光元器件，信号放大后生成 AB 两相方波信号。

3）方波脉冲频率代表转速，脉冲数量即为移动的相对距离。A 相超前 B 相90°，说明是正转，反之为反转。这样的编码器也叫正交编码器。有的编码器除了 AB 相输出外，还有转满一整圈输出一个脉冲的 Z 端。另外，为了满足长距离传输信号的要求，输出会做成差分式的，也就是说，可能会有 8 根线（A+/A–/B+/B–/Z+/Z–/VCC/GND）。

4）光电编码器分为增量式编码器和绝对值编码器，前者原理同图 7.6.5，后者上电就知道当前位置绝对位置。显然绝对值编码器结构复杂、价格昂贵。

5）使用增量式编码器，上电时往往先移动到极限位置的行程开关处，做回零操作来校正位置。

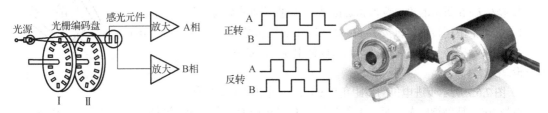

图 7.6.5　光电编码器

光电编码器的主要参数就是"线数"，也就是码盘一圈的开孔数。无论是最便宜的 256 线，还是分辨率极高的 4096 线光电编码器，都十分昂贵，所以电机板上利用光电开关自行设计的简易光电测速装置，可以满足学习调速算法的要求，如图 7.6.6 所示。

1）码盘可由简易的长方条构成，也可以用切割好缺口的码盘代替，编程时注意脉冲代表的旋转角度即可。

2）光电三极管的输出可以采用共射放大，也可以采用射极跟随器输出，各有好处。射极跟随器的响应速度快，共射放大输出高电平，幅值高。具体到实验板上，只要满足输出电平能够被单片机 IO 中断识别即可，采用了射随电路。

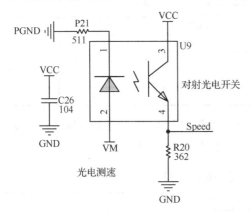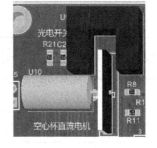

图 7.6.6　光电测速

3）光电测速涉及 IO 口如表 7.6.4 所示。

表 7.6.4　测速 IO 列表

信号名称	功能	5529LP 引脚	M4LP 引脚	IO 描述
Speed	光电测速	P27	PA5	中断 GPIO

7.6.4　步进电机控制

步进电机是控制电机中使用最简单的一种。与伺服电机相比，步进电机轻载几乎不用反馈，开环控制即可。当然，步进电机的效率和速度都要远远低于伺服电机系统。

如图 7.6.7 所示，弄两个电磁铁，电磁铁的极性可控，中间的转子磁极及固定。

1）AOUT1=H，AOUT2=L 时，Ⅰ为 S 极，Ⅲ为 N 极。

2）AOUT1=L，AOUT2=H 时，Ⅰ为 N 极，Ⅲ为 S 极。

3）BOUT1=H，BOUT2=L 时，Ⅱ为 S 极，Ⅳ为 N 极。

4）BOUT1=L，BOUT2=H 时，Ⅱ为 N 极，Ⅳ为 S 极。

参考表 7.6.5 所示的输出逻辑和磁极磁性，电机按整步状态运行：

1）如果希望正转，可以按 1→2→3→4→1 的控制逻辑。

2）如果希望转子逆时针选择，则可以使用 4→3→2→1→4 的控制逻辑。

3）图 7.6.7 所示步进电机的步距角为 90°，步进电机单步会有误差（不是 100% 精确指向东南西北 4 个方向），但是该误差不会累计，这是步进电机的一大特点。

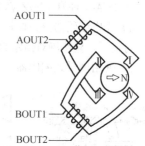

图 7.6.7　步进电机原理示意图

表 7.6.5　步进电机整步运行方案一

时序	AOUT1	AOUT2	BOUT1	BOUT2	Ⅰ	Ⅱ	Ⅲ	Ⅳ	转子方位
1	1	0	0	1	S	N	N	S	东
2	0	1	0	1	N	N	S	S	南
3	0	1	1	0	N	S	S	N	西
4	1	0	1	0	S	S	N	N	北

另一种整步控制逻辑如表 7.6.6 所示，同样可以顺时针和逆时针运行。

表 7.6.6　步进电机整步运行方案二

时序	AOUT1	AOUT2	BOUT1	BOUT2	Ⅰ	Ⅱ	Ⅲ	Ⅳ	转子方位
1	0	0	0	1	—	N	—	S	东南
2	0	1	0	0	N	—	S	—	西南
3	0	0	1	0	—	S	—	N	西北
4	1	0	0	0	S	—	N	—	东北

如果将表 7.6.5 和表 7.6.6 结合起来，就可以得到表 7.6.7 所示的控制逻辑，按 1→1.5→2→2.5→3→3.5→4→4.5→1 来驱动步进电机，则可使步进电机每次走半步。

表 7.6.7　步进电机半步运行

时序	AOUT1	AOUT2	BOUT1	BOUT2	Ⅰ	Ⅱ	Ⅲ	Ⅳ	转子方位
1	1	0	0	1	S	N	N	S	东
1.5	0	0	0	1	—	N	—	S	东南
2	0	1	0	1	N	N	S	S	南

续表

时序	AOUT1	AOUT2	BOUT1	BOUT2	Ⅰ	Ⅱ	Ⅲ	Ⅳ	转子方位
2.5	0	1	0	0	N	—	S	—	西南
3	0	1	1	0	N	S	S	N	西
3.5	0	0	1	0	—	S	—	N	西北
4	1	0	1	0	S	S	N	N	北
4.5	1	0	0	0	S	—	N	—	东北

　　类似半步驱动，如果驱动电路可以使两组电磁铁的电流大小不一样（H 桥通过 PWM 等效），那么转子所指的方向就可以是任意角度了，这就是步进电机的细分驱动。

　　1）比如 64 细分驱动，意味着原本 1 步到位，现在分 64 小步，但这 64 小步是不精确的。

　　2）细分驱动的作用并不提高步进电机的精度（步距角），而是让转子运行更加平滑。

　　常用的步进电机的步进角一般为 1.8°～7.5°，微型步进电机的步进角较大，可达 20°。缩小步距角并不需要增加线圈的相数，多数步进电机还是两相的，控制方法也与前面讲的一样。

　　1）电机板上的步进电机步进角为 20°，采用开环无反馈控制。

　　2）为了清楚地观察步进电机运行，给步进电机配备了码盘，如图 7.6.8 所示。

　　3）如果没有丢步发生，处理器应该能知道任意时刻码盘对应位置，并在 COG 屏幕上显示出来。

　　4）任何电机的带载能力都是有限的，就好像不能指望实验板上

图 7.6.8　步进电机码盘

的微型步进电机能带动汽车轮胎转动一样。当负载过重或转速过快时，丢步现象就会发生。

7.7　传　感　器　板

　　前面介绍了三种类型的传感器信号，并且用不同的元器件和方法进行信号的处理。本节将介绍几种其他类型的传感器及其信号处理方法，完善有关信号采样的知识体系。

7.7.1　光敏电阻用于自动背光控制

　　光敏电阻、热敏电阻代表了这样一类传感器信号：

　　1）信号的线性度不好，用 ADC 采样出具体值意义不大；

　　2）信号的幅值较大，无须额外进行放大，可以直接用于模拟控制电路。

　　图 7.7.1 所示为实验板采用的光敏电阻电路，该电路实现了 COG 液晶的背光控制。

　　1）LED1 为背光片内部的发光二极管，R_{13} 为 100Ω 的限流电阻。

　　2）R 为光敏电阻，有光照时电阻值为数 kΩ，无光照时为 MΩ（信号幅值大，但不线性）。

　　3）当无光照时，PNP 基极电位为低电平，三极管导通（饱和区），背光最亮。

　　4）当光照一般时，PNP 基极电位为中间电平，三极管导通（放大区），背光亮度受光照影响。

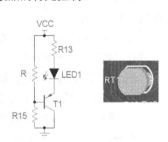

　　5）当光照比较强时，PNP 基极电平为高电平，三极管完全关断（截止区），背光灭。

图 7.7.1　光敏电阻控制背光电路

7.7.2 红外一体接收传感器

相比电信号，通过光线来传输信号有其特殊的好处。然而正如我们使用超声波一样，我们不会去使用可见光。紫外线是有害光，于是就选红外线来传输信号了。

1）精确度量光线强度是非常不科学不经济的，所以红外传感器传输的是数字信号，而不是模拟信号，但是红外接收和调制需要应用到模拟电路。

2）红外传感器分两种：一种是光电开关型的，只管有光还是没光；另一种则是红外调制型的。

3）自然界存在大量红外线，而调制型的红外传感器可以消除自然红外光的干扰。

传感器板上所用的红外接收传感器的型号为 HS0038，基本上任何 940nm 波长 38kHz 红外调制接收探头都是通用的。

1）R_{36} 为输出级的上拉电阻，无论芯片内部是否已经有上拉电阻，外部接上拉电阻只会增大输出电流，而不会改变输出逻辑。

2）R_{37} 是一个小阻值电阻，与 C_{49} 配合后供电起到一定的滤波作用。由于内部含有模拟电路，所以红外传感器对供电要求较高。

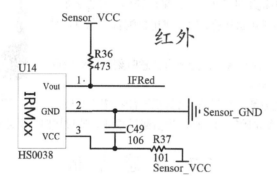

图 7.7.2　红外接收电路

3）表 7.7.1 所示为红外接收涉及的 IO 列表，带中断的普通 IO 即可，不带中断的 IO 用定时扫描法则会比较麻烦。

表 7.7.1　红外接收 IO 列表

信号名称	功能	5529LP 引脚	M4LP 引脚	IO 描述
IFRed	红外传感器信号	P16	PE4	GPIO

4）特别注意蓝牙模块插上 LaunchPad 后，会使用 P16，所以使用蓝牙时，需要将图 7.7.3 所示的拨挡开关拨到左边。

如果使用单片机直接控制红外发光二极管来发射红外信息，好处是自行编码代表什么含义，坏处是信号需要调制，比较麻烦。

图 7.7.4 所示的红外遥控器（选配）则已经对各个键值进行了编码，会自动调制后发射出去。

1）红外遥控器无所谓有多少个按键，每个按键对应特定键值。

2）单片机接收到红外解调信号以后，按编码规则判断按键即可。

红外遥控器的编码规则与遥控器使用的芯片有关，在用户例程中使用的遥控器是基于 WD6122 芯片的，其主要原理是检测信号上升沿间隔。图 7.7.5 所示为 WD6122 的数据格式。

1）数据帧是以 9ms 的高电平和 4.5ms 的低电平来开始的，称为引导码。

图 7.7.3　红外蓝牙选择开关

图 7.7.4　红外遥控器

2）引导码之后是 16 位用户编码，由遥控器硬件电路决定，用于设备区分是哪个遥控器发出的。正因为有用户编码，空调的遥控器才不能用来控制电视。但是同品牌的空调，其遥控器用户码一般会设计成一样。

3）用户码之后是 8 位数据码及 8 位数据反码。反码用于校验数据是否准确。

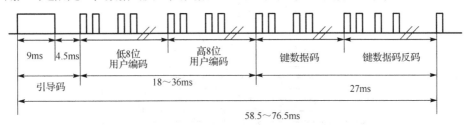

图 7.7.5　WD6122 的数据格式

如图 7.7.6 所示，数据 1/0 判别标准是上升沿时间间隔，长间隔（约 2.25ms）代表 1，短间隔（1.125ms）代表 0。

1）每个脉冲的正宽度约为 0.56ms，每个正脉冲约包含 20 个 38kHz 载波。

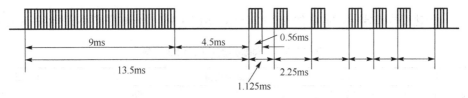

图 7.7.6　WD6122 脉冲位置调制示意图

2）红外接收传感器内部含有带通滤波器，所以 38kHz 载波将被滤除，输出给单片机的信号为简单的方波信号（不含载波）。图 7.7.7 所示的引导码后的数据片段为 011001。

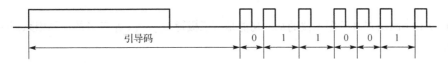

图 7.7.7　一体化红外接收传感器信号示意图

7.7.3　三轴加速度传感器

前面讲的红外传感器，其输出量为数字信号，但是是"未经加工处理"的数字信号，携带的信息量少。大部分真正的数字类传感器的输出是使用 SPI 或 I²C 协议的，当然也有传输速率很慢的 1wire 协议。

图 7.7.8 所示实验板上使用了基于 I^{2}C 协议的 ADXL345 三轴加速度传感器。

1）加速度传感器可以用于感知静态时板卡的倾斜角度，即重力加速度在 X、Y、Z 三轴方向上的重力压力。

2）压力的方向如板上所标识。注意板卡运动时，人为附加的加速度会叠加在重力加速度上产生影响。

图 7.7.9 所示为实验板上 ADXL345 的原理图。

1）R$_{34}$ 和 R$_{35}$ 为 I^{2}C 协议所需的上拉电阻。

2）P19 所示的两个孔是芯片自带的中断，一般不用，仅作预留。

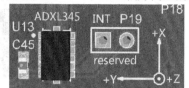

图 7.7.8　三轴加速度传感器

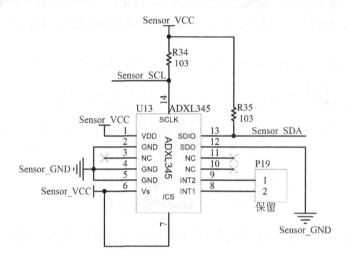

图 7.7.9　ADXL345 原理图

3）三轴加速度传感器涉及的 IO 如表 7.7.2 所示。ADXL345 操作时序需要参考器件说明书。

表 7.7.2　三轴加速度传感器 IO 列表

信号名称	功能	5529LP 引脚	M4LP 引脚	IO 描述
Sensor_SCL	I^{2}C 通信时钟线	P42	PA6	硬件 I^{2}C 时钟线
Sensor_SDA	I^{2}C 通信数据线	P41	PA7	硬件 I^{2}C 数据线

7.8　晶体管图示仪板

如图 7.7.10 所示，晶体管图示仪的基本功能是将三极管 U_{CE}、I_C、I_B 三者的关系用系列曲线的形式显示出来。

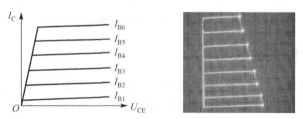

图 7.7.10　晶体管图示仪示意图及实际波形

数字化的晶体管图示仪需综合运用多种模拟电路知识，包括：

1）由双运放构成 HowLand 精密电流源电路，提供精确的 μA 级基极电流 I_B；

2）由升压斩波电路提供可变集电极电压 U_C；

3）由电流检测放大器检测集电极电流 I_C。

此外，晶体管图示仪板还可以学习以下三种模拟电路，包括：

1）利用运放实现 DAC 的双极性输出；

2）运放作为缓冲器，隔离 ADC 采样电路；

3）三极管射随电路作为缓冲器，隔离 ADC 采样电路。

7.8.1　DAC 双极性输出原理

通常 DAC 的输出都是单极性的，可以通过双电源供电的运放电路改变输出信号的极性。

1）虽然很多运放都可以单电源供电，但是如果想要运放输出负电压，负电源是必不可少的，这是常识。如图 7.7.11 所示，图示仪板上使用 TPS60400 电荷泵负压转换器得到负压。

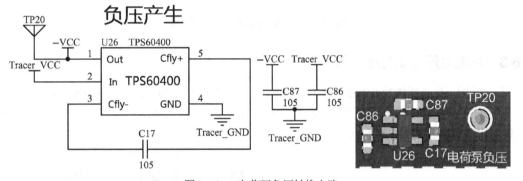

图 7.7.11　电荷泵负压转换电路

2）采用图 7.7.12 中 U25D 所示的同相比例放大电路，在反相输入端加入 V_{CC} 即可起到平移输出电平的作用，输出信号可由 TP18 监测，可实现双极性 DAC 输出。

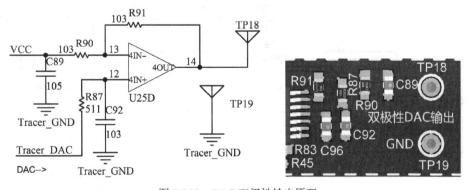

图 7.7.12　DAC 双极性输出原理

7.8.2　HowLand 压控电流源

由 4 运放 LM324 中两个运放构成的 HowLand 压控电流源电路如图 7.7.13 所示。

1）P20 代表 NPN 型三极管的接插口，HowLand 电路的输出提供待测 NPN 三极管基极电流 I_B。

2）根据 HowLand 电路的计算公式，基极电流如式（7.7.1）所示。如果 DAC 电压为 10mV，那么 I_B 将等于 1μA。微电流源符合三极管基极电流要求。

$$I_B = \frac{U_{DAC}}{R_{45}} \tag{7.7.1}$$

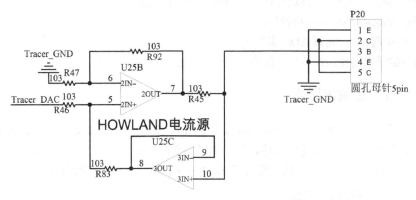

图 7.7.13　HowLand 压控电流源电路

7.8.3　电流电压检测与缓冲器

晶体管图示仪需要随时采集集电极电流和电压。图 7.7.14 所示为三极管集电极电路。

1）升压电路直接输出的电压 HV_{CC} 将大于 5V，所以需要串联 5.1V 稳压管 VD_3 进行降压，这样才能做到从 0V 开始扫描集电极电压。

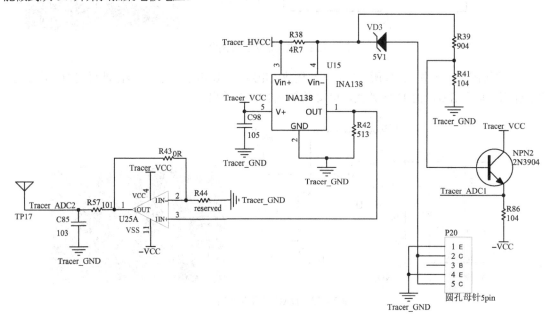

图 7.7.14　集电极电压电流检测电路

2）升压电路只管扫描输出渐变电压，具体的集电极电压由 ADC 通过 R_{39} 和 R_{41} 分压，三极管构成的射随电路隔离后，经 ADC 采样得到。ADC 采样电压值比实际分压值要低三极管 U_{BE} 压降，约 0.5V（微电流情况下）。ADC 采样电压与待测晶体管实际电压的关系如式（7.7.2）所示：

$$U_C = (U_{ADC} + 0.5) \times 10 - 5.1 = 10 \times U_{ADC} - 0.1 \qquad (7.7.2)$$

3）集电极电流检测采用高侧检流，使用专门的电流检测放大器 INA138，根据 R_{42} 阻值，放大倍数为 10.2 倍。如果集电极电流实际为 20mA，那么 INA138 输出电压的计算式为：

$$U_O = 20mA \times 4.7\Omega \times 10.2 = 959mV \qquad (7.7.3)$$

4）INA138 的输出信号属于高内阻信号（R_{42} 的缘故），该信号是否需要隔离后再进 ADC 采样，取决于 ADC 内部采样保持电路的构造。由于实验板需兼容所有 LaunchPad 单片机开发板，所以统一采用 U25A 运放构成的缓冲器进行隔离，并且运放的输出再用 R_{57} 和 C_{85} 构成抗混叠滤波电路。

集电极电压电流检测电路所涉及的 IO 如表 7.7.3 所示。

表 7.7.3 集电极电压电流检测电路 IO 列表

信号名称	功能	5529LP 引脚	M4LP 引脚	IO 描述
Tracer_ADC1	检测集电极电压	P62	PD2	ADC
Tracer_ADC1	检测集电极电流	P63	PD3	ADC

7.8.4 图示仪绘图原理

晶体管特性曲线的绘制由三个参数构成，即基极电流、集电极电流和集电极电压。

1）MCU 控制 DAC 直接输出特定控制电压，HowLand 电路生成基极电流 I_{B1}。I_{B1} 无须测量，直接根据 DAC 电压值进行计算。

2）MCU 控制 BOOST 开关电源输出渐变集电极电压，与此同时，集电极电流 ADC 采样与集电极电压 ADC 采样电路连续工作，获得一条特性曲线。

3）DAC 控制 HowLand 电路生成其他等间隔基极电流，重复集电极电压扫描和 ADC 采样测量过程，获取其他特性曲线。

第8章 用户实验例程

实验板兼容 LaunchPad 系列单片机实验板。实验板已提供针对 MSP-EXP430F5529LP 和 EK-TM4C123GXL 的用户实验例程，例程全部使用 C 语言编写。随着 TI 公司其他 LaunchPad 单片机实验板的推出，用户可自行将实验例程移植到不同的 LaunchPad 单片机平台上。

本章的内容中，虽然一些插图上会出现具体 LaunchPad 实验板（名称），但讲解并不是针对特定 LaunchPad 单片机实验平台的，所有单片机平台下实验例程的框架结构一致，主要功能函数名称也保持一致，易于移植和学习。

8.1 菜 单 框 架

编写一个程序来实现板上所有例程的演示是非常有挑战和难度的，更不要说写完的程序还能让别人看得懂。但由于每个模块的功能都是独立的，所以可以指定一个演示例程的框架，这样无论再添加多少模块，都可以往框架中自由添加。

8.1.1 菜单程序软件流程图

图 8.1.1 所示为整板演示例程的流程图，只画了两个演示任务（Task1 和 Task2），实际可相应添加其他演示任务。

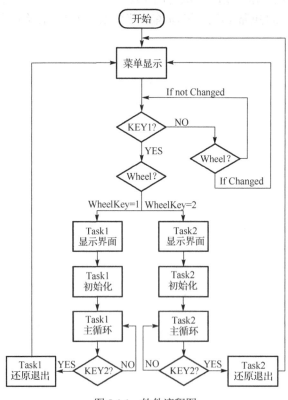

图 8.1.1 软件流程图

1）输入控制由 KEY_1、KEY_2 两个机械按键和一个拨盘电位器 Wheel 组成。KEY_1 相当于确认键，KEY_2 相当于退出键，Wheel 的 ADC 采样分挡值作为菜单值（演示任务的序号）。

2）开机以后，按照 Wheel 挡位值显示相应的演示菜单，待选项为反色，参考图 8.1.2。全部例程的显示控制都基于 TI 公司的 Graphics Library 图形库，需提前学习附录 C 中的内容。

3）如果确认键 KEY_1 没有被按下，则根据 Wheel 挡位值循环刷新显示界面，如果 Wheel 值没有变化，当然就不用刷新。

4）如果确认键 KEY_1 按下，则根据 Wheel 挡位值选择进入对应的演示任务（Task），只要 MCU 的 ROM 足够大，可以添加任意多个 Task。

5）进入某一演示任务后，首先执行相应的 Task 显示界面函数（Graph 函数），参考图 8.1.3 所示。然后，执行一次对应任务的初始化函数（Begin 函数），然后循环执行对应任务的主循环函数（Main 函数）。

图 8.1.2　主菜单界面

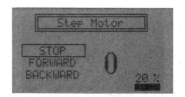

图 8.1.3　步进电机演示界面

6）只要不按 KEY_2 退出键，就循环执行演示任务的主循环函数。如果按了 KEY_2 退出，则执行还原退出函数（Quit 函数）。Quit 函数的作用是将寄存器值还原到进入子演示任务前的状态。

8.1.2　全局变量

程序的关键全局变量主要是记录 KEY_1 和 KEY_2 按键状态的 ui8ButtonKeyValue 和记录 Wheel 分挡值的 ui8WheelKey。

1）函数及变量的命名尽量采用匈牙利命名法（一些移植开源和库代码保留原名称）。

2）ui8ButtonKeyValue 的值使用节拍定时扫描按键的方法获得，适用于所有单片机。在 MSP430 系列单片机中，节拍定时器统一使用 WDT 定时器；Tiva M4 系列单片机统一使用 System Tick 定时器。其他系列单片机则根据通用性原则确定定时器种类。

3）拨盘电位器 Wheel 的分挡值 ui8WheelKey 的值则由 MCU 片内集成 ADC 采样获得，采样的控制信号也由节拍定时器决定，以实现低功耗运行。

8.1.3　Subject 结构体

参考流程图 8.1.1，由于任何一个模块任务都是由 4 个函数（Graph/Begin/Main/Quit）来实现的。所以为了方便地管理和阅读代码，定义一个结构体变量 Subject，包含一个无符号整形数据（任务编号）和 4 个函数指针，所有模块的任务都通过 Subject 结构体来实现。

```
typedef struct{
    uint8_t ui8Task_Num;
    void (*pfnDemoGraph)();
    void (*pfnDemoBegin)();
    void (*pfnDemoMain)();
    void (*pfnDemoQuit)();
} Subject;
```

按照综合实验平台硬件设计，共有 11 个演示任务，利用结构体变量 Subject 定义为结构体数组 Sub[ ]。MENU～Task11 为枚举常量，代表演示任务的编号。为符合人脑习惯，实际任务编号从 1 开始（Task1），Task0 预留为 MENU。

```
const Subject Sub[11]={
{MENU,(*Null),(*Null),(*Null),(*Null)},                    //预留备用
{TASK1,(*DC_Motor_Graph),(*DC_Motor_Begin),(*DC_Motor_Main),
                          (*DC_Motor_Quit)},
{TASK2,(*Step_Motor_Graph),(*Step_Motor_Begin),(*Step_Motor_Main),
                          (*Step_Motor_Quit)},
{TASK3,(*Ultrasonic_Graph),(*Ultrasonic_Begin),(*Ultrasonic_Main),
                          (*Ultrasonic_Quit)},
{TASK4,(*White_LED_Graph),(*White_LED_Begin),(*White_LED_Main),
                          (*White_LED_Quit)},
{TASK5,(*Acceleration_Graph),(*Acceleration_Begin),(*Acceleration_Main),
                          (*Acceleration_Quit)},
{TASK6,(*IR_Graph),(*IR_Begin),(*IR_Main),(*IR_Quit)},
{TASK7,(*Record_Graph),(*Record_Begin),(*Record_Main),(*Record_Quit)},
{TASK8,(*Weight_Graph),(*Weight_Begin),(*Weight_Main),(*Weight_Quit)},
{TASK9,(*BJT_Graph),(*BJT_Begin),(*BJT_Main),(*BJT_Quit)},
{TASK10,(*Music_Graph),(*Music_Begin),(*Music_Main),(*Music_Quit)},
{TASK11,(*Miscellaneous_Graph),(Miscellaneous_Begin),(*Miscellaneous_
                          Main),(*Miscellaneous_Quit)}};
```

1）演示任务 1：直流电机闭环 PID 反馈控制，菜单显示为 "DC Motor"。

2）演示任务 2：步进电机开环控制，菜单显示为 "Step Motor"。

3）演示任务 3：超声波测距，菜单显示为 "Ultrasonic"。

4）演示任务 4：基于 Buck 电路的白光 LED 驱动，菜单显示为 "White LED"。

5）演示任务 5：三轴加速度传感器，菜单显示为 "Accel Meter"。

6）演示任务 6：红外接收解码，菜单显示为 "Infrared"。

7）演示任务 7：录音机，菜单显示为 "Recorder"。

8）演示任务 8：电子称，菜单显示为 "Elec scale"。

9）演示任务 9：晶体管图示仪，菜单显示为 "Triode tracer"。

10）演示任务 10：音乐播放器，菜单显示为 "Music Display"。

11）演示任务 11：杂项功能，菜单显示为 "Miscell Demo"。

8.1.4 Demo_OS( )函数

真正的主函数非常简单，初始化完成以后，死循环调用演示例程函数 Demo_OS( )。

```
int main(void) {
   System_init();
   _enable_interrupts();
   while(1)
   {
       emo_OS();
   }
}
```

Demo_OS( )函数与图 8.1.1 所示的流程图完全对应。

```
void Demo_OS()
{
    ui8ButtonKeyValue &= ～(BIT3+BIT6);
    ui8Task_Status = MENU;
    //-----运行菜单显示程序-------
    while((ui8ButtonKeyValue&BIT3) == 0)
    {
        ui8WheelKey = GetWheelKey();
        _nop();
        if(ui8WheelKey != WheelKey_Prev)
        {
            DrawMenu(ui8WheelKey,cMenuString);
            WheelKey_Prev = ui8WheelKey;
        }
        LPM3;
    }
    //-----运行 Demo 程序-------
    ui8Task_Status = ui8WheelKey;
    Sub[ui8Task_Status].pfnDemoGraph();      //初始化 Demo 显示界面
    Sub[ui8Task_Status].pfnDemoBegin();      //初始化 Demo 例程中的各种配置
    ui8ButtonKeyValue &= ～(BIT3+BIT6);       //确认和退出按键都清零

    while((ui8ButtonKeyValue&BIT6) == 0)
    {
        Sub[ui8Task_Status].pfnDemoMain();   //Demon 程序的主循环
    }
    Sub[ui8Task_Status].pfnDemoQuit(); //退出 Demon 程序前，恢复各寄存器配置为"原样"
    DrawMenu(ui8Task_Status,cMenuString);     //恢复原菜单界面
}
```

1）DrawMenu(ui8WheelKey,cMenuString)：功能是根据 Wheel 的分挡值绘制主菜单函数，cMenuString 为字符串数组，存储菜单显示项。

```
const char *const cMenuString[] = {
    "=MSP430F5529LP=",
    "1.DC Motor",
    "2.Step Motor",
    "3.Ultrasonic",
    "4.White LED",
    "5.Accel Meter",
    "6.Infrared",
    "7.Recorder",
    "8.Elec scale",
    "9.Triode tracer",
    "10.Music Display"
    "11.Miscell Demo"
};
```

2）GetWheelKey( )：功能是（ADC 采样）获取 Wheel 电位器的电阻值，进而得到 Wheel 分挡值（即 Wheel 的键值）。

3）ui8Task_Status：任务状态值，由 KEY$_1$ 按下时的 Wheel 的键值决定，结构体数组 Sub[ ]依靠 ui8Task_Status 来调用 4 大函数。

8.1.5 菜单演示实验

在人机交互应用中，轮盘用于选择菜单，按键 1 用于确认，按键 2 用于取消。屏幕背光默认由光敏电阻自动控制，也可由程序改为 IO 直接控制（5529LP 中为 P3.4，M4LP 中为 PB0）。上电后，默认进入菜单界面，实验背光控制、轮盘、按键的功能。

如图 8.1.4 所示，遮挡光敏电阻（白圈中 TF 卡），可观察到屏幕背光的亮面变化，。

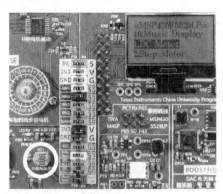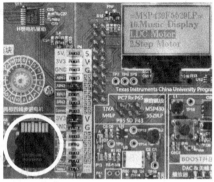

图 8.1.4 COG 屏幕背光演示

滚动轮盘电位器，可观测到 COG 屏幕菜单变化，如图 8.1.5 所示。

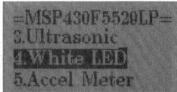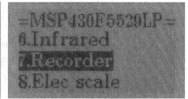

图 8.1.5 主菜单演示

按键 1 进入某一实验子菜单，按键 2 退出实验子菜单，如图 8.1.6 所示。

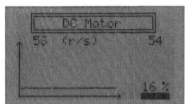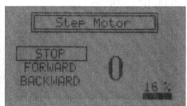

图 8.1.6 子菜单演示

8.2　直流电机反馈控制实验

8.2.1 实验原理图

图 8.2.1 所示为直流电机反馈控制实验原理图。

1）由于步进电机与直流电机公用驱动，所以驱动输出需要经开关选择接入直流电机。

2）对射式光电开关实现直流电机测速，输出信号类型为数字信号，中断 IO 检测信号边缘实现测速。

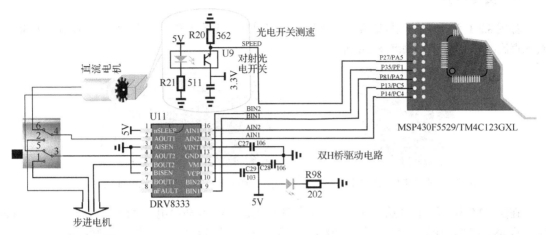

图 8.2.1 直流电机反馈控制实验原理图

8.2.2 软件流程图

图 8.2.2 所示为直流电机反馈控制实验程序的软件流程图。后台程序遵循 4 大功能函数的框架，前台程序（中断子函数）包括测速和改变 PWM 占空比。

1）预设转速由 Wheel 电位器的 ADC 采样值决定。

2）测速 IO 中断内调用 Measure_Freq( )函数，测得实际转速。

3）在定时节拍中断中，通过误差量调用 PID_PWM( )函数，计算出 PWM 的占空比，并改变 PWM 的占空比，调整转速。

4）预设转速和实际转速的显示在 main 循环中以节拍中断的频率进行更新。

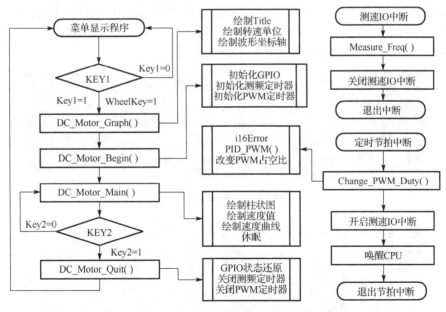

图 8.2.2 直流电机例程软件流程图

8.2.3　实验步骤

如图 8.2.3 所示，保证电机切换开关处于直流电机挡位。滚轮选择菜单程序"1.DC Motor"，按 KEY₁ 进入直流电机演示程序，如图 8.2.4 所示。

图 8.2.3　直流电机工作挡位　　　　　　　　图 8.2.4　主菜单-直流电机

在图 8.2.5 所示的直流电机演示界面中，右侧为设定转速，由轮盘电位器控制，分为数字显示（图中显示 68）和柱状图显示（图中显示 20%）。左侧为电机实际转速，由光电开关测得。同样实际转速的显示分为数字显示（69r/min）和时域波形图（坐标部分）。

实际转速　　　　　　　　　　　　　　　　　　　　　　　设定转速

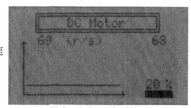

图 8.2.5　直流电机演示界面

8.2.4　实验现象

随着轮盘电位器的拨动，直流电机转速发生改变。轮盘电位器仅仅用于设定转速，而不是直接输出"转速"，电机转速的改变是通过反馈实现的。

图 8.2.6～图 8.2.8 所示为高中低转速时的反馈控制结果。

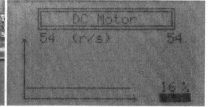

图 8.2.6　直流电机低速运行

图 8.2.7　直流电机中速运行

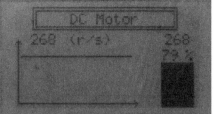

图 8.2.8 直流电机高速运行

8.3 步进电机开环控制实验

8.3.1 实验原理图

图 8.3.1 所示为步进电机开环控制实验原理图。

1）双 H 桥驱动电路的输出经开关控制两相四线步进电机的两个线圈。

2）4 个 LED 指示输出时序（慢速时），有机玻璃转盘指示当前位置。

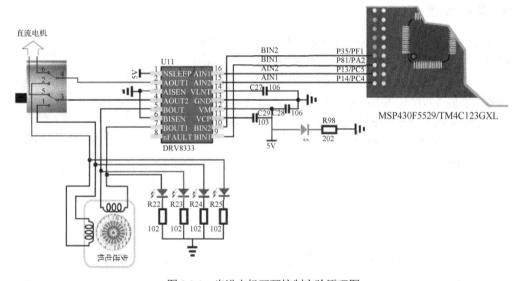

图 8.3.1 步进电机开环控制实验原理图

8.3.2 软件流程图

图 8.3.2 所示为步进电机开环控制实验程序的软件流程图。后台程序遵循 4 大函数的框架，前台程序定时输出步进电机 IO 控制信号。

1）在 Step_Motor_Main( ) 函数中，不仅完成显示功能，而且要根据 KEY₁ 按下的次数，循环切换停止、正转、反转的标志位。根据 Wheel 值，改变步进定时器的定时周期。

2）步进定时器中断中，根据正反转标志位，按时序规则控制步进电机 IO 输出，并相应修改位置指示变量。

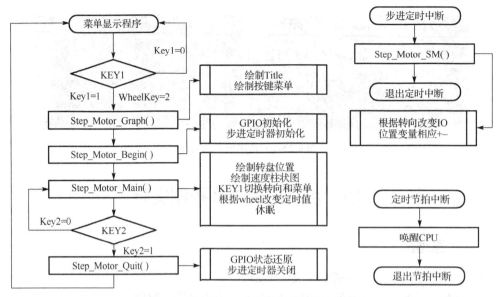

图 8.3.2 步进电机开环控制实验的软件流程图

8.3.3 实验步骤

首先观察实验平台上步进电机的种类, 图 8.3.3 所示为实验平台采用的两种步进电机, 分别是 6mm 直径的 06 电机和 15mm 的 15 电机, 两种步进电机的相序相反。

根据需要修改程序代码中条件编译语句, 并重新下载例程代码。如图 8.3.4 所示, src/Demo/Step_Motor.c 中, #define STEP1 代表 15 电机, 注释该行则为 06 电机。

图 8.3.3 06 步进电机和 15 步进电机

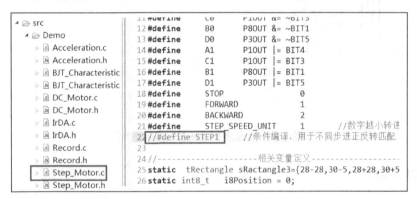

图 8.3.4 步进电机种类的条件编译

如图 8.3.5 所示, 保证电机切换开关处于步进电机挡位。滚轮选择菜单程序 "2.Step Motor", 按 KEY$_1$ 进入直流电机演示程序, 如图 8.3.6 所示。

在图 8.3.7 所示的步进电机演示界面中, 右侧为设定转速, 由轮盘电位器控制, 采用柱状图显示 (图中显示 20%)。左侧为电机运转状态, 由 KEY$_1$ 控制, 默认状态为停止, 每次按键后循环切换运行状态。中间最大的数字为刻度盘示数, 在 0~19 范围内变化, 对应实际步进电机转盘小孔指向的刻度。

图 8.3.5　步进电机工作挡位

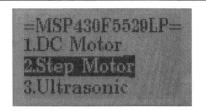

图 8.3.6　主菜单–步进电机

在停止状态下，手动将步进电机转盘小孔对准刻度盘的 0（与演示界面的示数一致），而后再按 KEY$_1$ 切换电机运行状态，拨动轮盘电位器改变转速，进行步进电机实验。

8.3.4　实验现象

如图 8.3.8～图 8.3.10 所示，无论以何种速度，任意方向切换电机，演示界面的数字总与实际刻度盘读数保持一致，这说明步进电机开环控制精确可靠，没有丢步现象。

图 8.3.7　直流电机演示界面

1）图 8.3.8 所示的电机运行状态为正转（按下 KEY$_1$ 切换状态），慢速转动时，可以观测到步进电机按刻度格类似"秒针"跳动。滚动轮盘电位器，加速后，电机转动趋于连贯。

2）图 8.3.9 所示的电机运行状态为反转，33% 的转速下 COG 显示产生虚影（19 变 18），有机比例转盘小孔指向"18"。更高的转速，则无法拍摄清楚。

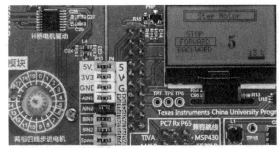

图 8.3.8　步进电机正转运行中

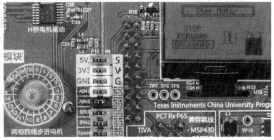

图 8.3.9　步进电机反转运行中

3）正反转 N 圈后按 KEY$_1$ 停止步进电机，COG 显示与刻度盘指示保持一致。

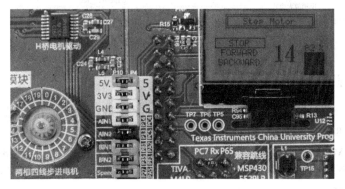

图 8.3.10　步进电机运行后停止

8.4　超声波测距实验

8.4.1　实验原理图

图 8.4.1 所示为超声波测距实验中超声波发射单元的原理图。

1）MCU 的 PWM 引脚输出无法直接驱动超声波发射探头。

2）74LS04 反相器接成逻辑相反的两组输出，用于驱动超声波发射探头。

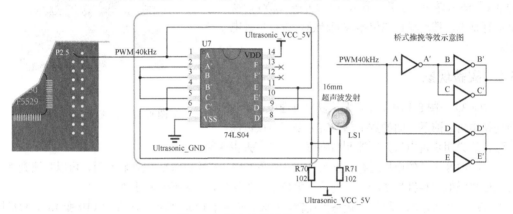

图 8.4.1　超声波发射单元原理图

图 8.4.2 所示为超声波测距实验中超声波接收单元的原理图。

1）超声波接收信号非常微弱，动用两个运放构成 15×15 倍放大电路。

2）经过 225 倍放大后的信号其实已饱和，输入到 MCU 的模拟比较器，得到数字信号，用于测量超声波反射时间间隔，从而实现测距。

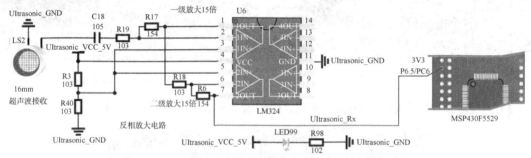

图 8.4.2　超声波接收单元原理图

8.4.2　软件流程图

图 8.4.3 所示为超声波测距实验的软件流程图。后台程序遵循 4 大函数的框架，前台程序中 PWM 定时中断负责发出 8 个超声波，比较器中断完成距离测量。

1）Ultrasonic_Main( ) 函数执行一次，完成一次测距，由节拍定时器控制休眠 384ms（休眠 24 次）。

2）每次测距中，PWM 定时中断执行 16 次，生成 8 个 40kHz 方波。比较器中断中，读取测距定时器值，以计算距离。

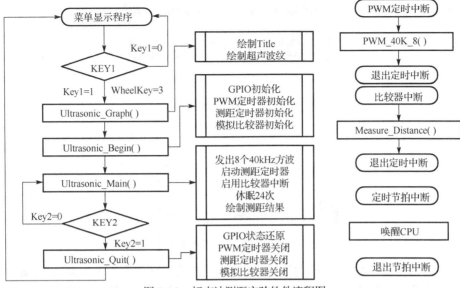

图 8.4.3 超声波测距实验软件流程图

8.4.3 实验步骤

如图 8.4.4 所示利用 PCB 制图软件，精确地画出一张标尺。

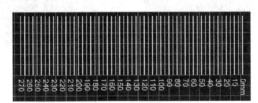

图 8.4.4 基于 PCB 制图软件的标尺

如图 8.4.5 所示，按 1:1 比例在 A4 白纸上打印出该标尺。

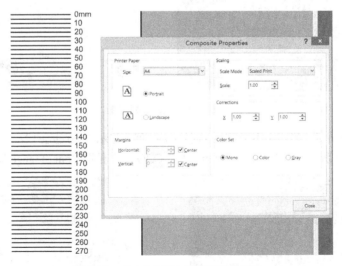

图 8.4.5 在 A4 白纸上精确打印出标尺

如图 8.4.6 所示，摆放一个垂直障碍物在 A4 白纸标尺的 0mm 刻度位置。

图 8.4.6　在标尺上摆放障碍物

滚轮选择菜单程序"3.Ultrasonic"，按 KEY₁ 进入超声波演示程序，如图 8.4.7 所示。在超声波演示界面中，数字部分即为障碍物距离（从实验平台上边沿开始计算），例程软件限定探测距离 40～200mm。

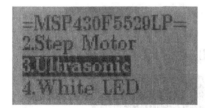
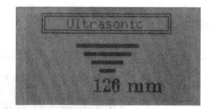

图 8.4.7　超声波菜单及演示界面

8.4.4　实验现象

如图 8.4.8 所示，按标尺实验超声波测距值，必要时可实测数据进行校正，改写软件。

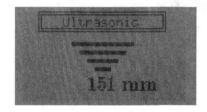

图 8.4.8　验证探测精度

1）如图 8.4.9 所示，当距离小于 40mm 时，COG 屏幕显示"too close！"。
2）如图 8.4.10 所示，当距离大于 200mm 时，COG 屏幕显示"out of range"。

图 8.4.9　探测距离过近　　　　　　　　图 8.4.10　探测距离过远

8.5 白光 LED 驱动实验

8.5.1 实验原理图

图 8.5.1 所示为白光 LED 驱动实验原理图。

1）TPS62260 为集成开关的 BUCK 控制器，FB 端为模拟反馈端。PWM 信号经低通滤波成直流后，成为 FB 端控制信号，从而实现数字控制。

2）PWM 占空比由 Wheel 拨盘电位器开环控制，占空比越大，LED 亮度越小。运放构成的同相放大器实现检流。

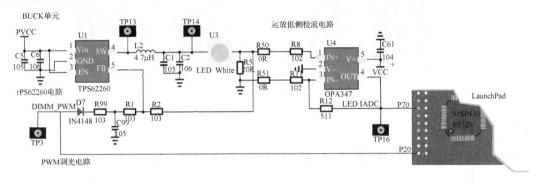

图 8.5.1 白光 LED 驱动原理图

8.5.2 软件流程图

图 8.5.2 所示为白光 LED 驱动实验的软件流程图。后台程序遵循 4 大函数的框架，前台程序仅负责唤醒 CPU。

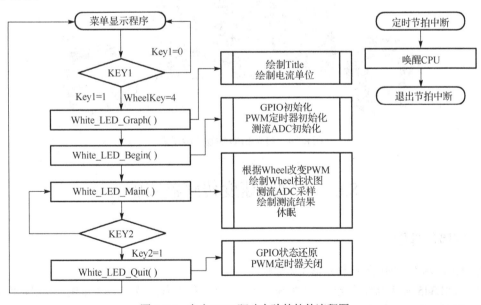

图 8.5.2 白光 LED 驱动实验的软件流程图

1）定时节拍控制主函数 16ms 执行一次。

2）White_LED_Main( )函数中依次执行修改 PWM 占空比、检测电流和绘制屏幕的任务。

8.5.3　实验步骤

滚轮选择菜单程序"4.White LED"，按 KEY₁ 进入白光 LED 演示程序，如图 8.5.3 所示。数字部分为 LED 电流测量结果。柱状图（3%）为调光 PWM 的占空比，由轮盘电位器设定。滚动轮盘电位器即可调节 LED 亮度。白光 LED 亮度很高，注意保护视力，如有必要，可在 LED 上贴几层白纸。

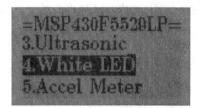 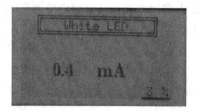

图 8.5.3　白光 LED 菜单及演示界面

8.5.4　实验现象

如图 8.5.4 所示，滚动轮盘电位器，LED 亮度改变。PWM 占空比越大，LED 越亮。

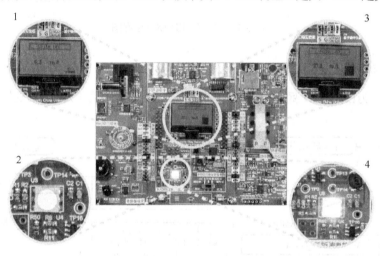

图 8.5.4　白光 LED 驱动实验现象

8.6　三轴加速度传感器实验

8.6.1　实验原理图

图 8.6.1 所示为三轴加速度传感器实验原理图。

1）ADXL345 属于高性价比的三轴加速度传感器（亦称重力传感器），大量用于手机，实现诸如自动旋转屏幕、重力感应游戏等功能。

2）ADXL345 采用 I²C 总线通信方式，MCU 将通信得到的 **XYZ** 加速度按不同方式在 COG 屏幕上显示出来。

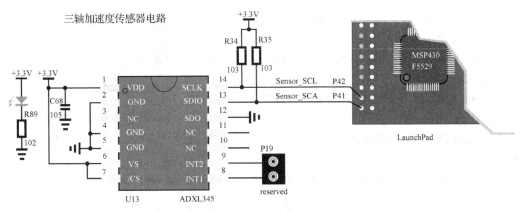

图 8.6.1　三轴加速度传感器

8.6.2　软件流程图

图 8.6.2 所示为三轴加速度传感器实验的软件流程图。后台程序遵循 4 大函数的框架，前台程序仅负责唤醒 CPU。

1）定时节拍控制主函数 16ms 执行一次。

2）Acceleration_Main( )函数中执行获取加速度值、根据 **Wheel** 值决定显示方式。

3）显示方式分为 4 种，其中三种模式分别是显示 **X**、**Y**、**Z** 轴加速度的时域波形，第 4 种是直接数显三轴加速度值。

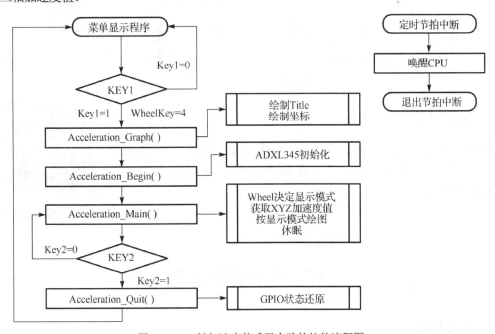

图 8.6.2　三轴加速度传感器实验的软件流程图

8.6.3　实验步骤

滚轮选择菜单程序"5.Accel Meter"，按 KEY₁ 进入三轴加速度计演示程序，如图 8.6.3 所示。三轴加速度实验演示界面中，滚动拨盘电位器可切换显示模式，轮盘电位器取值被分成了 4 个挡位。

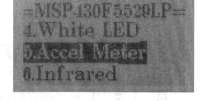

1）如图 8.6.4 所示，最低一级将直接数字化显示 X、Y、Z 三轴的加速度值。

2）图 8.6.4 所示的第二挡将显示 X 轴的加速度情况，按时域坐标轴显示。

3）图 8.6.4 所示的第三挡将显示 Y 轴的加速度情况，按时域坐标轴显示。

图 8.6.3　主菜单-三轴加速度计

4）图 8.6.4 所示的第四挡将显示 Z 轴的加速度情况，按时域坐标轴显示。

(a) 数显 X、Y、Z 轴加速度值

(b) 显示 X 轴加速度值

(c) 显示 Y 轴加速度值

(d) 显示 Z 轴加速度值

图 8.6.4　三轴加速度传感器

8.6.4　实验现象

利用轮盘电位器选择某种显示模式后，倾斜、摇晃实验平台均会相应引起显示变化，图 8.6.5 所示为左右猛晃实验板后 X 轴加速度值的变化。

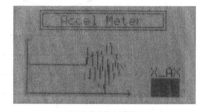

图 8.6.5　X 轴加速度变化演示

8.7　红外解码实验

8.7.1　实验原理图

图 8.7.1 所示为红外解码实验原理图。

1）红外接收器的主要作用是将带有 38kHz 载波的红外光信号转变为电压方波信号输出给 MCU。

2）MCU 接收到方波电信号后，依据发出信号的遥控器编码方式（WD6122）进行解码，将键值显示在 COG 屏幕上。

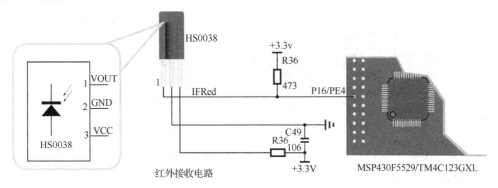

图 8.7.1　红外解码实验原理图

8.7.2　软件流程图

图 8.7.2 所示为红外解码实验的软件流程图。后台程序遵循 4 大函数的框架，前台程序中每次 GPIO 中断的时间间隔将被测量，换算成编码。

1）通过定时器连续测量 GPIO 中断的时间间隔 Temp，Temp 依据时长被鉴别为引导码或 1、0 数据。

2）每获取 32 位数据，核对一遍原码反码，解码为键值进行输出。

3）节拍定时器控制红外解码的频度，以实现低功耗。

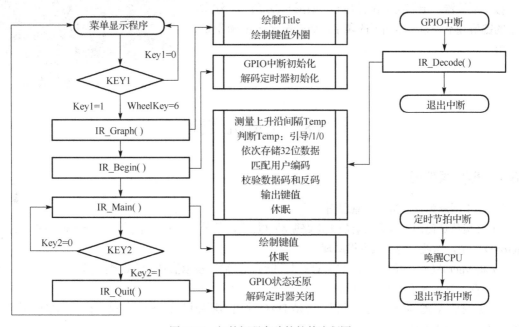

图 8.7.2　红外解码实验的软件流程图

8.7.3　实验步骤

如图 8.7.3 所示，将拨挡开关拨到右边。滚轮选择菜单程序"6.Infrared"，按 KEY₁ 进入红外接收传感器演示程序，如图 8.7.4 所示。

图 8.7.3　蓝牙红外选择开关

图 8.7.4　主菜单-红外接收

用遥控器（基于 WD6122 芯片）对准红外接收传感器按下按键，如图 8.7.5 所示，圆圈中的数字就是接收到的遥控器键值。

图 8.7.5　红外接收演示界面

8.7.4　实验现象

按下遥控器，键值显示在屏幕上，如图 8.7.6 所示。注意，显示的键值并不是遥控器面板的印字，而是按键红外编码代表的键值。

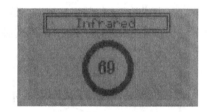

图 8.7.6　红外遥控器键值

8.8　录放机实验

8.8.1　实验原理图

图 8.8.1 所示为录放机实验原理图。

1）驻极体话筒由三极管共射放大电路驱动并放大，信号由 ADC 采样后以 Wave 格式文件写入 MicroSD 卡中，这就实现了录音机原理。

2）将 MicroSD 卡中的 Wave 音频读取以控制 DAC 输出模拟信号，经 D 类功放放大后，驱动扬声器发出声音，就实现了播放器原理。

3）无论是 ADC 的采样录音过程，还是 DAC 输出的还原播放过程，都是严格遵循采样频率的，这样声音才不会"变调"。

4）模拟电路电源要求严格，专门使用了 LP2985-33 低压差线性稳压芯片提供模拟电源。

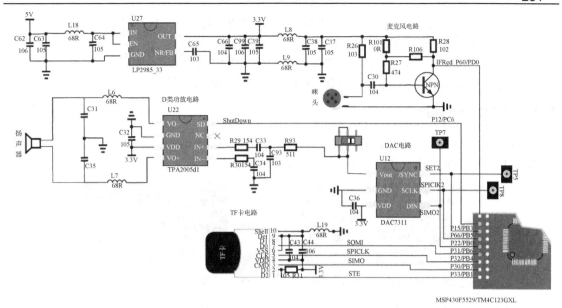

图 8.8.1 红外遥控器键值

8.8.2 软件流程图

图 8.8.2 所示为录放机实验的软件流程图。后台程序遵循 4 大函数的框架。前台程序中，采样定时器中断控制录音和播放的采样率一致。本实验例程依赖文件系统和 Wave 文件格式工作，请事先学习附录 D 内容。

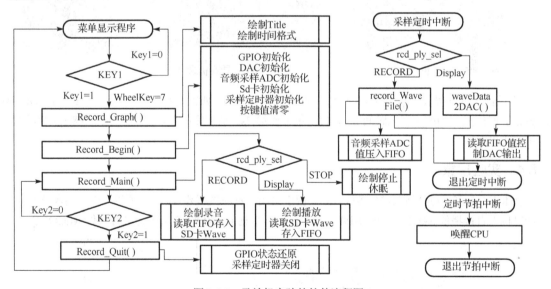

图 8.8.2 录放机实验的软件流程图

1）进入录放机子演示程序后，KEY$_1$ 的作用变成了循环切换录音、播放、停止的按键。

2）每次完整的一次录音或播放就是主循环一次，主循环只有在停止状态下才会进入休眠。

3）利用软件方法在 MCU 的 Ram 中开辟 FIFO 存储区，以缓冲"时序严格"的采样数据与"时序不严格"的 SD 卡读/写数据。

4）录音模式时，后台主循环负责将 FIFO 数据通过文件系统帮助以 Wave 格式存入 SD 卡；前台程序负责以 11.025kHz 的（ADC）采样率将录音信号数据存入 FIFO。

5）播放模式时，后台主循环借助文件系统帮助，从 SD 卡中将 Wave 文件读出，并存入 FIFO 中；前台程序负责以 11.025kHz 的采样率将 FIFO 数据读出，并控制 DAC 输出模拟电压。

8.8.3 实验步骤现象

如图 8.8.3 所示，将拨挡开关拨到左侧，DAC 的输出给音频单元使用。滚轮选择菜单程序"7.Record"，按 KEY₁ 进入录音机演示程序，如图 8.8.4 所示。

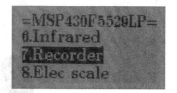

图 8.8.3　播放器图示仪选择开关　　　　　　　　图 8.8.4　主菜单−录音机

1）在图 8.8.5 所示的录音机演示界面中，按 KEY₁ 切换录音机状态。"Display Stoped"表示录音机处于停止状态。"Time"栏为录放音时间。

2）停止状态下按 KEY₁，进入录音状态，此时可对着麦克风说话或放音乐，如图 8.8.6 所示。演示界面显示"Record Begin!"，时间显示当前录音时间 11s（仍在继续）。

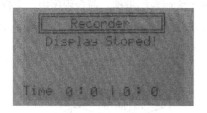

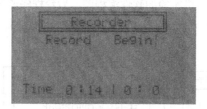

图 8.8.5　录音机停止界面　　　　　　　图 8.8.6　录音机录音

3）录音状态下按 KEY₁，进入回放状态，扬声器发出声音，如图 8.8.7 所示。演示界面显示"Display Begin!"，时间显示当前录音总时间 23s，目前播放到第 7s。播放完成后，自动返回到图 8.8.5 所示的录音机停止界面。

8.8.4 实验现象

按 KEY₁ 录音，再次按 KEY₁ 播放音乐。由于采用文件系统操作 TF 卡，所以存储的音频文件可以在计算机上直接播放。将 TF 拔下，用读卡器在计算机上播放，图 8.8.8 所示为录音文件 RECORD.wav。

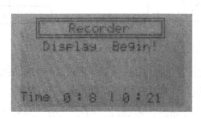

图 8.8.7　录音回放　　　　　　　　图 8.8.8　wav 格式的录音文件

8.9　称重传感器实验

8.9.1　实验原理图

图 8.9.1 所示为称重传感器实验原理图。

1）称重传感器输出高内阻、高共模电压、低差模电压的信号，经仪表放大器 INA333 放大数百倍后输出。

2）INA333 放大后的称重信号基本上属于直流信号，所以 R94、C95 组成的大时间常数低通滤波器可以有效抑制干扰，提高信号稳定性。

3）程序中需要加入归零（去皮）和校准等代码，以便克服称重传感器的个体差异。

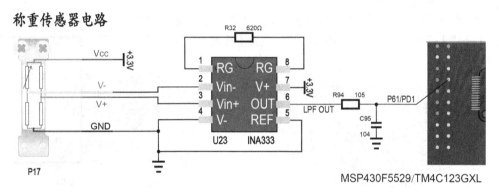

图 8.9.1　称重传感器实验原理图

8.9.2　软件流程图

图 8.9.2 所示为称重传感器实验的软件流程图。后台程序遵循 4 大函数的框架，前台程序仅负责唤醒 CPU。

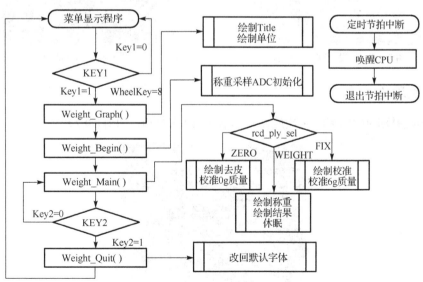

图 8.9.2　称重传感器实验的软件流程图

1）在后台主循环中，依据 Wheel 值，工作在清零（去皮）、校准和称重三种状态。

2）称重显示值是依据二元二次方程 $y=ax+b$ 计算的，x 为 ADC 采样值，y 为实际质量。

3）清零工作模式下，$y=0$；校准模式下，$y=6$；这样可得到两个方程，求解出 a/b 的值，完成校准过程。

4）称重模拟下，直接 ADC 采样数据，根据 $y=ax+b$ 得到称重结果，并显示在 COG 屏幕上。

8.9.3 实验步骤

滚轮选择菜单程序"8.Elec scale"，按 KEY₁ 进入电子称演示程序，如图 8.9.3 所示。在电子称演示界面中，由轮盘电位器切换电子称的三种工作模式。

1）如图 8.9.4 所示，轮盘电位滚至最上端，屏幕显示"make zero"，进入"归零"校准模式，也就是所谓的"去皮"。可以在电子称托盘上放一张银行卡，模拟"皮重"，按下 KEY₁，程序将把此时的 ADC 值当成 0g 校验点。

2）保留银行卡，轮盘电位滚至中间位置，如图 8.9.5 所示，屏幕显示"put 1 yuan coin"，进入预设"砝码"校验模式，将一枚新版 1 元硬币放置于托盘上，按下 KEY₁，程序将把此时的 ADC 值当成 6g 校验点。

图 8.9.3 主菜单-电子称

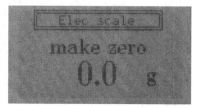

图 8.9.4 归零校验图

3）移除 1 元硬币（保留银行卡），轮盘电位滚至最下端，如图 8.9.6 所示，屏幕显示"weight"，进入称重模式，正常使用。

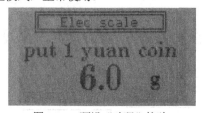

图 8.9.5 预设"砝码"校验

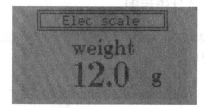

图 8.9.6 正常称重

8.9.4 实验现象

按实验步骤校准好电子称，依次放置 1～6 枚新版 1 元硬币，如图 8.9.7 所示。

图 8.9.7 利用硬币检测电子称精度

图 8.9.8 所示为 1～6 枚硬币的称重结果。

图 8.9.8　硬币称重结果

8.10　晶体管图示仪实验

8.10.1　实验原理图

图 8.10.1 所示为晶体管图示仪的辅助电路部分。

1）BOOST 电路提供晶体管集电极的可变扫描电压。

2）DAC7311 输出的模拟电压控制压控电流源输出阶梯电流，提供给晶体管的基极。

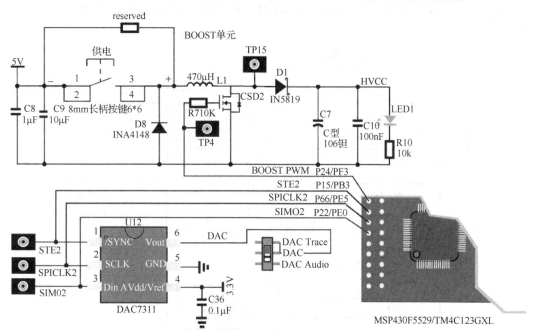

图 8.10.1　BOOST 电路和 DAC 电路原理图

图 8.10.2 所示为晶体管图示仪主电路部分。

1）P20 为待测晶体管插孔，兼容任何引脚排列的 TO92 封装 NPN 三极管。

2）晶体管的集电极电压经电阻分压、射随电路隔离后，由 ADC 进行采样。

3）晶体管集电极电流由 INA138 高侧电流检测器获取，信号经运放隔离后由 ADC 进行采样。

4）由两个运放构成的 HowLand 压控电流源，负责提供阶梯状的微电流信号给晶体管基极。

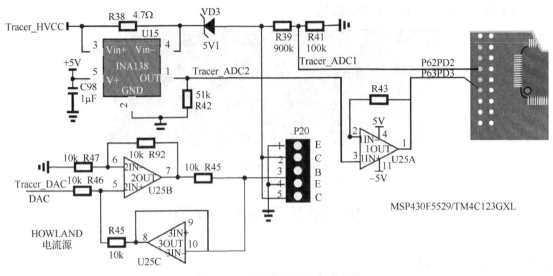

图 8.10.2　晶体管图示仪实验电路

8.10.2　软件流程图

图 8.10.3 所示为晶体管图示仪实验的软件流程图。后台程序遵循 4 大函数的框架，前台程序仅负责唤醒 CPU。

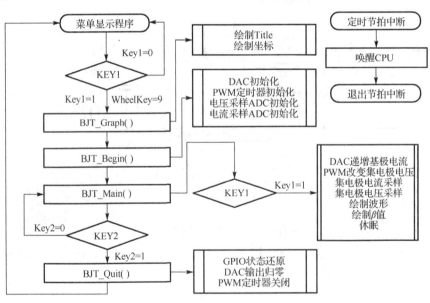

图 8.10.3　晶体管图示仪实验的软件流程图

1）进入晶体管图示仪子演示程序后，KEY_1 按键一次，代表启动一次晶体管图示仪测量绘图。

2）后台主循环中，通过控制 DAC，给予待测晶体管基极一个已知大小的微电流信号；然后通过 PWM 控制 BOOST 电路输出集电极扫描电压。与此同时，集电极电流采样 ADC 和集电极电压采样 ADC 不断采样。根据基极电流、集电极电压、集电极电流绘制出一条图示仪曲线，并将集电极电流平均值除以基极电流的结果作为 β 值显示。

3）递增 DAC 输出电压，重复绘制其余 4 条图示仪曲线，完成一次晶体管特性曲线的测绘。而后休眠，等待定时节拍唤醒，KEY$_1$ 按下后，可进行下一次测绘。

8.10.3　实验步骤

如图 8.10.5 所示，将 DAC 输出开关拨到图示仪位置（靠右）。滚轮选择菜单程序"9.Triode tracer"，按 KEY$_1$ 进入晶体管图示仪演示程序，如图 8.10.6 所示。

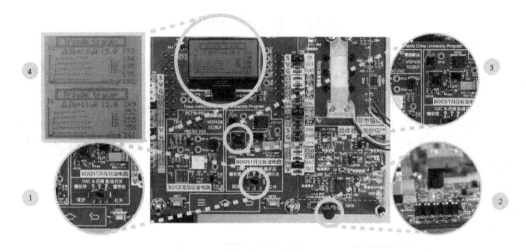

图 8.10.4　实验步骤说明图

图 8.10.5　DAC 选择开关图

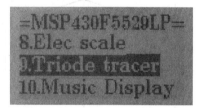

图 8.10.6　主菜单-晶体管图示仪

如图 8.10.7 所示，按实际引脚插好待测 NPN 三极管。按住图 8.10.8 所示的升压电路供电开关，再按 KEY$_1$，即完成一次晶体管特性测量。

图 8.10.7　待测 NPN 三极管

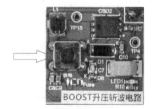

图 8.10.8　BOOST 电路供电按键

8.10.4　实验现象

使用不同的晶体管按实验步骤完成晶体管特性测量，COG 屏幕显示晶体管特性曲线，如图 8.10.9 所示。图中两只晶体管的 β 值分别为 200 左右和 250 左右，可使用万用表复测验证。

图 8.10.9　晶体管图示仪曲线

8.11　播放器实验

滚轮选择菜单程序"10.Music Display"，按 KEY$_1$ 进入播放器演示程序，如图 8.11.1 所示。

播放器实验的硬件原理图与录放机实验的完全一致，主要代码与录放机的放音部分也基本一致。唯一需要额外编写的代码就是曲目选择菜单，图 8.11.2 所示为播放器实验的软件流程图。

图 8.11.1　主菜单-播放器

由于 COG 屏幕每行显示的字符数有限，所以例程中歌曲名称都是提前在菜单中写好的，如图 8.11.3 所示 Micro-SD（TF）卡中预存（转换好格式的）单声道 Wav 文件。

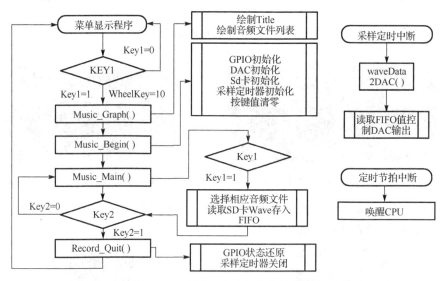

图 8.11.2　播放器实验的软件流程图

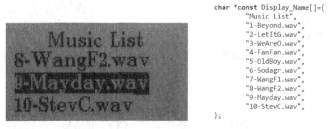

```
char *const Display_Name[]={
    "Music List",
    "1-Beyond.wav",
    "2-LetItG.wav",
    "3-WeAreO.wav",
    "4-FanFan.wav",
    "5-OldBoy.wav",
    "6-Sodagr.wav",
    "7-WangF1.wav",
    "8-WangF2.wav",
    "9-Mayday.wav",
    "10-StevC.wav",
};
```

图 8.11.3　播放器菜单

通过拨盘电位器选中曲目，按 KEY$_1$ 键就进入歌曲播放界面，如图 8.11.4 所示。除了显示正在播放的歌曲名称外，还显示歌曲时间长度和当前播放时间。按 KEY$_2$ 键返回上级菜单。

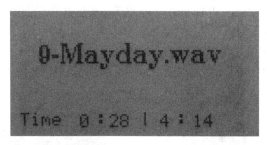

图 8.11.4　歌曲播放界面

8.12　杂项功能实验

图 8.12.1 所示的杂项功能包括三个子实验，分别是 SPWM 滤波实验、触摸按键实验和 DAC 双极性输出实验。

图 8.12.2 所示为杂项功能的软件流程图。

1）拨盘电位器切换三个子实验，拨盘处于高中低三个位置（无须 KEY$_1$ 确认），分别对应 SPWM 滤波实验、触摸按键实验和 DAC 双极性实验。

2）拨盘电位器处于中间位置（触摸按键演示）时，KEY$_2$（机械按键）不作"退出"菜单功能使用，其余两种演示状态下，按下 KEY$_2$（机械按键），退出当前菜单。

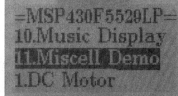

图 8.12.1　主菜单-杂项功能

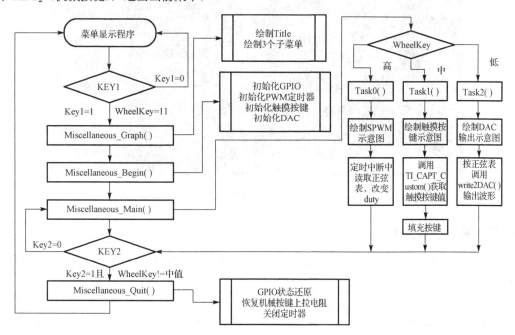

图 8.12.2　杂项功能实验的软件流程图

8.12.1　SPWM 滤波实验

如图 8.12.3 所示，进入"Miscell Demo"子菜单后，拨盘电位器挡位最高，选择"SPWM"。COG 屏幕上给出 SPWM 波形的示意图。

定时中断中，按正弦表值改变 PWM 输出占空比，从而输出 SPWM 波形。SPWM 波形经 MFB 和 Sallen-Key 两种滤波器滤波后输出（探测点分别为 TP1 和 TP2，如图 8.12.4 所示），由示波器观测波形。两种滤波器的截止频率均为 660Hz。

图 8.12.3　SPWM 滤波实验　　　　　　　　　　图 8.12.4　滤波器输出测试孔

图 8.12.5 所示为示波器实测波形。通道 1 为 MFB 输出，通道 2 为 Sallen-Key 输出，可以观察到 Sallen-Key 滤波器存在明显的高频馈通现象（理论解释详见 4.4.2 节）。

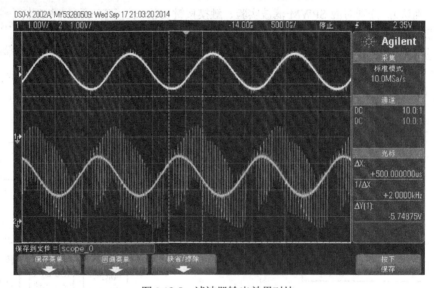

图 8.12.5　滤波器输出效果对比

8.12.2　触摸按键实验

如图 8.12.6 所示，进入"Miscell Demo"子菜单后，拨盘电位器挡位处于中间位置，选择"TPAD"。COG 屏幕上给出触摸按键的示意图（两个方框）。

触摸程序代码移植自 TI 的电容式触摸感应库，如图 8.12.7 所示，可在 TI 主页中搜索并下载。

下载得到的触摸库为一个文件夹，解压缩以后得到 4 个文件夹和两个文件，如图 8.12.8 所示。

1）Library 文件夹是底层驱动库，包括 CTS_HAL.c、CTS_HAL.h、CTS_Layer.c、CTS_layer.h 这 4 个文件，这 4 个文件无须用户改动，直接放入用户工程即可。

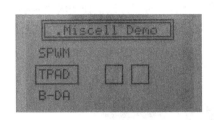

图 8.12.6 触摸按键实验

图 8.12.7 下载电容触摸感应库

2）在 Code_Examples 文件夹中，有各种电容触摸的识别方案，实验板对应的是 RC 充放电方式，应选择 RC_PAIR_TA0 文件夹中的方案。

3）RC_PAIR_TA0 文件夹中的 structure.c 文件和 structure.h 文件是需要用户进行修改的。

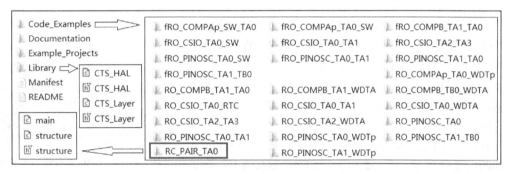

图 8.12.8 电容式触摸感应库的文件

图 8.12.9 所示为用户实验例程中 CTS（电容触摸）文件夹的内容，使用了移植自 TI 电容式触摸感应库的 6 个文件，最后两个文件需要用户改写。对照原库中文件和用户实验例程的文件，主要就是根据实际触摸 IO 改写两个"Element"结构体变量和一个"Sensor"结构体变量，这里就不详述了。

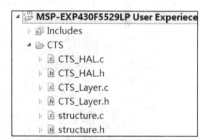

图 8.12.9 电容触摸库文件

在移植完以后，就可以使用触摸按键了。

1）触摸库使用前需要初始化，第一条是初始化函数，第二条函数设定测量 5 次结果求平均。

2）TI_CAPT_Custom( )函数负责实际测量触摸按键，测量结果（定时器的值）会写入 dCnt 数组中。

3）根据 dCnt 的值，可以判断触摸按键是否按下，并执行相应的动作（Action）。

```
        TI_CAPT_Init_Baseline(&buttons);            //初始化触摸库
        TI_CAPT_Update_Baseline(&buttons,5);        //触摸测量次数为 5 次
...
        uint8_t dCnt[2];                            //放置触摸（定时）数据的变量
        TI_CAPT_Custom(&buttons,dCnt);              //获取触摸测量结果
        if(dCnt[0]>2000)    {...};                  //如果触摸 1（定时）数据大于门限，则按键
                                                        方块 1 变黑
        Else                {...}                   //否则，按键方块 1 变白
        if(dCnt[1]>2000)    {...};                  //如果触摸 2（定时）数据大于门限，则按键
```

　　　　　　　　　　　　　　　　　　　　　　　　　　方块 2 变黑
　　Else　　　　　　　　　{...}　　　　//否则，按键方块 2 变白
　　...

　　如图 8.12.10 所示，实验例程实现的功能为：按下触摸按键后，对应方框就会变成"实心"框，手指移开，则框恢复"空心"。按中间键（相当于两个按键都按下），则两个方框均变成"实心"。

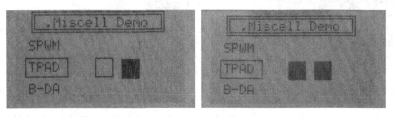

图 8.12.10　触摸按键按下的效果图

8.12.3　DAC 双极性输出实验

　　在晶体管图示仪模块中，利用 LM324 四运放中多余的一个运放搭建了一个双极性 DAC 变换电路（具体电路见 7.8.1 节）。所以，要进行 DAC 双极性输出实验，DAC 选择开关应拨到晶体管图示仪一侧。

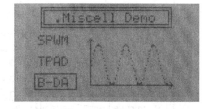

　　如图 8.12.11 所示，进入"Miscell Demo"子菜单后，拨盘电位器挡位最低，选择"B-DA"，COG 屏幕上给出 DAC 波形的示意图。

　　单片机按正弦表规律控制 DAC 输出就构成了单极性正弦波。如图 8.12.12 所示，示波器通道 1 接 DAC 直接输出的单极

图 8.12.11　DAC 双极性输出实验

性信号，通道 2 接经运放输出的双极性信号。可以观察到，运放实现了 DAC 双极性输出，幅值增大一倍，符合式（4.1.15）的理论计算。

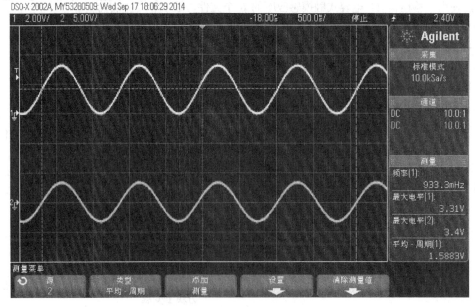

图 8.12.12　DAC 双极性输出波形

附录 A　运放电路的稳定性

用过运放的人都知道，不合理的设计会造成运放的自激振荡。一般教科书按"鸡生蛋蛋孵鸡"的理论解释自激振荡：

1）无论是反相放大，还是同相放大电路，引入的总是负反馈；

2）实际运放寄生的低通滤波环节会导致相移，每阶低通滤波器最大相移90°；

3）当存在三阶以上的低通滤波器时，就一定存在某个频率分量的相移恰好是 180°（负反馈变正反馈，鸡能生蛋），如果该频率对应增益还能大于 1（平均一只鸡产蛋数大于一），那么自激振荡就发生了。

由此，我们得出这样的运放稳定条件：要么让反馈的相移达不到 180°（鸡根本无法下蛋），要么降低增益（平均一只鸡下不了一个蛋）。

这样解释看似很完美，但是当遇到"单位增益稳定运算放大器"和"比较器振荡"以后，"鸡生蛋蛋孵鸡"理论就存在困难了。

1）单位增益稳定运算放大器是专门的一类放大器，只有这种放大器可以作为缓冲器使用，其他放大器只有在放大倍数达到若干倍以后，才是稳定的。

2）电压比较器（本质也是运放）不存在负反馈，但是它仍然会发生振荡。

有必要从更"微观"的角度看待振荡是如何发生的。接下来将从振铃、电容性负载、反相输入端的寄生电容、开环增益与相移、相位补偿、比较器与正反馈几个方面来重新认识振荡。

A.1　振　　铃

经常能够听到一个词"振铃"，那么振铃是如何产生的？它与振荡有什么联系呢？图 A.1.1 所示为振铃的 TINA 仿真。

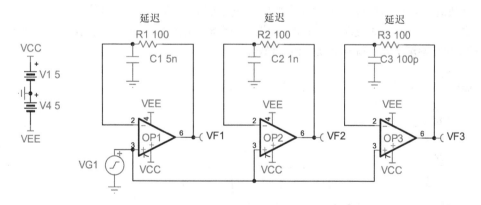

图 A.1.1　振铃的 TINA 仿真

1）三个运放都被接成同相输入电路，采用相同信号 VG_1（$1V_{PP}$/40kHz 方波）。

2）三个运放的反馈之路分别加上了 RC 延迟，R 取值一致，C 参数不同。

3）根据低通滤波计算，OP_1 反馈延迟最大，OP_3 反馈延迟最小。

图 A.1.2 所示为振铃的瞬时现象仿真。

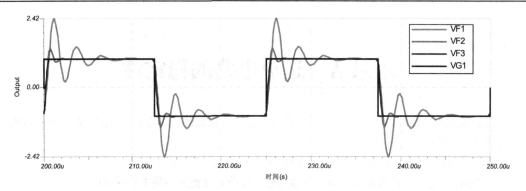

图 A.1.2　振铃的瞬时现象仿真

图 A.1.3 所示为瞬时现象仿真的局部放大图，可以看出延迟环节越严重，振铃现象越严重。

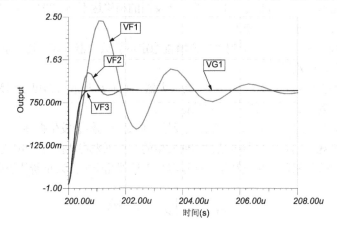

图 A.1.3　振铃的瞬时现象仿真放大图

振铃是由负反馈环节的延迟产生的。

1）运放这种电子元器件的本质是忠实地将 $u_P - u_N$ 的差值放大 A 倍（开环增益）。

2）参考图 A.1.4，如果反馈环节几乎无延迟，那么输出电压将是类似 VF$_3$ 的波形，由于压摆率的限制，输出电压逐渐上升到与 u_P 相等，然后稳定。

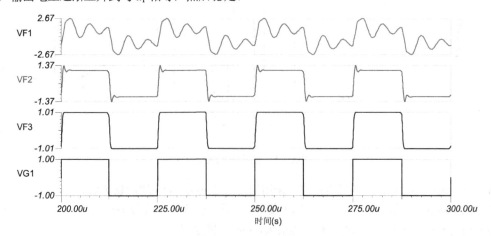

图 A.1.4　振铃与振荡现象的瞬时现象仿真

3）但是如果反馈环节有延迟，那么当输出电压已经达到 u_P，但是 u_N 的电压由于延迟还未达到 u_P 时，则输出电压继续上升，于是振铃就产生了。

将 OP$_1$ 反馈环节的 C$_1$ 改为 20nF，增大反馈延迟，VF$_1$ 输出的振铃就接近振荡了，如图 A.1.4 所示。

负反馈的延迟主要来源于两个地方：一个是运放的电容性负载，另一个是运放反向输入端的寄生电容。

A.2 电容性负载

读者在调试运放电路（特别是高速运放）的过程中，可能有过这样的经历：本来一切正常，但当把示波器探头接在运放输出时，示波器显示的结果却是振荡波形。

这一现象的原因是电容性负载带来的反馈延迟，示波器探头会引入电容负载。图 A.2.1 所示的 TINA 电路原理图展示了电容性负载如何构成反馈延迟的低通滤波器。

1）运放存在输出电阻 R$_O$，也就是内阻。

2）C$_L$ 为由于各种原因存在的电容性负载，有时真实负载就是容性，有时是示波器的探头等意外引入的。

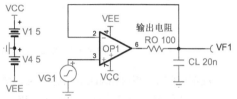

图 A.2.1 容性负载构成的反馈延迟

如果是由示波器探头的电容引起了电路振荡，而又没有有源探头（输入电容小但极其昂贵）时，可以给示波器探头串联一个 1kΩ 左右的电阻再去测量，由于示波器探头输入阻抗在 MΩ 级别以上，所以 1kΩ 左右电阻不会带来太大测量误差。

图 A.2.2 所示为直接接入示波器探头与串联电阻 R$_2$ 后，再接入示波器探头的 TINA 仿真原理图。

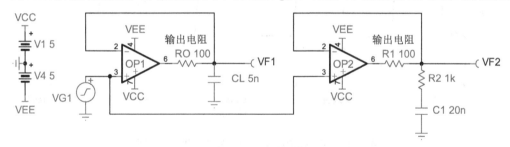

图 A.2.2 消除示波器探头影响的 TINA 仿真

瞬时仿真结果如图 A.2.3 所示，由于容性负载已经被串联电阻 R$_2$ 所"破坏"，所以过冲消失了。

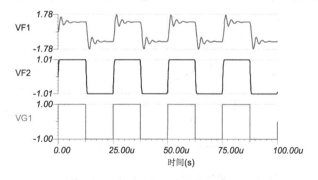

图 A.2.3 示波器探头效果的瞬时仿真图

A.3 反相输入端的寄生电容

在学习 PCB 布线规范时，芯片的可靠去耦合敷设地铜的道理大部分人都明白，但是对于运放反向输入端引脚下面不要敷设地铜的道理却是难以捉摸，为什么同相输入端就没有这个顾虑和要求呢？

如图 A.3.1 所示，电路接为同相比例放大电路，OP_1 和 OP_2 电路仅有反相输入端的电容大小不一样。

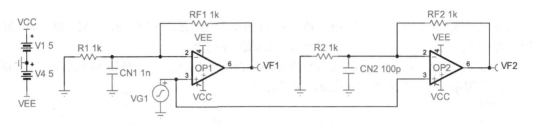

图 A.3.1   运放反相端输入电容造成的反馈延迟 TINA 仿真

反馈电阻 R_F 和反相端输入电容 C_N 构成了低通滤波器，给反馈回路带来了延迟。图 A.3.2 所示为瞬时仿真现象图。通过仿真可以看出，PCB 布线不良（反向输入端引脚下方的地铜）带来的额外寄生电容会增大反馈延迟，进而带来振铃。

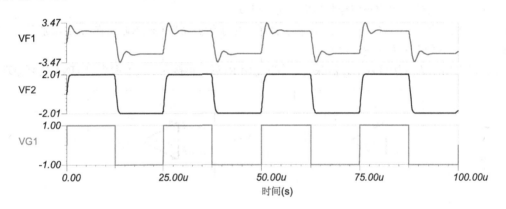

图 A.3.2   运放反相端输入电容的瞬时现象仿真图

下面来讨论一下同相输入端引入额外电容的现象，如图 A.3.3 所示，给信号源 VG_1 增加 50Ω 内阻 R_2 和 R_3（避免成为理想信号源有失公允），给 OP_2 增加 1nF 电容 C_1，模拟同相输入端的寄生电容。

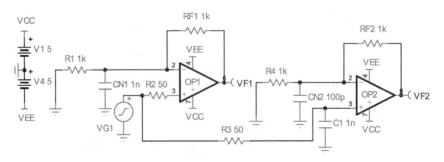

图 A.3.3   模拟同相输入端寄生电容的 TINA 仿真

瞬时现象仿真如图 A.3.4 所示。OP_2 虽然引入了额外的同相输入端对地电容，但是振铃或振荡并无发生。

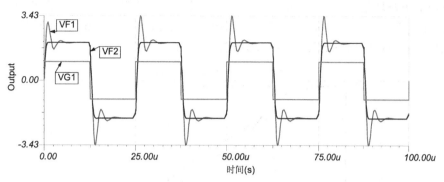

图 A.3.4   同相输入端寄生电容的瞬时现象仿真图

A.4   开环增益与相移

是不是忽略负载电容和反相输入端电容，过冲和振荡就不会发生呢？当然不是，之前讨论的是忽略运放内部电路自身延迟，仅考虑外部延迟造成的影响。运放内部电路的延迟往往远小于外部电路延迟，所以以内部延迟导致的一般是高频自激振荡，而外部电路延迟更多地表现为振铃。

先来看一个问题，图 A.4.1 所示的运放电路没有外部延迟环节，U_1 和 U_2 两个运放分别构成单位增益和 10 倍增益放大电路，哪个电路更容易因内部延迟导致高频振荡呢？先通过仿真来看结论。

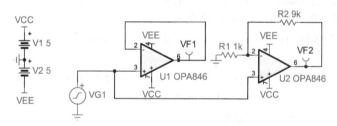

图 A.4.1   运放稳定性比较电路

1）一旦运放发生高频自激振荡，仿真软件的仿真速度就会变得"很慢"。举个例子，原始信号频率为 1kHz，而自激振荡频率为 10MHz，如果想"展现"原始信号一个周期约 1ms 的波形，仿真软件实际需要计算自激振荡 10000 个周期。

2）因此，使用 TINA-TI 观测高频自激振荡时，直接用阶跃信号更简单些。在图 A.4.1 所示原理图中，VG_1 设定为单位阶跃信号，得到 0～50ns 时间的瞬时现象仿真波形，如图 A.4.2 所示。

3）与"增益"越大越容易发生振荡的一般印象相反，单位增益放大电路是最不稳定的。

运放的开环增益/相移可以帮助定性分析运放内部延迟引发的振荡问题。

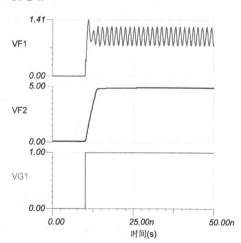

图 A.4.2   高频自激振荡的瞬时现象仿真

1）多数模电初学者认为，运放要加负反馈才能使用，所以只要知道如何计算闭环增益就可以了。开环增益 A_{od} 在脑子中仅仅是个很大的数，反正最后计算总可以不去考虑。

2）其实，开环增益才是运放的本质属性，这就像前面介绍电阻、电容、电感和三极管的本质一样。运放并不知道自己被用在什么"名字"的电路中，忠实地将差模信号放大 A_{od} 倍才是职责所在。

图 A.4.3 所示为 OPA846 的开环增益及相移曲线。从这张图能得出以下有用结论。

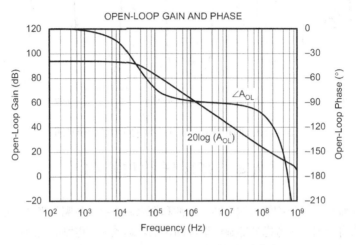

图 A.4.3　OPA846 的开环增益及相移曲线

1）运放自身也会相移，这可以比照前面讨论的反馈电路引起的相移。

2）外部反馈电路引入低通，但反馈增益肯定是小于 0dB（1 倍）。所以，只考虑反馈相移时，最多是导致严重的振铃，接近振荡，如图 A.4.2 所示。

3）运放自身不仅能够引起相移，对应该相移的增益还可能非常大，所以可能发生鸡生蛋蛋孵鸡那样的振荡。

如图 A.4.3 所示，读取坐标轴数据，当相移-180° 时，增益约为 10dB，如果运放输出全部都能反馈到反相输入端（这就是单位增益放大电路的情况），蛋孵鸡的条件就肯定满足了。所以 OPA846 接成单位增益放大器（跟随器）以后一定会振荡。

那么接成 10 倍放大以后是什么效果呢？如图 A.4.4 所示，-180° 相移时，VF$_2$ 端增益为 10dB，VF$_1$ 取自 VF$_2$ 的 0.1 倍（-20dB）分压，所以 VF$_1$ 的增益就是-10dB，不满足振荡条件。

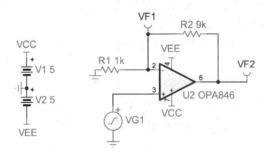

图 A.4.4　10 倍放大电路的反馈增益

那么什么样的运放可以被接成单位增益呢？图 A.4.5 所示为 OPA842 的开环增益及相移曲线，当 -180° 相移时，开环增益约为-10dB，所以单位增益是稳定的（Unity Gain Stable）。

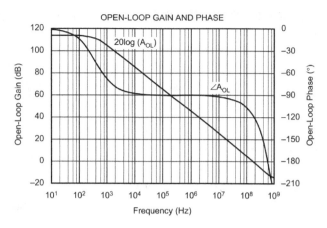

图 A.4.5　OPA842 的开环增益及相移曲线

对于通用运放（低速运放）来说，实现单位增益稳定几乎是不费吹灰之力的，高频信号早衰减到几乎不可见了。高速运放对于单位增益稳定才需要特别去权衡设计。

1）打开 TI 公司的主页，搜索高速放大器产品，如图 A.4.6 所示。

2）找到最小稳定增益的选项（Acl,min stable gain)，将条件设为"≤1"就可以筛选出单位增益稳定运放。

3）在图 A.4.6 所示的全部 290 种高速放大器中，有 200 种满足单位增益稳定。

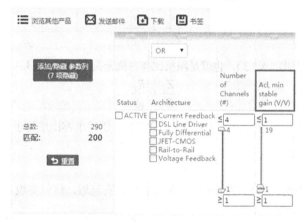

图 A.4.6　筛选单位增益稳定运放

A.5　相位补偿

相位补偿这个词我们并不陌生，在示波器探头上就有一个专门的相位补偿旋钮。但是，真正明白为什么要相位补偿的却不多。

图 A.5.1 所示为未经相位补偿的示波器输入级电路。

1）R_1 和 R_2 构成 1/10 分压电路，C_{in} 为示波器输入的等效输入电容，为了便于观察结果，输入信号 VG_1 为 1kHz/$2V_{PP}$ 的方波（也就是通常示波器的自检信号）。

2）显然 R_1 和 C_{in} 会构成低通滤波器。瞬时现象仿真表明，VF_1 的波形不仅仅是缩小了 10 倍，而且方波的边沿变成了缓慢上升。

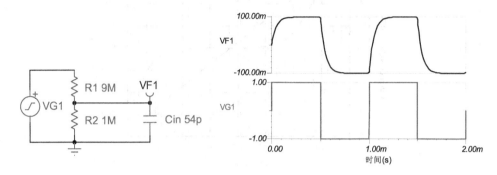

图 A.5.1　欠补偿电路仿真

图 A.5.2 所示为经过相位补偿的示波器输入级电路。

1）C_C 为补偿电容，实际应为可调电容。R_1、R_2、C_C、C_{in} 共同构成阻容分压电路。根据阻抗原理，阻抗比的计算为：

$$\frac{Z_2}{Z_1} = \frac{R_2 // Z_{Cin}}{R_1 // Z_{Cc}} = \frac{R_2 \cdot Z_{Cin}}{R_2 + Z_{Cin}} \cdot \frac{R_1 + Z_{Cc}}{R_1 \cdot Z_{Cc}} = \frac{R_2}{\frac{R_2}{Z_{Cin}} + 1} \cdot \frac{\frac{R_1}{Z_{Cc}} + 1}{R_1} \tag{A.5.1}$$

2）当满足

$$\frac{R_2}{Z_{Cin}} = \frac{R_1}{Z_{Cc}} \tag{A.5.2}$$

时，式（A.5.1）可化简为式（A.5.3），也就是阻抗比与容抗无关（完全补偿）。

$$\frac{Z_2}{Z_1} = \frac{R_2}{R_1} \tag{A.5.3}$$

3）式（A.5.3）的条件可改写为式（A.5.4），即完全补偿时电容比应等于电阻反比

$$\frac{R_1}{R_2} = \frac{Z_{Cc}}{Z_{Cin}} = \frac{C_{in}}{C_C} \tag{A.5.4}$$

4）瞬时现象仿真表明，当 C_C 为 6pF 时，VF_1 波形没有延迟，这就实现了完全相位补偿。

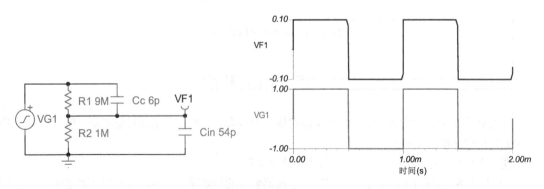

图 A.5.2　完全相位补偿仿真

5）如果继续增大可调电容，则会发生过补偿的情形，如图 A.5.3 所示。

6）除了通过阻抗计算定量分析补偿的原理，也可以将 C_C 和 R_2 视为高通滤波器，补偿由 R_1 和 C_{in} 构成的低通滤波器的延迟，来定性分析补偿原理。

图 A.5.4 所示为实际示波器探头补偿的三种情况，通道 1 为欠补偿，通道 2 为完全补偿，通道 3 为过补偿。

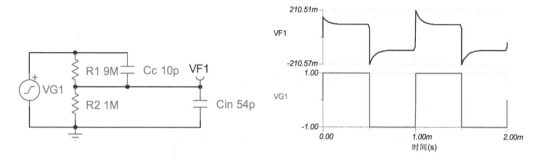

图 A.5.3　相位过补偿仿真

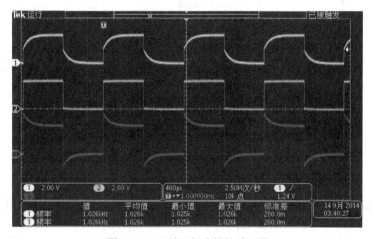

图 A.5.4　示波器探头补偿波形图

运放电路中也可以使用相位补偿。图 A.5.5 所示为同相比例放大电路。

1）C_1 为反相输入端等效电容，所引入的延迟将导致运放输出产生过冲，如图 A.5.6 所示。

2）C_2 为相位补偿电容，按照完全补偿计算，电容值应为 500pF。SW 开关闭合后，补偿电容引入，输出信号的过冲消失，如图 A.5.7 所示。

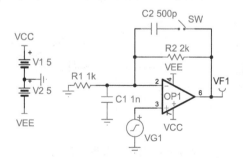

图 A.5.5　运放相位补偿电路

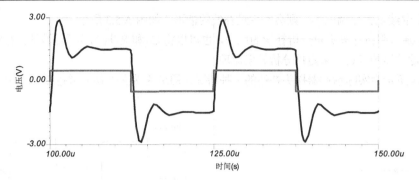

图 A.5.6　无相位补偿时的波形

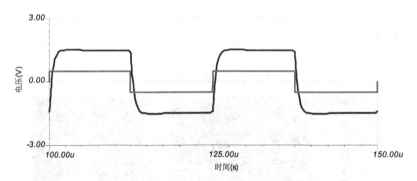

图 A.5.7　相位补偿后的波形

A.6　比较器与正反馈

模拟比较器的原理看似很简单，但是实际用起来也会出各种问题。其中，高速比较器使用时特别容易发生振荡。

用 TINA 仿真直接仿真模拟比较器的振荡现象比较困难，原因是 TINA 中电源和信号源性能太好，与实际情况不符。如图 A.6.1 所示，通过两个信号源构造出一个包含噪声的正弦信号，再进行比较器振荡仿真。

1）VG$_1$ 信号为 $3V_{PP}$/50Hz 正弦波，VG$_2$ 信号为 300mV$_{PP}$/1kHz 正弦波，合成信号后的信号 VF$_2$ 相当于夹杂了 300mV 的噪声，输入比较器反相输入端。

2）比较器 U$_1$ 的同相输入端电压为 0V，所以图 A.6.1 所示电路就是个过零电压比较器。

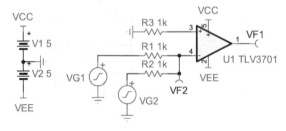

图 A.6.1　比较器振荡现象仿真

3）图 A.6.2 所示为瞬时现象仿真波形。可以看到，在 VF_2 信号过零点位置，由于噪声的影响，比较器输出信号 VF_1 的电平翻转了几次。

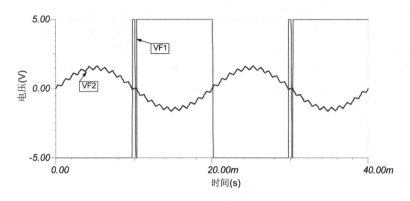

图 A.6.2   比较器振荡电路的瞬时现象仿真

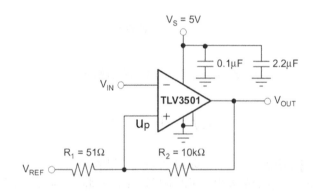

图 A.6.3   TLV3501 比较器的推荐电路

4）比较器振荡的原因是由于噪声（信号噪声和电源噪声）的影响，在比较阈值附近会反复多次切换"比较结果"，从而引发振荡。输入信号变化越缓慢，比较器响应速度越快，振荡越容易发生。

我们在比较器芯片的说明书中寻找振荡解决方案。图 A.6.3 所示为高速比较器 TLV3501 说明书中的推荐应用电路。

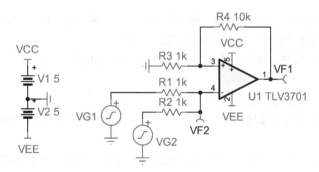

图 A.6.4   引入正反馈的比较器电路

1）2.2μF 和 0.1μF 的去耦电容可以尽量减小比较器的供电噪声。

2）R₁和R₂构成一个非常"微弱"的正反馈，正是这个正反馈构成的滞回比较器能够消除振荡。

3）当V_{IN}刚超过u_P电压时，V_{OUT}输出低电平，这将导致u_P电压降低，这时即使V_{IN}由于噪声波动电压有所下降时，也能保证高于u_P电压，比较器的输出逻辑保持不变。

4）当V_{IN}刚低于u_P电压时，V_{OUT}输出高电平，这将导致u_P电压升高，这时即使V_{IN}由于噪声波动电压有所上升时，也能保证低于u_P电压，比较器的输出逻辑保持不变。

如图A.6.4所示，在TINA仿真中加入正反馈电阻R₄，仿真波形如图A.6.5所示，振荡被克服。

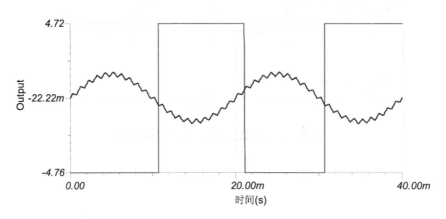

图A.6.5　带正反馈的比较器瞬时现象仿真波形

A.7　小　　结

运放不稳定的根源来自运放内部和外部的迟滞效应（相移）。

1）微小的迟滞便能导致振铃的发生，所以应尽量减小反馈回路的电容值。

2）可以通过引入"高通环节"来弥补迟滞效应，这就是相位补偿。

3）一般认为振铃的过冲不大于20%才是稳定的。

在某个频率下的迟滞导致负反馈变为正反馈（-180°相移），并且该频率信号反馈回运放后的总开环增益大于0dB（1倍）就会发生剧烈的自激振荡。

1）一定记住，考查"鸡生蛋，蛋孵鸡"时，看的是开环增益，而不是一般求解运放电路时用到的闭环放大倍数。

2）由于单位增益（缓冲器接法）时，输出信号全部反馈回运放，这种情况是最容易满足"鸡生蛋，蛋孵鸡"的，所以才会有专门的"单位增益稳定运放"。

3）实际应用中，只有当开环增益为0dB（1倍）时，相移不超过135°（相当于45°裕量）才认为是稳定的。

比较器振荡的原因是信号和电源的噪声。

1）噪声导致信号在比较门限值附近"摇摆不定"，从而引发输出结果高低反复。越是高速运放，对噪声越敏感。

2）引入正反馈后，相当于变成了施密特比较器，这不仅应用在模拟比较器中，而且也应用于多数MCU的IO电路中，避免IO输入逻辑"振荡"。

附录 B　运放的噪声计算

对于电路中的噪声可以这样理解，输入信号根本没变，而输出信号却在"不停"地变化。显然噪声太大的电路不能处理精密信号，例如后接高分辨率 ADC，如果运放调理电路噪声幅值大于 1LSB，则选用高分辨率 ADC 毫无意义。由于不可抗拒的原因，噪声在任何电路中都一定存在，但是噪声的"恶劣程度"却是可以通过器件选型和设计加以改良的。

B.1　噪声的单位

噪声的概念看似很容易理解，但是运放说明书中给出的噪声参数却是晦涩难懂的，我们随便翻出一个运放，如运放 OPA842，截取说明书中有关噪声的部分，如图 B.1.1 所示。

PARAMETER	CONDITIONS	OPA842ID, OPA842IDBV				UNITS	MIN/MAX	TEST LEVEL[3]
		TYP	MIN/MAX OVER TEMPERATURE					
		+25℃	+25℃[1]	0℃ to 70℃	−40℃ to +85℃[2]			
Input Voltage Noise	f > 1MHz	2.6	2.8	3.0	3.1	nV/√Hz	max	B
Input Current Noise	f > 1MHz	2.7	2.8	2.9	3.0	pA/√Hz	max	B

图 B.1.1　OPA842 的噪声参数

1）图 B.1.1 中显示，输入电压噪声约为 $2.6\text{nV}/\sqrt{\text{Hz}}$，输入电流噪声约为 $2.7\text{pA}/\sqrt{\text{Hz}}$，为什么会出现根号？还有 Hz 呢？

2）噪声显然不可能是单一频率的纯净信号，如果频谱纯净，大可以用滤波器将噪声滤除。噪声是一系列频率信号的叠加，因此噪声参数中包含频率就不足为奇了。图 B.1.2 所示为 OPA842 的噪声图谱。

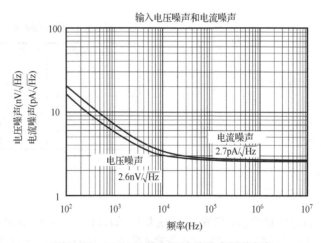

图 B.1.2　OPA842 的电压/电流噪声频谱密度

如何衡量噪声大小是个问题。例如，某噪声仅由两个频率 f_1 和 f_2 信号组成（f_1 和 f_2 彼此没有关联），有效值分别为 e_{n1} 和 e_{n2}，那么合成噪声信号的有效值如何计算呢？用功率等效的办法最为科学。

1）f_1信号加载在电阻 R 上的功率为 e_{n1}^2/R，f_2信号加载在电阻 R 上的功率为 e_{n2}^2/R。

2）总功率则为 $e_{n1}^2/R+e_{n2}^2/R$，等效为单一频率信号的有效值为：

$$e_n = \sqrt{P \cdot R} = \sqrt{(e_{n1}^2/R + e_{n2}^2/R)R} = \sqrt{e_{n1}^2 + e_{n2}^2} \tag{B.1.1}$$

3）如果噪声由更多不相关的成分组成，计算方法是一样的，即噪声有效值等于各频率分量平方和开根号。式（B.1.1）中的平方开根号的来源是功率等效，而不是"向量"求模。

$$e_n = \sqrt{e_{n1}^2 + e_{n2}^2 + e_{n3}^2 + \cdots} \tag{B.1.2}$$

4）如图 B.1.2 所示，由于噪声并不是由某几个频率组成的，而是连续分布在各个频率上，所以就不能直接给出某个频率分量的电压有效值，而是给出噪声"频谱密度"。要对频率进行积分才能得到噪声的功率频谱密度，然后根据功率开方得到噪声电压/电流的频谱密度，因此就有了 $\text{nV}/\sqrt{\text{Hz}}$ 和 $\text{pA}/\sqrt{\text{Hz}}$ 这样的噪声描述单位。

B.2 噪声的带宽

如果电路的带宽无穷大，则噪声也将无穷大，这显然是不可能的。由于任何电路都存在低通，所以频率足够高时的噪声部分也将不存在。我们讨论运放的噪声时，噪声的带宽实际就是由运放电路的带宽决定的，但是两者又略有区别。

如图 B.2.1 所示，噪声带宽指的是在截止频率处噪声戛然而止，这就需要"砖墙"式滤波器（Brickwall）的效果，然而这种滤波器是不存在的。通常所说的截止频率对应的是 f_H 处的小信号带宽（衰减到 0.707 倍时），它与噪声带宽 BW_n 的折算关系与滤波器的阶数有关，滤波器的阶数越高，小信号带宽越接近噪声带宽。滤波器阶数越低，修正系数 K_n 越大。

表 B.2.1 所示为滤波器阶数与噪声带宽的修正系数 K_n 的关系。

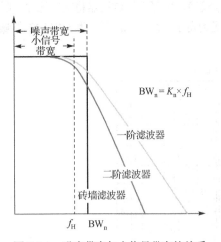

表 B.2.1 噪声带宽折算系数

滤波器阶数	换算系数 K_n
1	1.57
2	1.22
3	1.16
4	1.13
5	1.12

图 B.2.1 噪声带宽与小信号带宽的关系

以下所有计算均以 OPA842 为例，接成 10 倍放大器。通过说明书可知 OPA842 的单位增益带宽为 200MHz，那么理论上（增益带宽积一定）它的带宽就降为 20MHz。普通运放电路"自发"形成的低通滤波器视为一阶滤波器，所以其噪声带宽应为：

$$\text{BW}_n = K_n \cdot f_H = 1.57 \times 20 = 31.4 \text{MHz} \tag{B.2.1}$$

B.3 噪声有效值

图 B.1.2 所示的噪声谱密度需要变成电压（电流）有效值才能用于电路的计算。运放中的噪声分为闪烁噪声(1/f 噪声）和宽带噪声（热噪声），两者相互独立。前者的谱密度是频率的倒数，逐渐降低，后者的噪声谱密度恒定。

图 B.1.2 所示宽带噪声部分，电压噪声频谱密度为恒定的 $2.6\text{nV}/\sqrt{\text{Hz}}$，噪声带宽 31.4MHz（式（B.2.1））。

1）那么首先积分该频谱范围内的功率：

$$P = \frac{u^2}{R} = \int_0^{31.4\text{MHz}} \frac{(2.6\text{nV}/\sqrt{\text{Hz}})^2}{R}\, df \approx \frac{2.123 \times 10^{-10}}{R}\text{W}$$

2）然后根据功率换算出噪声电压有效值：

$$e_{\text{n\_BB}} = \sqrt{PR} = \sqrt{2.123 \times 10^{-10}} \approx 14.46\mu\text{V}$$

3）实际上由于宽带噪声密度均匀，宽带噪声电压有效值可以简单地计算为：

$$e_{\text{n\_BB}} = 电压噪声 \times \sqrt{噪声带宽}$$
$$= 2.6\text{nV} \times \sqrt{31.4\text{M}} \approx 14.57\mu\text{V}$$

由式（B.2.1），同理可得出宽带电流噪声的计算公式为：

$$i_{\text{n\_BB}} = 电流噪声 \times \sqrt{噪声带宽}$$
$$= 2.7\text{pA} \times \sqrt{31.4\text{M}} \approx 15.13\text{nA}$$

图 B.3.1 所示的闪烁噪声计算，则需要知道 1Hz 时的噪声及起始频率 f_L 和截止频率 f_H。按规定，起始频率 f_L 一律取 0.1Hz，截止频率则为噪声带宽 BW_n。

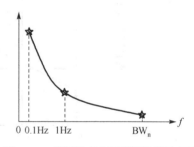

图 B.3.1 闪烁噪声电压频谱计算示意图

1）对图 B.3.1 所示频闪烁噪声部分的面积积分方法，f^{-1} 的积分等于 $\ln f$，所以有式（B.3.1），其中 e_{fnorm} 是频率为 1Hz 时的噪声（换算为电压单位）。

$$e_{\text{n\_f}} = e_{\text{fnorm}}\sqrt{\int_{f_\text{L}}^{f_\text{H}} \frac{1}{f}\, dx} = e_{\text{fnorm}}\sqrt{\ln f_\text{H} - \ln f_\text{L}}$$
$$= e_{\text{fnorm}}\sqrt{\ln \frac{f_\text{H}}{f_\text{L}}} \tag{B.3.1}$$

2）如果读不出 1Hz 时的噪声，如图 B.1.2 中只能得出 100Hz 时的噪声为 $20\text{nV}/\sqrt{\text{Hz}}$，则根据 1/f 的特性，可以推算出 1Hz 时的噪声（换算成电压单位）：

$$e_{\text{fnorm}} = 20\text{nV}/\sqrt{\text{Hz}} \cdot \sqrt{100\text{Hz}} = 200\text{nV} \tag{B.3.2}$$

3）由式（B.3.1）可得闪烁噪声为：

$$e_{\text{n\_f}} = e_{\text{fnorm}}\sqrt{\ln \frac{f_\text{H}}{f_\text{L}}} = 200\text{nV} \cdot \sqrt{\ln \frac{31.4\text{M}}{0.1}} = 0.83\mu\text{V} \tag{B.3.3}$$

电流闪烁噪声通常忽略不计。

B.4 电阻的热噪声

作为运放电路不可缺少的外部元器件，电阻也会产生噪声，称为热噪声。

1）热噪声功率与温度及带宽直接成正比，如式（B.4.1）所示：

$$e_n = \sqrt{4KTR\Delta f} \tag{B.4.1}$$

式中，K 为玻尔兹曼常数，T 为绝对温度，R 为电阻值，Δf 为带宽。

2）式（B.4.1）表明，低噪声放大电路的电阻取值要小，这也解释了为什么很多时候增大电阻可以减小功耗，而我们却尽量避免使用兆欧级电阻。

3）图 B.4.1 所示为电阻的电压噪声密度图，电阻增大、温度升高，都会增大热噪声。电压噪声密度同样需要对频率进行积分，所以单位依然为 $\mathrm{nV}/\sqrt{\mathrm{Hz}}$。

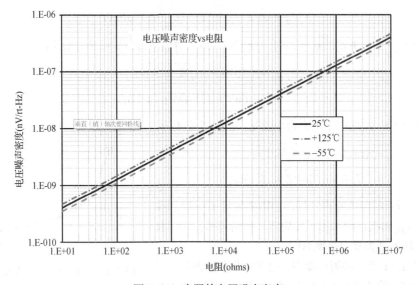

图 B.4.1 电阻的电压噪声密度

B.5 运放电路的噪声等效模型

在运放电路中，电压噪声、电流噪声、电阻噪声共同作用，图 B.5.1 所示为运放电路的噪声等效电路。

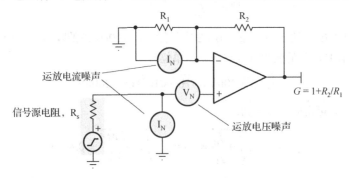

图 B.5.1 运放电路的噪声等效电路

1）输入噪声由三部分组成，电压噪声 e_{nv}，电流噪声在 R_s 和 $R_1//R_2$ 产生的等效电压噪声 e_{ni}，电阻的热噪声 e_{nr}，三者的平方和开根号为总输入噪声有效值。

$$e_{n\_in} = \sqrt{e_{nv}^2 + e_{ni}^2 + e_{nr}^2} \tag{B.5.1}$$

2）输入噪声将被运放电路放大，所以总输出噪声的有效值如式（B.5.2）所示。需要注意的是，电阻 R_1 的噪声只放大了 R_2/R_1 倍（$G-1$），电阻 R_2 的噪声则并没有被放大，所以不乘以放大倍数。

$$e_{n\_out} = \sqrt{(e_{nv} \cdot G)^2 + (e_{ni} \cdot G)^2 + (e_{nr1} \cdot (G-1))^2 + e_{nr2}^2 + (e_{nrs} \cdot G)^2} \tag{B.5.2}$$

3）在求解峰值噪声方面，虽然理论上任何峰值的噪声都可能存在，但根据概率统计（此处分析略），99.7%以上的噪声都处于 6 倍有效值范围，故一般认为：

$$e_{n\_out\_pp} = 6 \cdot e_{n\_out} \tag{B.5.3}$$

B.6　噪声计算软件

以上烦琐的讲解只是为了说明噪声计算的原理，实际上可以借助各种软件方便地进行噪声计算。例如，TI 资深模拟工程师 Bruce Trump 开发的"Flicker Noise v1"基于 EXCEL 的噪声计算程序（获取该计算软件可在网络上直接搜索文件名"4812.Flicker Noise v1"）。

为了完全使用该 EXCEL 计算程序功能，务必使用微软 Office 软件打开，使用 WPS 等兼容软件会导致功能不完整。

如图 B.6.1 所示，"Flicker Noise v1"可以计算闪烁噪声和白噪声。黄色部分（黑白印刷的纸上表现为阴影）为需要用户填写的数据，共有 5 栏需要填写，填写完成后自动更新输出及图表显示。

1）填写某频率下的闪烁噪声谱密度（图 B.6.1 中为 100，2.00E-08）。

2）填写白噪声谱密度（图 B.6.1 中为 2.60E-09）。

3）填写噪声带宽范围 f_1 和 f_2（图 B.6.1 中为 0.1，3.1E+07）。

4）图 B.6.1 中计算出的闪烁噪声为 8.85E-07，白噪声为 1.46E-05。

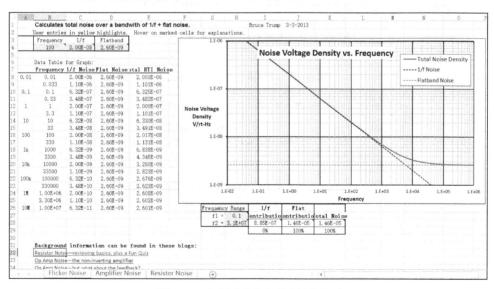

图 B.6.1　闪烁噪声和白噪声计算界面

　　如图 B.6.2 所示，单击 EXCEL 窗口下方的"Amplifier Noise"可以切换到计算运放噪声的窗口。窗口中内嵌了放大器电路示意图，标注了各个物理量，填写左上方 6 个参数即可获得噪声（单位是 $V/\sqrt{Hz}$ ），再结合噪声带宽就可计算出噪声电压值（乘以噪声带宽的根号）。

　　图 B.6.3 所示的电阻热噪声计算非常简单，输入电阻值即可得到三种温度下的热噪声（25℃ 时为 1.283E-09，单位是 $nV/\sqrt{Hz}$ ），再结合噪声带宽就可计算出噪声电压值（乘以噪声带宽的根号）。

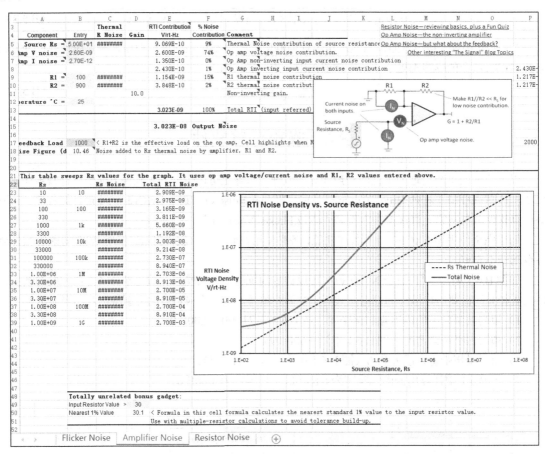

图 B.6.2　运放输出噪声计算界面

Calculated noise for a specific resistance:			
	Temperature	Temperature	Temperature
Resistance	25	125	-55
Enter Value	Noise	Noise	Noise
100	1.283E-09	1.482E-09	1.097E-09

图 B.6.3　电阻热噪声计算

附录 C　ST7567 与图形库

C.1　ST7567 点阵液晶控制器

除了彩色 RGB 屏，一般的单色/彩色液晶都会集成控制器，相当于计算机系统中的显卡。MCU 实际是与控制器进行通信（发送命令及读/写显存）的，由控制器再实际驱动液晶。ST7567 是一种单色点阵液晶控制器（最大分辨率 132×65），图 C.1.1 所示为 ST7567 的通信时序图（原说明书的 Fig4），数据和命令均按图 C.1.1 所示时序发送（A0 高为数据，低位命令）。

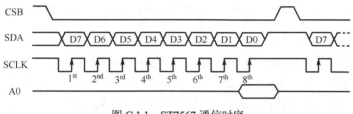

图 C.1.1　ST7567 通信时序

1）根据图 C.1.1 可编写发送字节函数：SendByte( )。

```
static void SendByte(uint8_t byte)
{
    unsigned char i=0;
    for(i=0;i<8;i++)
    {
        LCD_SCK_L;
        if((byte<<i)&0x80)
            LCD_SDA_H;
        else
            LCD_SDA_L;
        LCD_SCK_H;
    }
}
```

2）添加使能及数据选择，可得到发送数据函数：WriteData( )。

```
static void WriteData(uint16_t usData)
{
    LCD_CS_L;                        //打开使能
    LCD_AO_H;                        //写数据，AO（RS）为高电平
    SendByte(usData);
    LCD_CS_H;
}
```

3）添加使能及命令选择，可得到发送命令函数：WriteCommand( )。

```
static void WriteCommand(uint8_t ucCommand)
{
    LCD_CS_L;                        //打开使能
```

```
        LCD_AO_L;                        //写指令，AO（RS）为低电平
        SendByte(ucCommand);
        LCD_CS_H;
}
```

ST7567 有关的操作命令可见原说明书中的"8. INSTRUCTION TABLE"。需要用到的初始化命令代码如下：

```
WriteCommand(0xe2);  //system reset
WriteCommand(0x24);  //SET VLCD RESISTOR RATIO
WriteCommand(0xa2);  //BR=1/9
WriteCommand(0xa0);  //set seg direction（列地址从左到右递增）
WriteCommand(0xc8);  //set com direction（屏幕显示自上而下(0xc8)，自下而上(0xc0)）
WriteCommand(0x2f);  //set power control
WriteCommand(0x40);  //set scroll line
WriteCommand(0x81);  //SET ELECTRONIC VOLUME
WriteCommand(0x20);  //set pm: 通过改变这里的数值来改变电压
//WriteCommand(0xa7); //set inverse display       a6 off, a7 on
//WriteCommand(0xa4); //set all pixel on
WriteCommand(0xaf);  //set display enable
```

ST7567 内部显存的排列方式如图 C.1.2 所示，有以下两点注意事项。

1）ST7567 内部显存被分为 8 行（第 9 行"1-bit ICON"特殊，实际未用到，这里不讲解，直接当不存在就行）132 列。由于实际实验板使用的 COG 屏是 128 列，所以 128～131 列的内存数据是无效的，这也意味着写数据时不能写完一行自动"换行"，而是写完 0～127 字节后需切换行地址，否则就会将数据写到 128～131 列上去了。

2）每行数据（1 字节）实际代表的是纵向排列 8 个像素点，低位在上，高位在下。这意味着想要控制 1 个像素点，实际要先读取原 8 个像素点数据，做按位运算后再改写全部 8 个像素点，这类似于精简指令单片机的"位操作"。不同的是，我们无法从 ST7567 中读取显存当前的数据，只能在 MCU 的 RAM 中开辟 8×128=1024 字节的外部映射显存（例程中为 Template_Memory[]）。

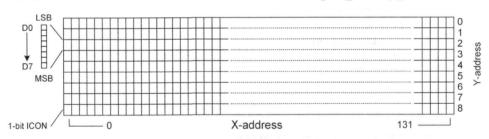

图 C.1.2　ST7567 内部显存排列方式

所有写显存操作的步骤总是先写数据后写地址，图 C.1.2 实际是帮助我们求解像素点的地址。图 C.1.3 所示为 ST7567 写地址命令列表（节选自原说明书 INSTRUCTION TABLE），可编写出设置地址函数 SetAddress( )。

INSTRUCTION	A0	R/W (RWR)	COMMAND BYTE								DESCRIPTION
			D7	D6	D5	D4	D3	D2	D1	D0	
(3) Set Page Address	0	0	1	0	1	1	Y3	Y2	Y1	Y0	Set page address
(4) Set Column Address	0	0	0	0	0	1	X7	X6	X5	X4	Set column address (MSB)
	0	0	0	0	0	0	X3	X2	X1	X0	Set column address (LSB)

图 C.1.3　设置地址命令

```
void SetAddress(int16_t lX, int16_t lY)
{
    WriteCommand(0xb0+lY);
    WriteCommand(0x10+(lX/16));
    WriteCommand(0x00+(lX%16));
}
```

C.2 图形与文字显示函数

通过研究 ST7567 的说明书，编写"初始化函数"、"设置地址函数"、"写数据函数"以后，基本上就可以实现点亮（熄灭）COG 点阵液晶上任意一个像素点的功能了。但是，直接由"点"去组成图案、文字，其编程量是非常巨大的。

1）以一根斜线段举例，由于屏幕像素点密度是有限的，当绘制斜线时就会出现图 C.2.1 所示的情况，斜线段实际是由多段水平线组成的，所以编写出画斜线段函数将是十分烦琐的。

2）画圆的情况类似，图 C.2.2 所示为由像素点组成的圆，由点、横线和竖线组成，画圆函数其实非常复杂。

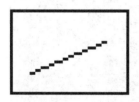
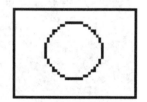

图 C.2.1　斜线段的像素点　　　　　　　图 C.2.2　圆的像素点

3）画斜线和圆可以用 bresenham 算法来实现，如果上网找相应的代码移植还不算太复杂，那么要实现图 C.2.3 所示的各种漂亮字体显示，就很麻烦了。

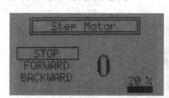

图 C.2.3　各种点阵字体

C.3 Graphics Library 图形库

在德州仪器专门为 MSP430 单片机和 Tiva 系列单片机开发的 MSP430Ware 和 TivaWare 中，提供了非常易于使用的图形库（Graphics Library）。Graphics Library 最早来源于 Luminary 公司的 StellarisWare，德州仪器收购 Luminary 以后将其更新为 TivaWare。TI 的技术文档 SPMA055 专门讲解了 TivaWare 的图形库的使用。MSP430Ware 中的图形库移植自 TivaWare，使用方法基本没有区别，下面将针对 MSP430Ware 中的图形库进行讲解。

安装 CCS 软件时，自带 MSP430ware（TivaWare 则需在 TI 主页上免费下载再安装，然后通过 加载到 Packages 上）。

1）在 CCS 上单击 Help→Welcome to CCS，进入 TI Resource Explorer 界面。

图 C.3.1　CCS 中的 TI Resource Explorer 界面

2）如图 C.3.1 所示，在 Welcome 下拉菜单中找到 MSP430ware 选项，即可打开 MSP430ware 界面。

3）MSP430ware 软件界面如图 C.3.2 所示。单击 Libraries，即可找到图 C.3.3 所示的图形库。

4）如图 C.3.4 所示，选择 MSP430F5xx_6xx Driverlib 项，按下 Step1 即可建立图形库范例。

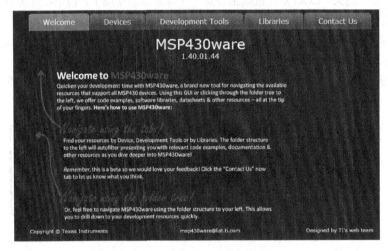

图 C.3.2　MSP430ware 软件界面

图 C.3.3　MSP430ware 的图形库

图 C.3.5 所示为自动建立的图形库范例工程。

1）driverlib 文件夹：5 系 6 系 MSP430 单片机的片内外设库函数。

2）fonts 文件夹：存放字体文件。

3）grlib 文件夹：图形库函数，包括画圆、画线、画图片、写字等。

4）LcdDriver 文件夹：液晶底层驱动。只有这个文件夹中的 Template_Driver.c 和 Template_Driver.h 需要用户根据实际使用的 LCD 显示屏去写代码。

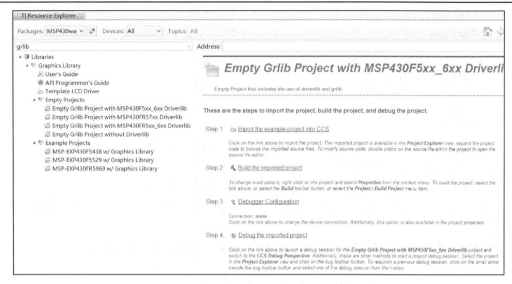

图 C.3.4　导入图形库范例

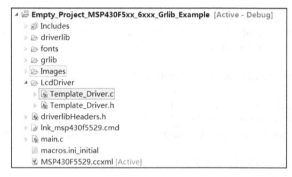

图 C.3.5　自动建立的图形库工程

C.4　移植图形库

移植图形库包括 Template_Driver.h 和 Template_Driver.c 两个文件的移植。在 Template_Driver.h 中，用户需要改写的是一些必需的基本配置。

1）LCD_X_SIZE：液晶的 X 方向尺寸，实验板液晶为 128×64 COG 点阵液晶，这里应该填 128。

2）LCD_Y_SIZE：液晶的 Y 方向尺寸，这里应该填 64。

3）BPP：每个像素点需要多少位数据，实验板液晶为单色（非彩色液晶），所以维持 1 不变。

4）LANDSCAPE：代表正常横向显示（左上角为 X、Y 起点）。其他几种配置也很好理解，可选择纵向显示或翻转显示。

```
#define LCD_X_SIZE    1

//Number of pixels on LCD Y-axis
//TemplateDisplayFix
#define LCD_Y_SIZE    1

//Number of bits required to draw one pixel on the LCD screen
```

```
//TemplateDisplayFix
#define BPP 1

//Define LCD Screen Orientation Here
#define LANDSCAPE
//#define LANDSCAPE_FLIP
//#define PORTRAIT
//#define PORTRAIT_FLIP
```

在 Template_Driver.c 文件中，核心函数其实只有 Template_DriverPixelDraw( )，也就是得告诉图形库"怎么在指定位置点亮一个像素点"。

1）在传入参数中，*pvDisplayData 是驱动层显示数据指针，无须理会。

2）lX 和 lY 代表像素点位置，l 代表数据类型为 long，此处的数据类型命名方法尚未升级到 C99（数据类型）。

3）ulValue 代表像素点的颜色，单色 LCD 就是 1 和 0 两种取值了。ul 代表 unsigned long。

```
static void
Template_DriverPixelDraw(void *pvDisplayData, int lX, int lY,
                                unsigned int ulValue)
{
  /*This function already has checked that the pixel is within the extents of
  the LCD screen and the color ulValue has already been translated to the LCD.
  This function typically looks like:

  //Interpret pixel data (if needed)

  //Update buffer (if applicable)
  //Template_Memory[lY * LCD_Y_SIZE + (lX * BPP / 8)] = , |= , &= ...
  //Template memory must be modified at the bit level for 1/2/4BPP displays

  //SetAddress(MAPPED_X(lX, lY), MAPPED_Y(lX, lY));
  //WriteData(ulValue);
  */
}
```

按前面分析的 ST7567 点亮一个像素点的方法，可以自行改写出显示像素点函数。

1）Template_Memory[ ]是模板自带的映射显存，与 ST7567 内部显存相对应。该显存数组的大小根据 Template_Driver.h 中 LCD_X_SIZE、LCD_Y_SIZE、BPP 自动计算。

2）函数前半段代码是根据图 C.1.2 计算像素点在 Template_Memory[ ]数组中的数据地址。

3）函数中段代码是根据 ulValue 值改写 Template_Memory[ ]中的数据。

4）函数后半代码是对 ST7567 进行写地址、写数据操作，将 Template_Memory[ ]改动的数据"上传"到 ST7567 内部显存，真正完成像素点的改写。

```
static void
Template_DriverPixelDraw(void *pvDisplayData, int16_t lX, int16_t lY,
                                uint16_t ulValue)
{
    uint8_t ulPageAddress, ulPixelHeight;
    uint16_t ulBufferLocation;
    ulPageAddress=lY/8;
    ulPixelHeight = 0x01 << (lY%8);
    ulBufferLocation=ulPageAddress*128+lX;
```

```
    if(ulValue!=0)
    {
        Template_Memory[ulBufferLocation] |= ulPixelHeight;// 1 黑
    }
    else
    {
      Template_Memory[ulBufferLocation] &= ~ulPixelHeight;//0 白
    }

    if (ui8Flush_Flag==FLUSH_OFF)
    {
        SetAddress(lX,ulPageAddress);
        WriteData(Template_Memory[ulBufferLocation]);
    }
}
```

由于只改写一个像素点就立即"上传"数据可能导致效率低下，所以模板中提供了一个 ui8Flush_Flag 标志位，可以控制是否"上传" Template_Memory[ ]数据到"真实"显存。如果选择"事后"统一"上传"数据，则需要填写 Template_DriverFlush( )函数，调用该函数的效果是将 Template_Memory[ ]全部数据都上传到 ST7567 的显存，刷新整个屏幕。

```
static void Template_DriverFlush(void *pvDisplayData)
{
    if(ui8Flush_Flag==FLUSH_ON)
    {
        int i=0;
        for(i =0; i< LCD_Y_SIZE/8; i++)
        {
            WriteCommand(0xb0+i);                        //地址归零
            WriteCommand(0x10);
            WriteCommand(0x00);
            Write_Ndata(&Template_Memory[i*128],LCD_X_SIZE);//连续写 128 个数
        }
    }
}
```

Template_Driver.c 中的 Template_DriverInit( )液晶初始化函数、WriteCommand( )写命令函数、WriteData( )写数据函数、SetAddress( )写地址函数，都可根据 C.1 节 ST7567 的说明按模板提示填写。

C.5 调用图形库

可被调用的图形库函数都位于 grlib 文件夹中的 grlib.h 中，画图形的库函数基本都很好理解。

1）tContext 为结构体变量，其定义也位于 grlib.h 中，*pContext 实际只要写任何一个 tContext 变量即可，在例程中使用的是"&g_sContext"。

2）画圆函数分为空心圆 GrCircleDraw( )和实心圆 GrCircleFill( )，只要给定圆心坐标和半径即可。

3）画线函数分为三种，任意线段函数 GrLineDraw( )需提供首尾两个点的坐标；横线函数 GrLineDrawH( )和竖线函数 GrLineDrawV( )需提供起点坐标和长度。

4）空心矩形函数 GrRectDraw( )和实心矩形函数 GrRectFill( )中的 tRectangle 是定义矩形对角线顶点坐标的结构体变量。

```
extern void GrCircleDraw(const tContext *pContext, long lX, long lY,  long lRadius);
extern void GrCircleFill(const tContext *pContext, long lX, long lY, long lRadius);
extern void GrLineDraw(const tContext *pContext, long lX1, long lY1, long lX2, long lY2);
extern void GrLineDrawH(const tContext *pContext, long lX1, long lX2, long lY);
extern void GrLineDrawV(const tContext *pContext, long lX, long lY1, long lY2);
extern void GrRectDraw(const tContext *pContext, const tRectangle *pRect);
extern void GrRectFill(const tContext *pContext, const tRectangle *pRect);
```

除了图形函数以外，设定画笔、背景、字体等函数较难理解，下面给出实际使用方法。

1）g_sContext 声明为 tContext 型变量，作为传入参数适用，以符合库函数格式。

2）GrContextForegroundSet( )负责设定画笔的颜色，GrContextBackgroundSet( )负责设定背景的颜色。在实验板例程中，宏定义 NORMALCOLOR 用于设定白底黑字，INVERSECOLOR 用于设定黑底白字。

3）GrClearDisplay( )函数用于清屏。

4）GrContextFontSet( )用于设定字体，FontCm16b 代表字体名称（16 表示纵向像素点，b 表示加粗字体）。可选字体名称见 Fonts 文件夹。

5）GrStringDraw( )和 GrStringDrawCentered( )都是写字符串函数，区别在于传入的坐标点是起点 (0,31) 还是中点 (63,7)。OPAQUE_TEXT 宏定义代表背景和画笔一起更新。

6）GrFlush( )为刷屏函数，负责将 MCU 中的映射显存 Template_Memory[ ] "上传"至 LCD 真正的控制显存。

```
#define NORMALCOLOR      GrContextForegroundSet(&g_sContext,ClrWhite);\
                         GrContextBackgroundSet(&g_sContext, ClrBlack)
#define INVERSECOLOR     GrContextForegroundSet(&g_sContext,ClrBlack);\
                         GrContextBackgroundSet(&g_sContext, ClrWhite)
GrClearDisplay(&g_sContext);
GrContextFontSet(&g_sContext, &g_sFontCm16b);
GrStringDraw(&g_sContext, cMenuString[ui8SelectNum], AUTO_STRING_LENGTH,
             0,31, OPAQUE_TEXT);
GrStringDrawCentered(&g_sContext,cMenuString[0],AUTO_STRING_LENGTH, 63, 7,
             OPAQUE_TEXT);
GrFlush(&g_sContext);
```

附录 D　SD 卡与文件系统

D.1　SD 卡的读/写特点

最常用的存储卡是 SD 卡，它基于 NAND 类型闪存（Flash）原理。NAND 型 Flash 价格便宜，容量大，但是其读/写均需要以 512 字节（1 扇区）为单位来进行。

1）CISC 复杂指令集单片机可寻址到位，RISC 精简指令集单片机可寻址到字节，而 SD 卡只能寻址到扇区（512 字节）。所以，SD 每次读/写都必须以 512 字节的一扇区为单位来进行。

2）SD 卡中任何文件都是从一个扇区的头开始存的，占 N 个扇区，第 N 个扇区未用的字节将无法被利用。

SD 卡的官方说明书有上千页，一般只需知道如何初始化 SD 卡、如何对 SD 卡进行读/写扇区操作即可，在 MCU 的 RAM 资源足够的情况下，可以通过移植"文件系统"来方便地使用 SD 卡。

D.2　文件系统的作用

文件系统有什么用呢？举个简单例子说明，某 SD 卡由 5 个扇区组成，MCU 直接按写扇区的方法将 ADC 采样后的数字音频数据写入了 SD 卡。

1）文件系统可将单纯的二进制数据流变成计算机可识别的文件。例如，可将 5 个扇区的音频分成 A、B、C 三个可直接在计算机上播放的音频文件，参考图 D.2.1。

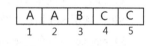

图 D.2.1　存储示意图 1

2）文件系统可有效管理扇区。如图 D.2.2 所示，删除了 A、C 文件，空出了 4 个扇区，然后将占 3 个扇区的 D 文件放入 1、2、4 扇区，如图 D.2.3 所示。

图 D.2.2　存储示意图 2　　　　　　　图 D.2.3　存储示意图 3

3）文件系统会拿出额外的存储空间用于记录文件信息（非文件内容），以便可以按文件操作若干扇区的数据，而不是用地址加数据的方法去操作。

4）文件系统会基于链表的方法建立"文件分配表"，以便管理像图 D.2.3 中 D 这类非连续存储的数据文件。

文件系统有很多种，耳熟能详的有 Windows 中的 FAT32 和 NTFS。由于资源的问题，单片机中文件系统都是各种精简改良过的"小型"文件系统，如开源的 FatFs，在其官网上不断有新版本更新。FatFs 兼容 Windows 的 Fat 文件系统，可被计算机直接识别和读/写。

D.3　FatFs 文件系统的结构

登陆 FatFs 主页 http://elm-chan.org/fsw/ff/00index_e.html，图 D.3.1 所示为截至 2014 年 6 月的资源列表，包括最新版本的 FatFs 和针对特定单片机的 FatFs sample projects 。

在"Read first"中，有 FatFs 的使用说明，如图 D.3.2 所示。

1）SD 卡兼容 MMC 卡，两者的区别是 SD 卡有加密功能，所以叫 Secure Digital Card，但加密功能很少用到，所以只要插得进设备去，就不用管是 SD 卡还是 MMC 卡，一样用。

Resources

The FatFs module is a free software opened for education, research and development. You can use, modify and/or redistribute it for personal projects or commercial products without any restriction under your responsibility. For further information, refer to the application note.

- **FatFs User Forum**
- Read first: FatFs module application note [June 19, 2014]
- Download: FatFs R0.10b | Updates | Patches [June 6, 2014]
- Download: FatFs sample projects (AVR, PIC24, LPC2300, LPC1700, STM32, FM3, V850ES, H8/300H, SH-2A, RX62N, Win32 and Generic uC) [June 7, 2014]
- Download: Previous releases R0.10a | R0.10 | R0.09-R0.09b | R0.06-R0.08b | R0.01-R0.05a
- Read SD card with FatFs on STM32F4xx devices by Tilen Majerle↗ (Quick and easy implementation for STM32F4-Discovery)
- Nemuisan's Blog↗ (Well written implementations for STM32F/SDIO and LPC2300/MCI)
- ARM-Projects by Martin THOMAS↗ (Examples for LPC2000, AT91SAM and STM32)
- FAT32 Specification by Microsoft↗ (The reference document on FAT file system)
- The basics of FAT file system [ja]
- How to Use MMC/SDC
- Benchmark 1 (ATmega64/9.2MHz with MMC via SPI, HDD/CFC via GPIO)
- Benchmark 2 (LPC2368/72MHz with MMC via MCI)
- Demo movie of an application (this project is in ffsample.zip/1pc23xx).

图 D.3.1　FatFs 文件系统官网资源下载

2）ff 开头的 5 个"实线框"文件无须用户改动，属于 FatFs 提供的开源代码。

3）Application 属于顶层，也就是用户根据具体需要去使用 MMC/SD 卡。

4）真正需要用户创建的是虚线框所示的 mmc.c 和 spi.c 两个底层驱动文件和对应的头文件（device.h）。

5）spi.c 描述的是 MCU 如何基于 SPI 协议收发数据。例如，宏定义 SPI 所在的 MCU IO，初始化硬件 SPI，利用 SPI 协议收发数据帧的函数等。

6）mmc.c 中是有关如何操控 MMC/SD 的代码。包括初始化 SD 卡需要发送的指令、读/写扇区函数等。

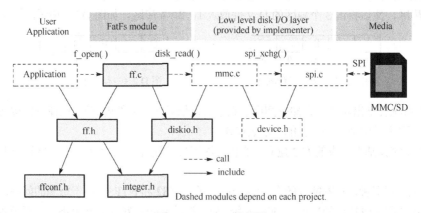

图 D.3.2　FatFs 构架图

D.4　FatFs 文件系统的移植

目前 FatFs 官网上还没有针对 MSP430 和 Tiva 单片机的例程，也就是没有现成的 mmc.c 和 spi.c。但其实 MSP430ware 和 TivaWare 都自带了完整的移植好的 FatFs。以 MSP430ware 为例，如图 D.4.1

所示，在 TI 资源导航界面中，选择 MSP430ware→Development Tools→MSP-EXP430F5529，导入该实验板的 User Experience Project。

如图 D.4.2 所示，在 MSP-EXP430F5529 User Experiece 中的 FatFs 文件夹中可以得到 7 个文件，前 5 个不用做任何更改，mmc.c 和 mmc.h 需要用户移植。在 MSP-EXP430F5529_HAL 文件夹中（HAL 的含义是 Hardware Abstraction Layer，硬件抽象层，全部与底层硬件有关的文件都放在这里），找到 HAL_SDCard.c 和 HAL_SDCard.h，对应图 D.4.2 中的 spi.c 和 device.h。

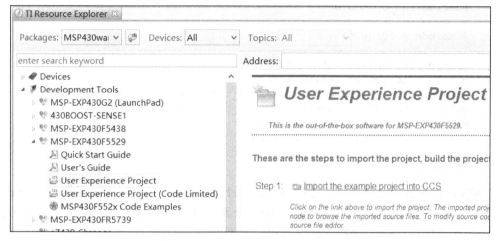

图 D.4.1　MSP-EXP430F5529 实验板的用户例程

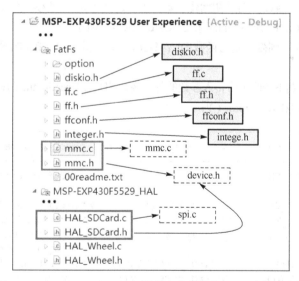

图 D.4.2　MSP-EXP430F5529 用户实验例程中 FatFs 文件对应图

先通过 HAL_SDCard.h 来了解 HAL_SDCard.c 的内容，它实际描述的是如何用 SPI 协议收发数据，与 SD 卡没有关系，结合 MCU 的 SPI 模块使用方法很容易看懂，这里不具体讲解 HAL_SDCard.c 中函数代码内容，仅讲解一下 HAL_SDCard.h 头文件中各外部函数的作用。

1）SDCard_init( )：实际是 SPI 通信 IO 的初始化。

2）SDCard_fastMode( )：SD 卡在初始化时，SPI 通信速率不能太快。正式收发数据时，需要提高速度，所有就需要有速度模式设定函数。

3）SDCard_readFrame( )：这是接收数据帧函数，将 SPI 接收到的 size 个数据存入*pBuffer 指针指向的存储区。

4）SDCard_sendFrame( )：这是发送数据帧函数，通过 SPI 发送 size 个数据，数据来源是*pBuffer 指针指向的存储区。

5）SDCard_setCSHigh( )和 SDCard_setCSLow( )：用于使能一次 SPI 通信。

```c
#ifndef HAL_SDCARD_H
#define HAL_SDCARD_H

#include <stdint.h>

extern void SDCard_init(void);
extern void SDCard_fastMode(void);
extern void SDCard_readFrame(uint8_t *pBuffer, uint16_t size);
extern void SDCard_sendFrame(uint8_t *pBuffer, uint16_t size);
extern void SDCard_setCSHigh(void);
extern void SDCard_setCSLow(void);

#endif /*HAL_SDCARD_H*/
```

之所以 HAL_SDCard.c 中需要编写出特定的这 6 个功能函数，而不是任用户发挥，在于 mmc.c 文件也是由开源代码移植过来的，"人家"就需要这 6 个函数。移植 mmc.c 文件可以不用理会 SD 卡的复杂操作时序，只要把上述 6 个函数"放到" mmc.c 中即可。

1）在 HAL_SDCard.h 的 6 个外部函数中，4 个需要用#define 重新"取名字"，以符合开源代码中预设的函数名称。这 4 个函数分别是初始化函数 SDCard_init( )、高速模式函数 SDCard_fastMode( )、CS 使能的两个函数 SDCard_setCSHigh( )和 SDCard_setCSLow( )。

2）开源代码还需要用到微秒延时函数 DLY_US(n)，这需要结合 CPU 的频率（MCLK_FREQ）来计算设定。

3）HAL_SDCard.h 剩下的两个带传入参数的外部函数 SDCard_sendFrame( )和 SDCard_readFrame( )，分别封装进 xmit_mmc ( )和 rcvr_mmc ( )中。

```c
/*---------------------------------------------------------------*/
/*Platform dependent macros and functions needed to be modified  */
/*---------------------------------------------------------------*/
#define MCLK_FREQ   25000000              //CPU Frequency.

#define INIT_PORT() SDCard_init()         /*Initialize MMC control port*/
#define FAST_MODE() SDCard_fastMode()     /*Maximize SD Card transfer speed*/
#define DLY_US(n)   __delay_cycles(n * (MCLK_FREQ/1000000))
                                          //Delay n microseconds
#define CS_H()      SDCard_setCSHigh()    /*Set MMC CS "high"*/
#define CS_L()      SDCard_setCSLow()     /*Set MMC CS "low"*/
BYTE INS = 1;                             //KLQ
#define WP  (0) /*Card is write protected (yes:true, no:false, default:false)*/
...
/*---------------------------------------------------------------*/
/*Transmit bytes to the MMC                                      */
/*---------------------------------------------------------------*/
Static void xmit_mmc ( const BYTE* buff,  UINT bc )
{
    SDCard_sendFrame((uint8_t *)buff, bc);
}
```

```
/*-----------------------------------------------------------------*/
/*Receive bytes from the MMC                                       */
/*-----------------------------------------------------------------*/
static
void rcvr_mmc ( BYTE *buff, UINT bc )
{
    SDCard_readFrame(buff, bc);
}
```

TivaWare 移植好的 FatFs 位于 Tivaware→examples→boards→dk-tm4c129x→sd_card，如图 D.4.3 所示。

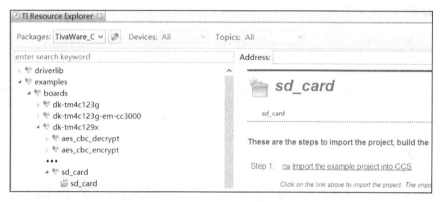

图 D.4.3　dk-tm4c129x 实验板例程

导入后的工程如图 D.4.4 所示。在 Includes 中可以找到 TivaWare 的第三方代码文件夹，其中就有 fatfs 文件系统。对照 MSP430Ware 中 FatFs 代码讲解很容易理解，不再详细讲述。

1）在 src 文件夹中，是不用用户改动的开源代码部分。

2）在 port 文件夹中，有多个 mmc 文件，分别对应 TI 不同的官方实验板。原来的 spi.c 文件内容直接被写到了 mmc 文件中，自然也就没有 spi.h（device.h）了。

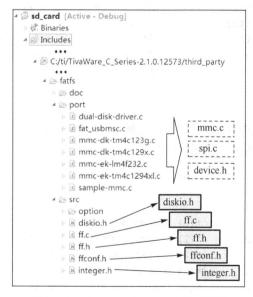

图 D.4.4　TivaWare 中 FatFs 文件对应图

D.5 FatFs 文件系统的变量类型

FatFs 文件系统中有几个重要的结构体变量、枚举变量，虽然直接用就可以了，但还是有必要解释其含义。

1）结构体 FATFS：工作区结构，用于存储驱动器编号、簇大小、目录等信息，在 FatFs 库函数中会作为传参使用。

```
/*File system object structure (FATFS)*/
typedef struct {
    BYTEfs_type;            /*FAT sub-type (0:Not mounted)*/
    BYTEdrv;                /*Physical drive number*/
    BYTEcsize;              /*Sectors per cluster (1,2,4...128)*/
    BYTEn_fats;             /*Number of FAT copies (1,2)*/
    BYTEwflag;              /*win[] dirty flag (1:must be written back)*/
    BYTEfsi_flag;           /*fsinfo dirty flag (1:must be written back)*/
    WORDid;                 /*File system mount ID*/
    WORDn_rootdir;          /*Number of root directory entries (FAT12/16)*/
...
} FATFS;
```

2）结构体 FIL：文件对象结构，用于存储文件作者、大小等信息，在 FatFs 库函数中会作为传参使用。

```
/*File object structure (FIL)*/
typedef struct {
    FATFS*  fs;             /*Pointer to the owner file system object*/
    WORDid;                 /*Owner file system mount ID*/
    BYTEflag;               /*File status flags*/
    BYTEpad1;
    DWORD  fptr;            /*File read/write pointer (0 on file open)*/
    DWORD  fsize;           /*File size*/
    DWORD  sclust;          /*File start cluster (0 when fsize==0)*/
    DWORD  clust;           /*Current cluster*/
    DWORD  dsect;           /*Current data sector*/
...
} FIL;
```

3）枚举 FRESULT：函数返回值枚举变量，基本所有 FatFs 的库函数都要返回操作是否失败及失败原因，利用枚举作为返回值可以增强可读性。

```
/*File function return code (FRESULT)*/

typedef enum {
    FR_OK = 0,      /*(0) Succeeded*/
    FR_DISK_ERR,    /*(1) A hard error occured in the low level disk I/O layer*/
    FR_INT_ERR,     /*(2) Assertion failed*/
    FR_NOT_READY,   /*(3) The physical drive cannot work*/
    FR_NO_FILE,     /*(4) Could not find the file*/
...
} FRESULT;
```

D.6　FatFs 文件系统的库函数

移植完 mmc.c 后，就可以使用文件系统来操作文件了。表 D.6.1 所示为 FatFs 文件系统的库函数。

表 D.6.1　FatFs 文件系统的库函数

函数名	描述	函数名	描述
f_mount	注册/注销一个工作区	f_rename	删除/移动一个文件或目录
f_open	打开/创建一个文件	f_chdir	修改当前目录
f_close	关闭一个文件	f_chdrive	修改当前驱动器
f_read	读取文件	f_getcwd	恢复当前目录
f_write	写文件	f_forward	直接输出文件数据流
f_lseek	移动读/写指针，扩展文件大小	f_mkfs	在驱动器上创建一个文件系统
f_truncate	截断文件大小	f_fdisk	划分一个物理驱动器
f_sync	清空缓冲数据	f_gets	读取一个字符串
f_opendir	打开一个目录	f_putc	写一个字符
f_readdir	读取一个目录项	f_puts	写一个字符串
f_getfree	获取空闲簇	f_printf	写一个格式化的字符串
f_stat	获取文件状态	f_tell	获取当前读/写指针
f_mkdir	创建一个目录	f_eof	测试一个文件是否到达文件末尾
f_unlink	删除一个文件或目录	f_size	获取一个文件的大小
f_chmod	修改属性	f_error	测试一个文件是否出错
f_utime	修改日间戳		

所有库函数的用法都可通过 FatFs 主页的"Application Interface"部分进行查阅，如图 D.6.1 所示，单击超链接即可获得函数使用方法详解。

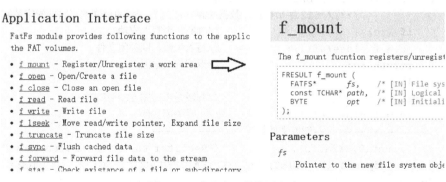

图 D.6.1　获取库函数使用方法

编写实验板例程需要用到 f_mount( )、f_open( )、f_close( )、f_read( )、f_write( )这 5 个库函数，下面通过实例加以介绍。

例：创建文件 file1，并写入 512 字节的 0 数据。再读取 file1 的 44 字节数据，存入 wavInfo[ ]数组。

1）真正开始创建文件并写入文件数据前，需要声明工作区结构 fatfs、文件对象结构 fil、函数返回值 rc、记录已读/写字节数的变量 bw。

2）操作其他 FatFs 库函数前，先用 f_mount 函数注册一个工作区。传入参数中，0 为逻辑驱动器号，相当于计算机硬盘中的 C 盘、D 盘；&fatfs 为工作区指针。

3）f_open 函数用于创建/打开文件。传入参数中，&fil 为空白文件对象结构指针；file1 为文件名称；FA_WRITE | FA_CREATE_ALWAYS 表示创建/打开的模式为"如果文件存在，则打开；否则，创建一个新文件"。

4）rc 是操作函数的返回值，非零就代表失败，应用 f_close(&fil)关闭文件，并返回具体的失败原因。

5）f_write( )函数用于写入数据，buff 是数据来源指针，512 是待写入数据的个数，&bw 是返回已写入字节数变量的指针。通过判断 bw 是否等于 512，可以知道有没有写完。

6）正常写完文件以后，也需要用 f_close( )关闭文件。

7）读文件的操作过程和写文件类似，不同的是以只读方式打开（FA_READ | FA_OPEN_EXISTING）。

8）全部完成以后，用 f_mount( )函数注销工作区，传入参数 NULL 表示是注销。

```c
uint8_t buff[512]={0}; //512
uint8_t wavInfo[44]={0}; //44
UINT bw=1;                          /*return number of bytes written  */
FRESULT rc;                         /*Result code*/
FATFS fatfs;                        /*File system object*/
FIL fil;                            /*File  object*/
//----------------创建文件，写入数据--------------
f_mount(0, &fatfs);                 /*Register volume work area (never fails)*/
rc = f_open(&fil, file1, FA_WRITE | FA_CREATE_ALWAYS);
                                    //新建文件，如果文件已经存在，覆盖旧文件
    if (rc){                        //判断是否创建失败
      rc = f_close(&fil);           //创建失败，则关闭文件
      return rc;                    //返回失败原因
    }
 do  {
rc = f_write(&fil, buff, 512, &bw);
            //写入512字节数据，数据来源buff[]，bw 为返回的已写好的字节数目
    if (rc) {                       //判断是否写入成功
    rc = f_close(&fil);             //写入失败，则关闭文件
    return rc;                      //返回失败原因
    }
 }while(bw<512);                     //判断是否写完512字节
    rc = f_close(&fil);             //正常关闭文件
//----------------读取文件数据--------------
  f_mount(0, &fatfs);               /*Register volume work area (neve*fails)*/
  rc = f_open(&fil, file1, FA_READ|FA_OPEN_EXISTING);//只读方式打开文件file1
 do  {
rc = f_read(&fil, wavInfo, 44, &br);
            //读取44字节数据，存到wavInfo，bw 为返回的已读取的字节数目
    if (rc) {                       //判断是否写入成功
    rc = f_close(&fil);             //写入失败，则关闭文件
    return rc;                      //返回失败原因
    }
 }while(bw<44);                      //判断是否读完44字节
    rc = f_close(&fil);             //正常关闭文件
    f_mount(0, NULL);               //注销工作区
```

D.7　wave 音频文件

在 Windows 中，每种类型的文件都有其文件格式。音频文件在播放器软件中能放出音乐，而 Word 文档用播放器播放却不能打开，连发出噪声也不行。这是因为播放器已经识别出不是音频文件，拒绝读取数据播放"噪声"。

音频文件中，wave 格式（Windows 中文件后缀名为.wav）一般选择线性 PCM 编码，二进制值直接就是声音的幅值，特别适用于 MCU 控制进行录音和播放。wave 格式文件分为 4 个 Chunk，其中除了 Fact Chunk 外，其他三个 Chunk 是必需的。

下面针对实验板上的单声道录放音硬件设计，来分析 wave 文件的格式，音频采样率选择 11.025kHz，使用不超过 16 位的 ADC 进行采样（实际 ADC 不到 16 位可低位填 0），完全无压缩的线性 PCM 编码方式，Fact Chunk 部分不要。该 wave 文件的格式及内容依次如表 D.7.1 所示。

表 D.7.1　wave 文件格式及内容

名称	字节数	内容	说明
ID	4	'RIFF'	标识：表明是 Resource Interchange File Format 标准文件
Size	4		wave 文件的总长度 8 字节
Type	4	'WAVE'	表明是 wave 格式文件
ID	4	'fmt'	标识：表明接下来是格式信息
Size	4	16	16 或 18，一般就当 16 好了
FormatTag	2	1	一般选 PCM 线性编码
Channels	2	1	选择单声道（2 是双声道）
SamplesPerSec	4	11025	11.025kHz 的采样率
AvgBytesPerSec	4	22050	每秒采样 11025 次，每次采样存 2 字节，22050 字节/秒
BlockAlign	2	2	每次采样数据存 2 字节
BitsPerSample	2	16	ADC 采样的位数
ID	4	'date'	标识：表明接下来的是数据
Size	4		数据大小
Data	很多个		真正的音频数据

将 wave 的文件头用联合体和结构体来表示，使用联合体的目的是便于对整个结构体进行写操作。

```
//wav 音频文件格式（共 44 字节）
typedef union {
    uint8_t wavInfo[44];
    struct {
        uint8_t riff[4];         //资源交换文件标志(4 Byte)
        uint32_t size;           //从下个地址开始到文件结尾的字节数(4 Byte)
        uint8_t wave_flag[4];    //"wave"文件标识(4 Byte)
        uint8_t fmt[4];          //波形格式标识(4 Byte "fmt ")
        uint32_t fmt_len;        //过滤字节(一般为 00000010H)(4 Byte)
        uint16_t tag;            //格式种类，值为 1 时，表示 PCM 线性编码(2 Byte)
        uint16_t channels;       //通道数，单声道为 1，双声道为 2 (2 Byte)
        uint32_t samp_freq;      //采样频率(4 Byte)
        uint32_t byte_rate;      //数据传输率(每秒字节=采样频率×每次采样大小) (4 Byte)
        uint16_t block_align;    //块对齐字节数 = channles * bit_samp / 8 (2 Byte)
        uint16_t bit_samp;       //bits per sample (样本数据位数, 又称量化位数)(2 Byte)
        uint8_t data_flag[4];    //数据标识符   (4 Byte)
```

```
        uint32_t    length;         //采样数据总数  (4 Byte)
    } wave_t;
} waveFormat;
```

建立 wave 音频文件的方法同样是使用 f_mount( )、f_open( )、f_close( )、f_read( )、f_write( )这 5 个库函数，特殊之处在于必须先按表 D.7.1 所示的参数把 44 字节的文件头准备好，写入文件最开始的位置，这样创建的文件才能在计算机中被识别为 wave 音频。

```
...
waveFormat wave;                                    //wave 音频文件

strcpy(wave.wave_t.riff,"RIFF");
strcpy(wave.wave_t.wave_flag,"WAVE");
strcpy(wave.wave_t.fmt,"fmt ");
strcpy(wave.wave_t.data_flag,"data");

wave.wave_t.fmt_len=0x10;
wave.wave_t.tag = 1;
wave.wave_t.channels = 1;
wave.wave_t.samp_freq = 11025;
wave.wave_t.byte_rate = 22050;
wave.wave_t.block_align = 2;
wave.wave_t.bit_samp = 16;

f_mount(0, &fatfs);          /*Register volume work area (never fails)*/
rc = f_open(&fil, fileName, FA_WRITE | FA_CREATE_ALWAYS);
...
do{
    rc = f_write(&fil, wave.wavInfo, 44, &bw);   //Write to wav file header
...
}while(bw<44);                      //判断是否更改完头文件
...
```

参 考 文 献

[1] 查丽斌. 模拟电子技术. 北京：电子工业出版社，2013.

[2] 徐淑华. 电工电子技术（第 3 版）. 北京：电子工业出版社，2013.

[3] 徐科军. 传感器与检测技术（第 3 版）. 北京：电子工业出版社，2011.

[4] 苏鹏声. 自动控制原理（第 2 版）. 北京：电子工业出版社，2011.

[5] 王水平. 开关电源原理与应用设计. 北京：电子工业出版社，2015.

[6] 王云亮. 电力电子技术（第 3 版）. 北京：电子工业出版社，2013.

[7] 刘新正. 电机学（第五版）. 北京：电子工业出版社，2012.

[8] 王苗. C 语言程序设计（第 2 版）. 北京：电子工业出版社，2015.

反侵权盗版声明

电子工业出版社依法对本作品享有专有出版权。任何未经权利人书面许可，复制、销售或通过信息网络传播本作品的行为；歪曲、篡改、剽窃本作品的行为，均违反《中华人民共和国著作权法》，其行为人应承担相应的民事责任和行政责任，构成犯罪的，将被依法追究刑事责任。

为了维护市场秩序，保护权利人的合法权益，我社将依法查处和打击侵权盗版的单位和个人。欢迎社会各界人士积极举报侵权盗版行为，本社将奖励举报有功人员，并保证举报人的信息不被泄露。

举报电话：（010）88254396；（010）88258888

传　　真：（010）88254397

E-mail：　dbqq@phei.com.cn

通信地址：北京市海淀区万寿路 173 信箱
　　　　　电子工业出版社总编办公室

邮　　编：100036